Axis Oriented Bridge

AO브리지 -

고정성보철물의 최소침습적 접근

Axis Oriented Bridge - The new horizon in minimal intervention prostheses

共著 조 건 제
IWATA TAKEO

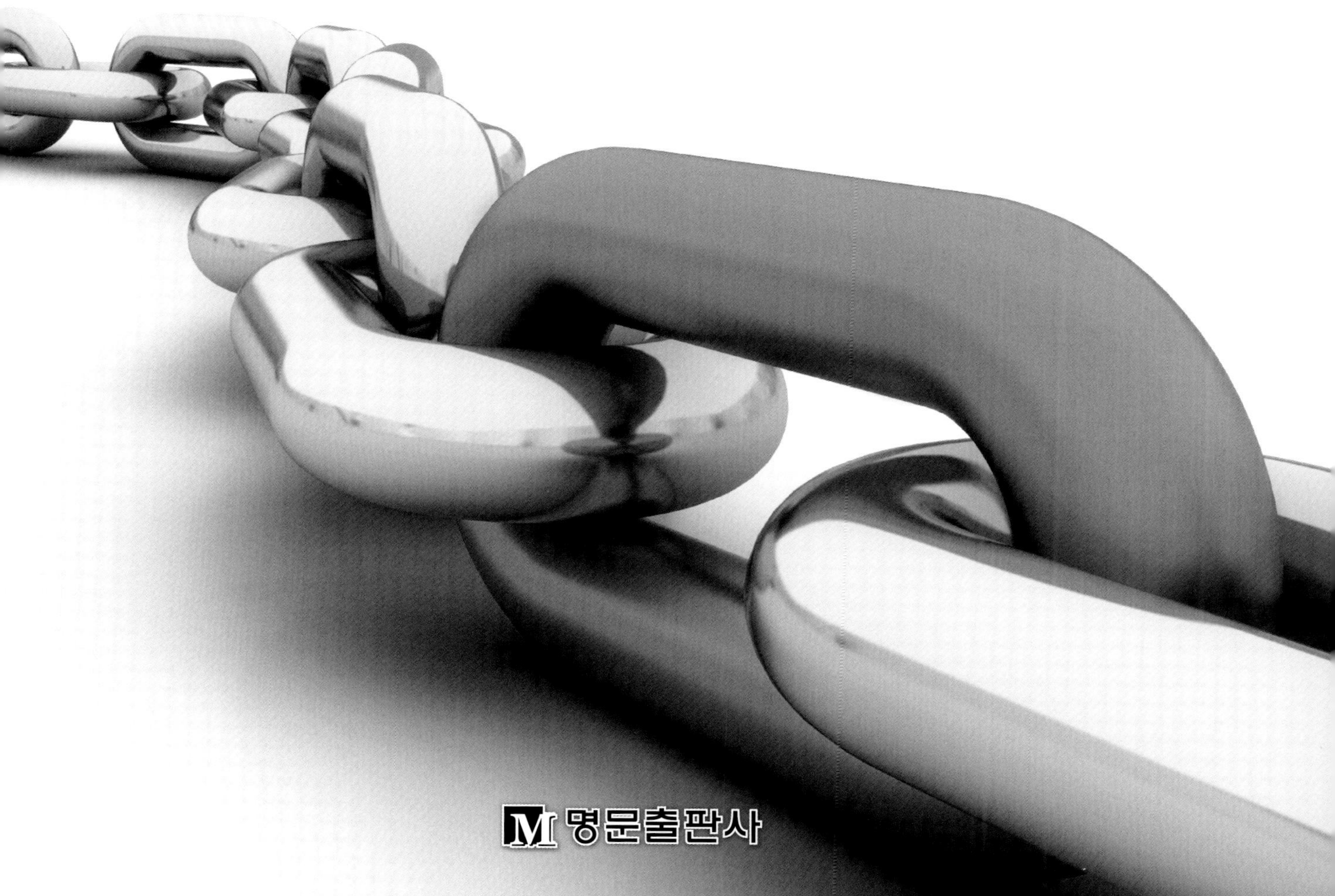

M 명문출판사

Preface

치과의사라면 누구나 한번쯤 "하나의 상실된 치아(missing tooth)를 회복시켜 주기 위해 인접한 두 개 이상의 건전한 치아를 삭제해야 할까?"라는 의문을 가져보았을 거라 생각합니다. 이런 제 의문에 "여러 사람들이 같은 길을 가고 있는 데에는 그만한 이유가 있을 것입니다. 문제점이 있긴 하지만 기술이 발달해서 더 나은 대안이 나오기까지 현재의 최선을 다하는 것이 올바른 자세겠죠."라고 하신 한 선배님의 말씀이 생각납니다.

더 나은 대안으로 처음 찾아온 것이 Dr. Thomson의 Maryland Bridge였습니다만, 1990년쯤 마침 불기 시작한 implant에 대한 열정으로 묻혀 버리고 말았습니다. 상실된 인접 치아를 치료 계획에 포함하지 않아도 되는 새로운 패러다임이었습니다. 1987년부터 현재까지 5,000개 이상의 implant 시술을 해 왔으며 "경제적 여건, 전신적 건강 상태, 심리적 상태가 장애를 주지 않는 한 implant를 상실 치아 수복의 최우선 선택"으로 20여 년을 임상에 임해 왔습니다.

최소침습(치과적으로는 최소삭제)이라는 개념에 대해 진지하게 고민하게 된 것은, 환자가 되어 병원을 찾게 되고 나서였습니다. 내가 무심하게 찔러 온 주사 바늘이 환자에게는 정말 아프고 당하기 싫은 일 중의 하나라는 것을 새삼 느꼈습니다. 절개하고 봉합한 상처는 마취에서 깨어나도 오랫동안 고통이 지속됩니다.

비록 치료를 위해서 불가피한 일이라 하지만, 고통을 피할 수 있는 다른 방법이 있다면 그 다른 방법을 선택할 것입니다. '치과의사인 나도 싫은데 일반 환자들은 더 할 수도 있겠구나,' 라는 생각에 치과에 와서 겁에 질렸던 환자들을 다소 이해할 수 있게 되었고 치과 치료의 모든 단계에서 가능하면 환자가 받게되는 고통의 양을 줄여주는 것도 의사가 해야 할 중요한 일이란 것을 다시 한번 생각하게 되었습니다.

조직의 손상을 최소화하면서 소기의 목적을 달성할 수 있게 하는 시술을 최소침습시술(minimum intervention or minimally invasive operation)이라 하는데, 상실된 치아(missing teeth)를 최소삭제 개념으로 수복시켜 주는 고정성 보철물에 있어서 치아의 장축을 고려한다는 의미로, 시술의 특징을 살려 "Axis Oriented Bridge(에이오브리지)"라 명명하게 되었습니다.

흔히 외과에서 복강경을 이용하여 개복하지 않고 병소를 진단하고 제거하는 많은 시술들이 최소침습적 접근인 것입니다. 환자의 술전/술후 고통은 경감되고, 부작용도 적으며 의사들의 수술에 대한 육체적, 정신적 스트레스 또한 줄어드는 일석이조의 효과를 나타내게 되는 것입니다. 노년층환자의 지속적인 증가 역시 최소침습 시술에 관심을 두게 합니다.

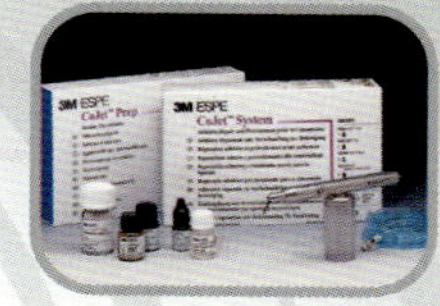

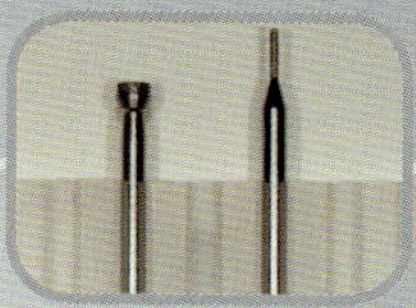

한 일화를 예로들자면, 뇌혈관 질환으로 항응고제를 복용해 오던 환자를 임플란트 수술을 위해 7일간 항응고제의 복용을 중단시켰는데, 수술 당일에 다른 중요한 일정이 생겼다며 수술 날짜를 연기하도록 요구하여 전화 받은 간호사가 무심코 일주일 후에 다시 수술 약속을 잡아 주었습니다. 환자는 수술 전 7일간은 항응고제를 복용해서는 안된다는 의사의 지시대로 이번에도 약물복용을 중단한 채로 임플란트 수술을 받게 되었습니다. 수술은 성공적이었지만 수술받은 다음날 환자는 뇌졸증을 일으켜 의식불명의 상태가 되고 말았습니다.

물론 세심하게 내과의사와 상의하여 치료계획을 세우고 수술날짜를 다시 잘 조정했으면 피할 수 있었던 의료사고였습니다만, 전신적으로 쇠약한 이런 환자에게는 애초에 최소 침습적 치료법으로 접근하는 것이 보다 안전했을 것입니다.

어쩌면 최소침습적 치료 접근이야말로 환자와 치과의사, 치아와 시술기구와의 "비폭력 대화"가 될 수도 있을 것입니다.

이에, 술식의 안정성도 보장되어야 할 것입니다. Axis Oriented Bridge는 재료공학의 발달, 특히 고분자화합물의 발달에 힘입은 Adhesion Bridge와 Maryland Bridge로 대표되는 Resin-bonded Fixed Partial Denture의 장점을 살려 결손된 소수 치아를 회복시켜 주는 고정성 보철물로서 가능한 한 Enamel에 국한된 최소 삭제만으로 기능적이고, 강하며, 심미적인 보철물을 제작하는 것에 목표를 두고 있습니다.

아직 임상적 데이터가 충분히 축적되지 않은 상태입니다만, 이론적 근거를 마련하고 함께 논의함으로써 최소침습에 대한 치과선생님의 관심을 불러 더 발전해 나갈 바탕을 마련하고자 이 작은 소개서를 출간하기로 하였습니다. 책을 새로 만들었다기 보다는 선현들의 노력으로 밝혀진 사실들을 편집하여 이 책에서 비교 검토 할 수 있게 하였다는 편이 옳을 것입니다.

부족한 저와 기꺼이 공저(共著)에 동의해 주신 이와타 다께오 선생님께 깊은 감사를 드리며 이 책의 대부분의 사진작업과 기공작업을 해주신 채원식 기공소장님께도 감사를 드립니다. 개원의로서 시간에 쫓겨 밤을 새워야 했던 날들에도 항상 곁에서 지켜준 아내에게 이 책을 바치고 싶습니다.

2012년 **조 건 제**

Greetings for new publication:

Dr. Cho and his wife dedicated their time and effort to dental practice for many years in Seoul, Korea. In their successful practice, they found one excellent restorative treatment option for partially edentulous patients. That is designated as "Axis Oriented Bridge" by Dr. Cho. As is mentioned in the preface of this book, Dr. Cho compassionately serviced his patientsfor their benefit . That is where this special idea of the bridge came from and was applied for clinical cases.

As every dental profession realizes, there are at least three prosthetic treatment choices, namely fixed partial denture (known as "bridge"), removable partial denture, and implant prosthodontics, to replace a missing tooth or teeth. Each treatment has its advantages and disadvantages.

Fixed partial denture requires the retainers on both sides next to the missing area, thus the abutment teeth needs to be prepared. Although this treatment option is still considered to be the most reliable way of replacing missing teeth, tooth reduction is the most controversial issue that patients would like to avoid. Many randomized cohort studies revealed that approximately 25% of the fixed partial dentures would show problems, such as secondary decay, endodontic failure, and/or root fracture, which require either repair or remake of the existing fixed partial denture in 10 years after delivery. If we call the Maryland adhesion bridge as a type of fixed one, this option was demonstrated to show shorter longevity and was not well accepted in dental profession.

Removable partial denture is the other option to replace missing teeth, especially if the missing area is free-end or long span. Although it works fairly long term and is appreciated by many patients, it is also true that many patients report denture sore, inability of chewing, loosening of the appliance, failing abutment teeth, and so forth.

Osseointegrated dental implant was developed to replace removable partial or full denture. In the last four decades, this treatment option has made phenomenal progress and is now utilized to replace a single missing tooth, instead of fixed partial denture. This treatment option, however, requires surgical intervention, a relatively long treatment period including a healing period, and relatively high treatment fee. Also, a couple of major causes of failure of implant treatment, consisting of peri-implantitis and overloading, were demonstrated in last two decades. Implant treatment is not a panacea.

Axis Oriented Bridge was clinically applied for more than 10 years. I learned this procedure from Dr. Cho about 4 years ago. The advantage of this treatment option is that minimal amount of tooth reduction is required for the abutment teeth. This bridge is applicable to an edentulous area with one or two teeth missing. The bonded bridge is retentive and is rigid enough not only to withstand occlusal force but also to resist against the withdrawal. Thus, longevity of this treatment modality is equivalent to that of traditional fixed partial denture, unless the typical contraindication is not avoided. I may say that the disadvantage of this bridge is that the retainer should be fabricated with high precious gold alloy which may be aesthetically offensive and hard to accept.

Nowadays we have at least four options for the treatment of partially edentulous patients. If the patient is looking for the least invasive and still durable prosthetic choice for his or her missing tooth or teeth replacement, it would be worth recommending the Axis Oriented Bridge. It must be noted that the dentists should understand indications and contraindications of this bridge. Laboratory procedure for fabrication of this bridge is not easy and laboratory technicians should be trained properly. Bonding procedure is not difficult; however, dentists must be well accustomed to the potential problems.

We must extend congratulations to Dr. and Mrs. Cho upon publishing their monumental book. The readers of this book will surely appreciate the contents and will start practicing this excellent restorative treatment option for the patients who seek minimally invasive, less painful and functionally comfortable restorations.

It is my greatest honor to get to know and become friends with Dr. and Mrs. Cho, Mr. Lee, and Mr. Chae. Without their support, it was not feasible for me to start using "Axis Oriented Bridge". Our next project would be to make a Japanese edition of this book so that the idea and procedure of this bridge could be propagated for Japanese dentists and patients.

Dr. Takeo Iwata DDS, MSD, DDSc

April 5, 2012

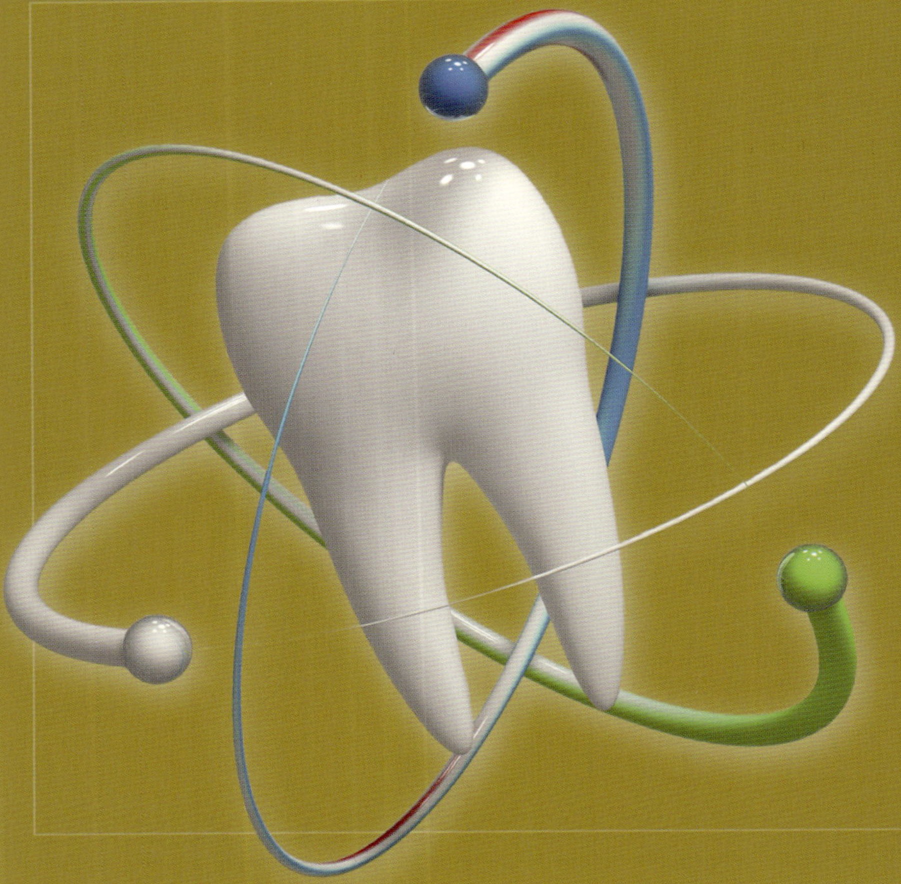

Chapter;

Contents

Chapter 1

Review of Resin-Bonded Fixed Dental Prostheses

Chapter 1. Review of Resin-Bonded Fixed Dental Prostheses

1. 발전과정

1955년 Bounocore MG[1]가 85% phosphoric acid로 enamel surface를 etching시켜 acrylic resin과 법랑질 표면을 접착하는 방법을 발표한 이래, 1973년 Portnoy.L[2]이 처음으로 소수치 결손부의 兩지대치의 인접면을 인산으로 etching하고, 유지부를 형성한 레진 인공치를 심미적 충전재로 접착하는 보철법을 개발하였다. 같은 해 프랑스의 Rochette는 발거치를 구강 외에서 근관 충전하고 pontic 형태로 수정한 후 兩지대치와 발거치의 인접면을 인산으로 etching하여 composite resin으로 접착하는 소수치 결손 보철법을 시도하였다.

이런 기법들은 chair side에서 바로 장착할 수 있어 빠르고 경제적이며 주로 발치와가 치유될 때까지나 최종 보철 처치를 하기 전까지의 임시적인 처치로 사용될 목적으로 시도된 것들이었지만 놀라울 정도로 오래 구강 내에서 유지되기도 하였다. 1973년 Rochette[3]는 하악 전치를 치주적으로 고정시키기 위해 산처리된 법랑질에 천공시킨 금합금 splint를 Bis-GMA系 충전용 composite resin으로 부착시키는 perforated retainer를 개발하였다.

1976년 Dune & Reisbick[4]는 implant 표면에 도재를 피개할 때 상호간의 기계적 결합력을 증가시키기 위해 vitallium을 전기화학적으로 etching시키는 방법을 기술하였고, 1977년 Howe & Denehy[5]는 접착된 가공치만 사용한 것에 비해 금속하부구조를 사용하면 유지력이 향상됨을 인식하여, cast perforated retainer의 상실된 전치부에 금속 도재 가공치를 사용하는 고정성 보철물(FPDs)을 발표했는데, 그들의 디자인은 설측 표면을 최대한 덮도록 금속 하부 구조를 확장하였고, 치아를 되도록이면 거의 삭제하지 않도록 제안하였다.

1980년 Livaditis[6]는 이 개념을 구치부까지 확대하였는데, cast perforated retainer는 무치악부의 인접치 사이와 교합면 상으로 넓어졌다. 이 디자인은 치아를 변형시켜 지대치 법랑질의 인접면과 설측의 최대풍융부를 낮춤으로써 adequate path of insertion을 부여하였다. 이런 수복물은 정상 교합의 경우에만 사용되었으며 13년이상 유지된 경우도 있었다(그림 1-1-1). Perforated technique는 1. Perforation에 의한 금속 유지장치의 약화 2. Perforation 부분의 레진이 노출되어 마모됨 3. Perforation으로 제공된 금속 접착의 한계로 인한 제한을 가지며 Iowa대학의 연구에[7] 의하면 전치부의 고정성 보철물은 110개월에 50%의 실패율을 보였으며 130개월에 63%의 실패율을 보였다.

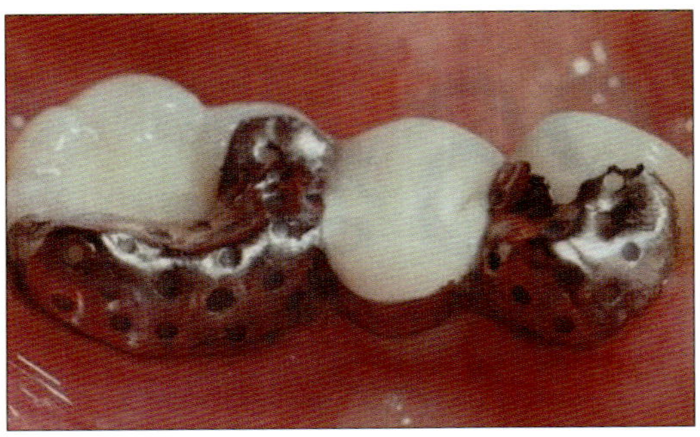

그림 1-1-1.
13년 후 recall한 소구치의 초기 perforated resin 접착 고정성 보철물의 설측 사진. Perforation에서 resin의 상실, 불량한 치은 embrassure와 구치부 지대치의 교합면 복합resin 수복물의 전반적인 마모가 보인다.(Rosenstiel,[14] et al: Contemporary Fixed Prosc, 4/e, Daehannarae publishing Inc. Korea, 2008.에서 인용)

한편 일본에서는 1978년 Tanaka 등이 增原 등에 의해 개발된 교정 DBS용 MMA-TBB_O系 접착성 레진의 monomer에 5%의 4-META를 첨가하여 치질 뿐만 아니라 금속에도 강하게 접착하는 adhesive resin cement (Super-Bond®)를 개발하였다. 1979년에는 acrylic resin facing의 유지를 증가시키기 위해 Ni-Cr-Cu 합금으로 된 금관 표면을 전기화학적으로 pitting corrosion하는 방법을 소개했고, 1980년 유지공이 없는 retainer의 금속 피착면을 pitting corrosion하고, adhesive resin으로 접착시키는 Adhesion bridge & Adhesion splint를 발표했다[8-10] (그림 1-1-2).

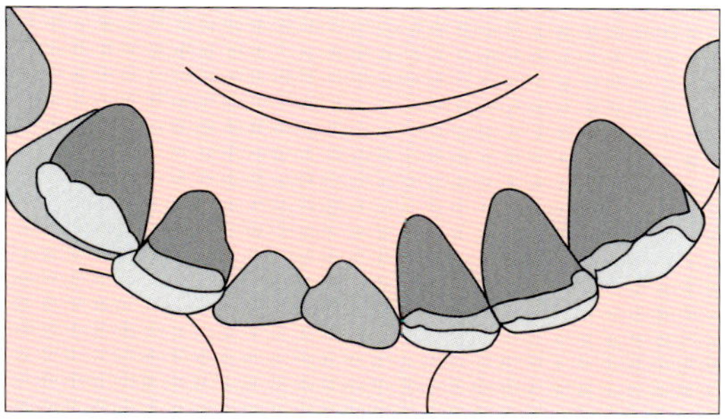

그림 1-1-2. Adhesion bridge
하악 중전치의 결손으로, space가 넓어 pontic을 두 개의 치아로 수복한 모습이다. 절단 설측부에 groove를 형성하여 덮고 있고, 유지공이 없어 치태 조절이 더 쉬워지게 되었다.[11]

1981년 미국에서 Livaditis & Thompson은 Tanaka의 연구에 착안하여 비귀금속 주조체의 내면을 전기적으로 부식하는 기술(그림 1-1-3)을 개발하여 resin과 금속 주조체 내면과의 micromechanical retention을 증가시켜 가공의치를 제작하고 composite resin(Comspan®)으로 부착하는 Maryland bridge를 소개하였다.[12,13]

그림 1-1-3.
전기적으로 부식된 Ni-Cr-Mo-Al-Be 합금을 1000배 확대한 SEM사진.
소수성 복합레진이 스며들 수 있는 미세구조 undercut에 주목.[14]

Maryland bridge는 perforated retainer에 비해 다음과 같은 장점들을 가진다.

레진과 부식된 금속의 결합력이 resin과 부식된 enamel과의 결합력 보다 강하기 때문에 유지가 향상되었고, retainer는 더 얇아지고 휨에 더 잘 저항할 수 있게 되었다. 실제로 perforated retainer보다 4배의 shear load에 저항할 수 있었다. 주조된 유지장치의 구강표면이 잘 연마되어 치태 침착 또한 감소되었다.

접착성 resin을 이용한 보철법의 종류와 내용은 Yamashita선생이 간략하게 다음의 표[11](표 1-1-1)로 정리하였다.

표 1-1-1. 접착성 resin을 응용한 보철법의 종류와 내용[11]

	치아피착면 처리	금속피착면 처리	接着材	접착 또는 접합對稱
Rochette bridge	인산 etching	綱目 또는 孔에 의한 기계적 유지	Bis-GMA系 充塡用 Composite resin	齒質
Adhesion bridge	인산 etching	Corundum blasting에 의한 기계적 및 전기화학적 처리	교정 DBS용 Super bond C&B Panavia	齒質
Maryland bridge	인산 etching	전해산식화에 의한 기계적 처리	Bis-GMA系 비충전용 Composite resin	金屬

북미와 유럽에서 부식된 주조물이 초기의 resin 접착 고정성 보철물의 유지를 위한 선택 방법이었던 반면, 일본에서는 금속에 직접 결합을 일으키는 결합 시스템을 개발하기 위한 연구가 활발히 진행되었다.

그 첫번째 resin시스템은 Methyl methacrylate polymer 분말과 결합 촉진제인 4-META(4-methacrylicoxyrthyl-trimellictic anhydride)를 포함한 Methyl methacrylate 액으로 구성되었다.[15] Super-Bond®로 명명된 이 레진은 치질과 금속 그리고 복합레진에 강력한 결합력을 나타내는 것으로 보고 되고 있다.[16] 금속과의 결합 기전은 4-META 종단의 산소나 4-META 의 carboxyl기의 수소가 금속표면의 산화물의 산소나 hydroxyl group과 수소결합을 이루는 것으로 설명되고 있다.[17] 비귀금속 합금에 대한 Super-Bond®는 가장 강한 초기 결합강도를 가졌는데, 시간이 지남에 따라 Cr-Ni의 비율에 따라 수화 안정성이 영향을 받는다.[18,19]

Super-Bond의 장점은 Bis-GMA 계열의 resin cement에 비해 낮은 탄성계수를 갖고 높은 강성을 갖으며,[20,21] 적합도가 낮은 주조체에서도 좋은 임상 결과를 나타낸다는 것이다.[22] 이 시스템은 高金함량 합금 유지장치 사용 시 임상적으로 불량한 결과를 보였는데,[23] 후에 alloy primer가 개발되어 귀금속 표면에도 안정적인 결합을 제공하게 되었다.[24,25,26]

이후 결합촉진제로 Methacryloxydecyl Dihydrogen Phosphate(MDP)를 사용하는 Bis-GMA 계열의 복합레진 접착용 시멘트인 Panavia가 개발되었는데, Panavia는 인산에스테르계 Bis-GMA 복합레진으로 10-MDP를 함유하고 있어 10-MDP에 포함되어 있는 인산에스테르기가 금속의 피착면 처리에 의해 형성된 표면 산화막과 수소결합, 금속 이온과 접착제의 음이온 사이에 생기는 정전기적 상호작용을 통한 결합 및 Van der Waal' s force에 의한 결합을 가능하게 함으로써 금속과 기계적 결합은 물론 화학적으로도 결합하게 했다.[27]

또한 70%wt% 이상의 filler를 함유하고 있어 수분흡습성이 낮고, 중합수축이 적으며, 온도 변화에 민감하지 않다는 장점도 있고 낮은 점조도를 갖고 있어 치아 또는 금속 표면의 미세구조 내로 더욱 깊숙히 침투할 수 있으므로 더욱 높은 접착 강도를 나타낼 수 있다.[28,29]

Panavia와 같은 결합재와 금속 전기부식의 동시 사용은 합금에 인장 결합강도를 증진시키지 못하였고, 실제로 sandblasting한 비귀금속 합금에 대한 결합력보다 낮았다.[30] 비귀금속과 귀금속 합금에 레진 접착을 강화하기 위한 기공적인 방법으로 Rocatec system이 소개되었다. 이 방법은 금속 표면을 우선 110㎛ 알루미나 입자(Rocatec Pre)를 분사하여 마모한 다음 특별한 실리카 입자를 포함한 알루미나(Rocatec plus)로 마모시켜 합금표면에 실리카와 알루미나로 분자적 코팅을 하는 것이다. 그 후 표면에 silane을 입혀서 복합레진과 화학적 결합을 하게 한다 (그림 1-1-4~7).

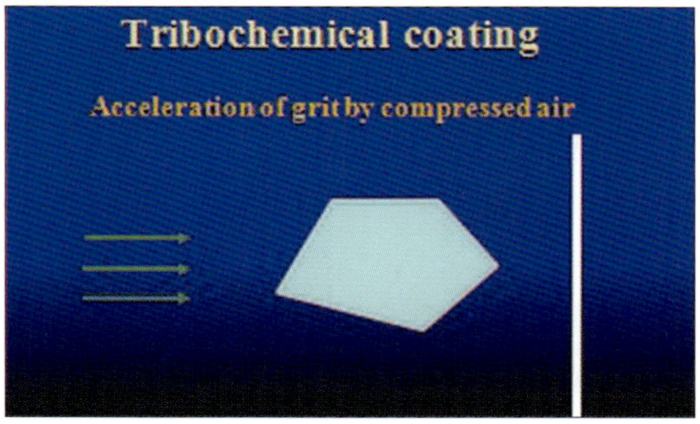

그림 1-1-4.
Distance: 1cm
Pressure: 2.8bar
Direction: Perpendicular

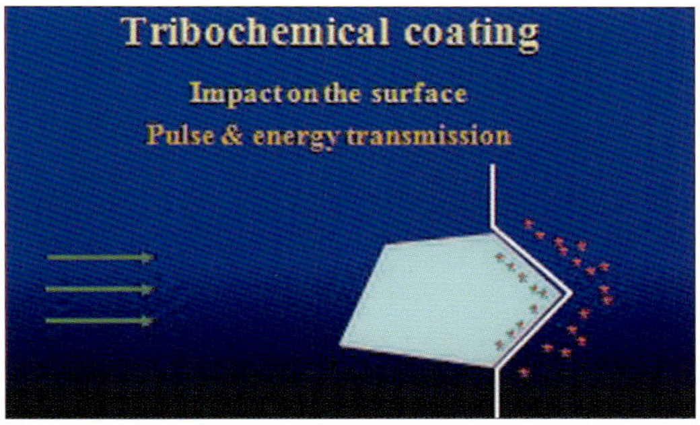

그림 1-1-5.
주조체 두께가 얇을 경우 110㎛의 Rocatec Plus는 주조체를 "bend or abrade too severely", 30㎛의 Rocatec Soft를 사용해야 한다. 먼지가 많이 난다는 단점 외에는 동일한 효과를 나타낸다.

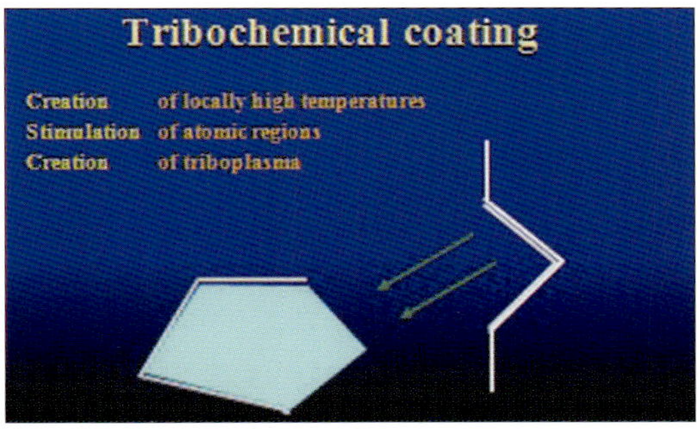

그림 1-1-6.
분사 시간은 약 15초
Tribochemical coating 후에는 오염을 피해야 하며 세척해서도 안된다.

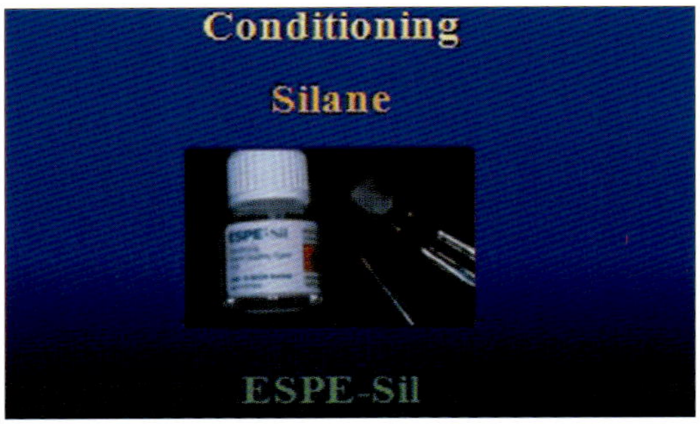

그림 1-1-7.
ESPE-Sil로 Silane 처리는 30초간 적용한 후 air dry한다.

Rocatec 시스템을 chair side에서 사용할 수 있게 제작된 것이 Cojet system인데 그 기본 원리는 동일하다. Rocatec System의 高價의 장비는 그 사용에 제한을 두게 하는데, Pen-blaster에 Rocatec Soft를 넣어 chair side에서 사용하는 것이 비용 절감과 편의성을 준다. 현재 많은 임상가들에 의해 standard로 자리잡은 cement인 Panavia의 경우 접착 처리 하기 전에 50㎛의 알루미나로 sandblasting 하는 것만으로도 결합에 도움을 준다고 한다.

금속에 대한 이러한 직접 접착의 만족할만한 발견은 금속 부식법이나 macroscopic 유지기전을 불필요하게 만들었고, resin 접착 고정성 보철물의 기공과 임상 과정을 단순화 시키게 되었던 것이다.

2. Design concepts

Thompson선생은 "Metal framework와 치아 사이에서의 접착 기술은 현재 수용할 만한 수준에 도달했다고 생각되지만, 시간이 지남에 따라 resin과 금속, resin과 법랑질 사이의 결합력은 약화되게 되어 있고, 복합resin의 stress를 제한하기 위한 치아 형성과 bridge의 설계 원칙의 중요성은 간과될 수 없다."고 기술한 바 있다. resin 접착 고정성 보철물의 이상적인 디자인 guideline은 경험적으로 도출되었는데 많은 임상가들의 실패와 극복 사례의 연구에 의한 것들이다. 디자인의 기본적인 원칙은 교합, 심미, 치주의 건강에 해를 끼치지 않는 한 최대한 넓은 법랑질을 덮을 필요가 있다는 것이다.

일본의 Yamashita선생은 저서 "A Dental Adhesive and its Clinical Applications"에서 접착 bridge design의 원칙으로 다음과 같이 제시했다(그림 1-2-1~2).

① 접착면적을 가능한 넓게

② 수직적 교합응력에 대한 지대형태의 付與

③ 수평적(측방적, 회전적) 교합력에 대한 저항 형태의 부여

④ 교합력에 의한 bridge의 변형 방지를 위한 외형형태의 부여[11]

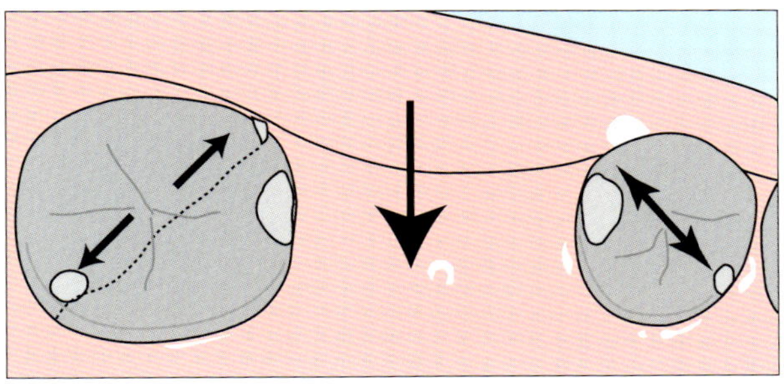

그림 1-2-1. 구치부 설계의 예[11]

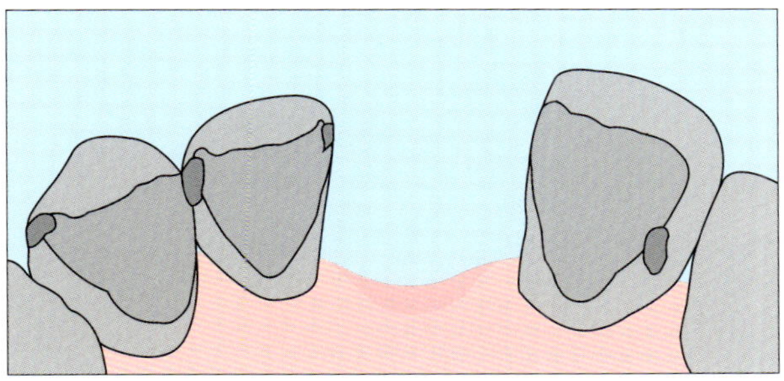

그림 1-2-2. 전치두 설계의 예[11]

그림 1-2-1의 구치부 adhesion bridge의 설계 예를 보면 큰 화살표 방향으로 이탈하지 않는 주조체를 만들기 위하여, 축면(axial wall)에 표시한 line angle을 교합면에서 만나게 하고, line angle 외측에 groove를 형성한다. 모든 groove는 평행해야 하고, 수직적 교합력에 저항하기 위해 rest seat을 형성해 주었다. Yamashita는 구치부에서 반드시 설측교두 교합면의 일부를 덮을 것을 권장한다. 만약 대합치와 contact되는 경우에는 0.5~0.7mm의 추가삭제가 필요할 것이다. 그림 1-2-2는 상악 전치부에서의 adhesion bridge의 설계인데, groove형성 시의 위치와 금속 피착면의 외형에 주목해야 한다. 중절치에서 결손측의 groove는 인접면 절단 가까이에, 원심측은 측절치의 인접면에 영향을 안주는 설측 가까이의 변연부에 형성되어 있다. 견치에서 절단 원심 1/3부에 rest형태의 groove를 주었다. 금속 피착면은 순면에서 투영되지 않는 한 절단 가까이에, gingival health에 영향을 주지 않는 한 cervical로 연장하여 최대의 피착면적을 가지게 설계한다.

Maryland bridge의 초기 디자인은 교합력에 저항하고, bonding을 위한 넓은 접착면을 제공하는 "Interproximal wrap-around" 개념을 지니고 있었다. 법랑질 삭제로 occlusal clearance를 확보하고, occlusal/cingular rest를 형성하고, 설측과 인접면의 최대풍융부를 낮추어 접착면을 넓혔다. 이때 하부구조는 교합면에서 치은 방향으로 하나의 삽입로(path of insertion)로 장착되어야 하고, 협 · 설측으로 변위되지 않아야 한다(그림 1-2-3).

최신 디자인에서는 지대치에 잘 위치되고 정확한 groove를 형성하여 유지력을 향상시켰다(그림 1-2-4~5). 실패를 최소화시키기 위해 최근에는 초기만큼 구강구조를 보존하려 하지 않는다. 그럼에도 불구하고 여전히 법랑질에 제한된 보존적인 디자인 원칙을 따른다.[31,32]

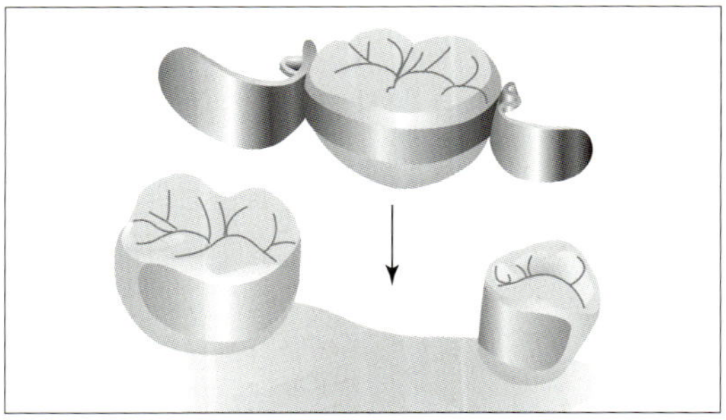

그림 1-2-3.
초기의 디자인으로서 최소한의 enameloplasty를 보인다.
한번 장착되면 협설측으로 움직이지 않는다.

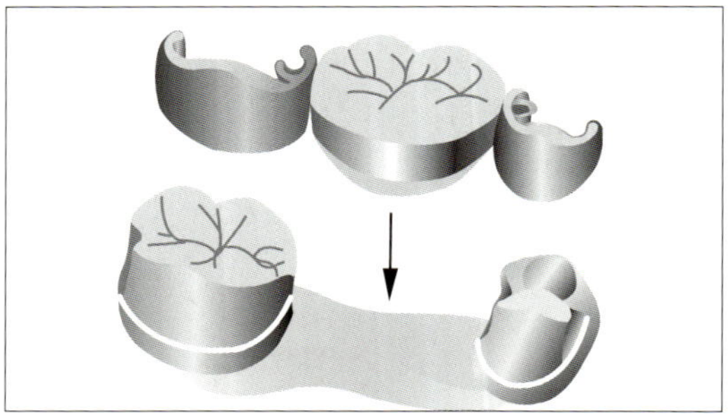

그림 1-2-4. 최신의 구치부 디자인
좀 더 확장된 법랑질의 삭제와 Mesio-distal line angle에 groove를 형성.
이 디자인에서 유지장치는 지대치에서 이탈되지 않는다.

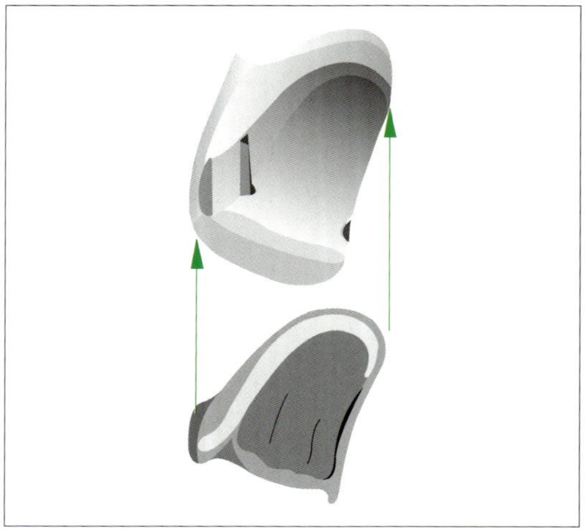

그림 1-2-5.
전치부의 디자인은 인접면(proxymal surface)에 최대풍융부(height of contour)를 낮추고 심미성을 해하지않는 범위에서 순측으로 연장하고 작지만 명확한 groove를 주게 된다.

일본에서의 접착브리지(그림 1-2-1~2)와 유럽과 북미에서의 RBFPD(레진 접착 고정성 브리지: 그림 1-2-3~4)의 디자인 개념에서의 차이점을 알 수 있다. 접착브리지는 retainer의 이탈을 방지하기 위한 최소한의 groove와 rest, 교합면의 경우에 따른 선택적 삭제 외의 치질은 가능하면 비삭제로 디자인한다(축벽은 특수한 경우가 아니면 삭제하지 않는 것이 원칙이다). 금속과 화학적으로 접착하는 cement의 사용으로 유지력을 증가시키는데 주력한 반면, RBFPD에서는 retainer의 기계적 유지력을 위해서 보다 광범위한 치아 형성을 권장하고 mesio-distal line angle에 groove를 형성하여 유지장치가 지대치에서 이탈되지 않도록 하는데 주안점을 두었다.

Michael Botelho는 그의 논문 "Resin-bonded Prostheses – The Current State of Development"에서 adhesive resin을 이용한 보철물 design의 조언으로 다음과 같이 제시했다.[33]

A. 전치부 보철

a. 치아형성

① Dentin용 접착제를 사용할 경우 적절한 유지형태를 유지하기 위하여 dentin 내부까지 치아형성을 연장하여도 좋다.

② 한 개의 지대치에 두 개의 groove를 부여한다.

③ 기저결절(cingular rest)의 형성은 장축 방향 groove를 이용한 apical stop으로 대신할 수 있다.

b. Framework design

① 전치부 2 unit의 adhesion bridge는 바람직한 수복 방법일 수 있다.

② 지대치에 교모면이 있는 환자의 전치부 고정성 adhesive bridge는 치아 접촉부 framework 상에 오도록 연장한다.

B. 구치부 보철

a. 치아형성

① 1개의 지대치에 2개 이상의 groove를 proximal lingual line angle 부위에 위치시킨다.

② 작은 수복물이 존재하거나 caries가 있으면 intracoronal extention을 고려한다.

③ 1개의 지대치에 최소한 2개 이상의 rest seat을 internal resistance form으로 부여해야 한다.

④ Long span에서는 교합면 bar가 형성되도록 하며 3/4 crown type의 피복이 되도록 설측 교두를 삭제한다.

b. Framework design

① 지대장치의 두께는 지대장치의 기하학적 도형과 무치악 공간의 생체역학적 요구에 의존하는데, 교합면 bar의 연결, 부분적 교합면 피복 또는 360° wrap-around로 연결할 경우 약 0.8㎜의 두께가 좋다.

② 교합면 rest만 있는 경우나, 기능적 요구가 큰 지대치일 경우(long-span) 또는 이갈이 환자에서는 최저 1.0㎜의 metal thickness를 권장한다.

3. Clinical Reports

Adhesive resin prostheses(Adhesion bridge와 Resin-bonded fixed partial denture를 통칭)의 보유율은 11개월인 경우 46%에서 11년 이상인 경우 93%까지 폭넓게 변화되었다. 종종 인용되는 장기 조사는 25개의 임상조사에서 통계적 전망 분석(meta analysis)을 행한 Creugers & Van' T Hof의 조사인데, longevity rate은 1년에서 89%, 2년에서 84%, 3년에서 80%, 그리고 4년 이상에서 74%의 보유율을 나타냈다.(34)

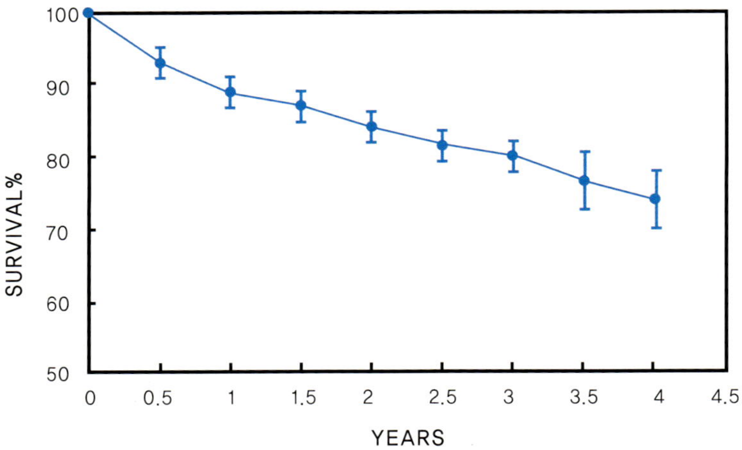

그림 1-3-1. Overall survival of resin-bonded bridges evaluated(n=1598).
(Vertical bar indicate 95% confidence intervals)
(Downloaded and redrew from jdr.sagepub.com)

최근 임상실험에서 단기간부터 중기간까지 상당히 바람직한 보유율을 기대할 수 있는 보고들을 Botelho는 정리 발표했다(표 1-3-1).

표 1-3-1. Adhesive resin 보철물(RBPs)의 임상 수명(33)

	Beaimo (1993)	Barrack and Bretz (1993)	Rammelsberg et al (1993)	Stokholm and Isidor (1996)	Hussey et al (1996)	Brabart (1997)	Ferrai and Mason (1997)
피실험 증례수	82증례 RBPs	127증례 RBPs	141증례의 RBPs	51증례의 RBPs	142증례의 2 unit연장 RBPs	501개의 pontic, 838 개의 지대	82증례의 RBPs
유효 설계의 특징	Guide plain 복수 groove, rest seat	복수 groove, rest seat 치관내확장	Guideplain, rest seat, 1mm 깊이의 교합면 groove	Inlay와 Onlay 지대장치	최소한의 형성, wrap around, 기저결절 rest	대합 groove, 축벽, 인접 rest	근심 및 원심 groove, 구치부의 교합면 피복
내구연수	1년 9개월	5년 8개월	6년	5년	3년	1985~1995년 까지 장착	3년 10개월 (추정)
보유율	99% / 21 months	Old design: 92% New design: 100% (101증례의 RBPs)	존속형성 : 96% 최소한 침습형성: 37%	98% / 60months	88% / 36months	95% / 132months	90% / 46months

Rammelsberg 등은 장축의 groove(parallel channel) 1개와 적어도 깊이 1㎜의 교합면 rest 1개를 형성한 결과, 6년 동안의 평가 기간 중 구치부에서 96%가 존속했는데, 이 결과는 최소한 형성된 치아에서 37%의 존속과 대조적인 것이었다.[35]

장기 연구에서 Simon등은 복수의 groove와 slot type의 rest seat을 부여하여, 형성된 구치부 고정성 bridge에서 95%의 유지를 달성했다. 이것은 groove와 denture type의 rest seat이 전혀 없는 구치부 보철물의 60%와 대조적이었다.[36] 11년 동안의 실험에서 Barrack과 Bretz는 2개의 인접면 사이 groove를 가진 전치부 보철물이 wrap around 만으로 groove없는 전치부 형성 보다 강한 유지력이 있음을 명확히 했다. 그 연구 중 groove를 가진 전치부 보철물의 탈락은 전혀 없었다.[37]

Yamashita선생은 MMA-4META-TBB-O 레진의 접착 강도에 주목하여 치질을 거의 삭제하지 않는 design 및 금속 피착면 처리법의 추이에 따른 type별 접착능력 및 脫離率(탈이/장착증례)를 보고했는데, 레진 접착성 보철물 시술 시 금속 피착면 처리와 디자인, 그리고 금속의 치아 피착 면적이 중요한 요소라 하였다(표 1-3-2,3). 짧은 기간이긴 하였지만 구치부에서 피착면의 접착면을 80㎟에서 182㎟로 넓히고, 50㎛의 산화알루미늄으로 blasting 후 EZ-Oxisor로 금속피착면을 처리했을 때 접착능력은 125kg(type p1)에서 597kg(type p3)로 증대되었고, 脫離율도 42.9%에서 0%로 감소되었다고 한다.[11]

표 1-3-2. Posterio adhesion bridge의 design 및 금속피착면 처리법의 추이 (4-META resin, Ni-Cr계 합금 사용)[11]

Retainer design	P1 type 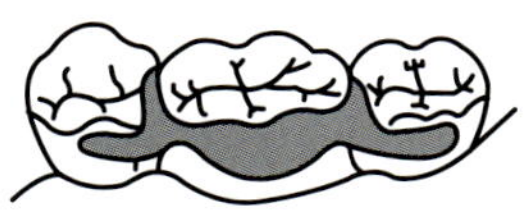	P2 type 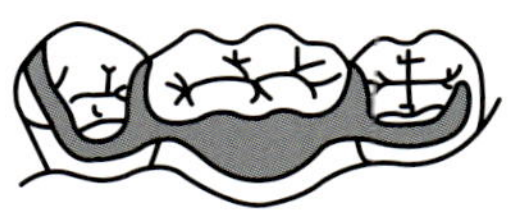	P3 type 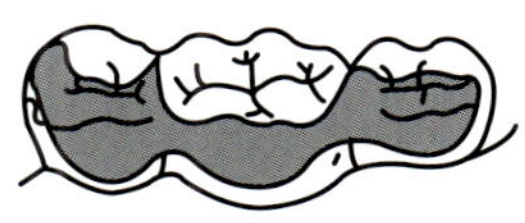
接着面積	80㎟	113㎟	182㎟
금속피착면처리	300㎛ Al_2O_3 Blasting, HNO_3 1시간 Dipping	50㎛ Al_2O_3 Blasting, HNO_3 60℃ 15分間 Dipping	50㎛ Al_2O_3 Blasting, $(NH_4)_2S_2O_8$ 30秒間 EZ-Oxisor
접착능력	125(62)*kg	257(164)*kg	597(532)*kg *thermal cycling300回
脫離率(탈이/장착증례)	42.9%(3/7)	10.5%(2/18)	0%(0/5)
사용기간	Feb. 1981 ↓ March 1981 (2M)	Apr. 1981 ↓ Nov. 1981 (8M)	Nov. 1981 ↓ July. 1983 (21M)

전치부에서도 접착면적을 38㎟에서 158㎟로 증대하고, 금속피착면을 EZ-Oxisor로 처리했을 때 23개월의 관찰기간 동안 0%의 脫離率을 보였다고 하였다.

표 1-3-3. Anterior adhesion bridge의 design 및 금속피착면 처리법의 추이 (4-META resin, Ni-Cr계 합금사용)[11]

Retainer design	A1 type 	A2 type 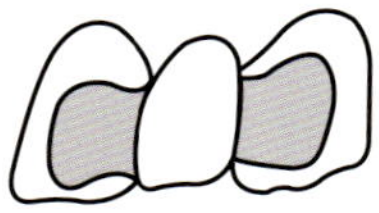	A3 type 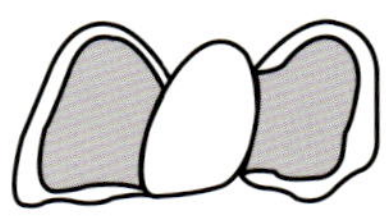	A4 type 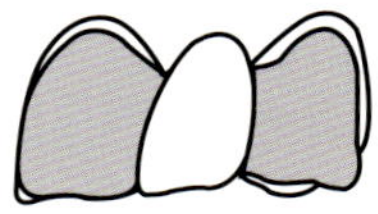
接着面積	38㎟	85㎟	95㎟	158㎟
금속피착면처리	300㎛ Al_2O_3 Blasting, HNO_3 1시간 Dipping	50㎛ Al_2O_3 Blasting, HNO_3 60℃ 15分間 Dipping	50㎛ Al_2O_3 Blasting, HNO_3 60℃ 15分間 Dipping	50㎛ Al_2O_3 Blasting, $(NH_4)_2S_2O_8$ 30秒間 EZ-Oxisor
접착능력	60(30)*kg	193(123)*kg	216(138)*kg	518(462)*kg
脫離率(탈이/장착증례)	75% (3/4)	55.5% (5/9)	6.7% (1/15)	0% (0/4)
사용기간	6 Months	2 Months	4 Months	23 Months

Murakami and Barrack도 피착면의 표면적과 RBFPD의 debonding에 요구되는 force 사이에는 liner relationship이 있다고 보고 했다.[38] Verzijden 등은 하악 구치에서 보다 상악 구치부에서 성공율이 높았다고 보고 했으며,[39] Chang 등도[40] 유사한 결과를 보고하면서, 상악에서 교합시에 favorable seating force가 작용하고, moisture control이 용이했기 때문이라 하였으나 Imbery 등은[41] 상악 구치의 clinical crown height가 더 크기 때문이었을 것이라 했다.

그러나 피착면의 표면적을 넓혀 retainer의 접착능력을 증대시키기 위해 retainer로 사용되어지는 지대치(abutment)의 숫자를 늘리는 것은 오히려 보철물의 수명을 단축시키는 것으로 알려져 있다. Chang H-K, Zidan 등은 RBFPD의 recall study에서 단지 두 개의 retainer를 가지는 보철물의 87.8%의 성공률에 비해 두 개 이상의 retainer를 가진 RBFPD의 성공률은 56.3%에 불과하다고 보고하였다.[40] Periodontometric study에서 치아는 28~108㎛까지의 movement range[42,43]를 가지고, arch segment에 따라 독립적인 운동 방향을 가진다. 서로 다른 방향의 teeth movement가 작용하게 되는 fixed bridge는 alloy-resin bond에 stress를 증대시켜 debonding을 야기시키는 요소로 작용하는 것이다.[41]

Resin 접착 보철물의 성공에 영향을 주는 요소에 대하여 Priest는 사용되는 resin cement와 alloy conditioning이 가장 중요하다 하였고,[44] 다른 저자들은 보철물의 design과 location, tooth preparation, operator's technique, oral environment 등을 성공을 좌우하는 요소로 지목하였다.[40]

접착성 보철물의 유지력에 관한 교합의 영향에 대하여 기술한 임상실험은 드물다. Creuger 등은[45] 지대장치(retainer)보다 오히려 지대치(abutment)상에 발생하는 교합접촉이 실패 예측의 중요한 요소라 기술하였다. Hansson과 Bergstorm은 5증례 중 4증례가 탈락한 보철물은 지대장치 위의 교두간 교합접촉(intercuspal contact)을 나타냈지만 전방과 측방에 작용하는 치아접촉은 치아조직 위에 있을 수 있다는 것을 알았다.[46]

Samama는 치주 splint를 장착한 환자 중 실패한 10인에게 이상기능운동을 확인하였고, 동요 치아의 원인인 응력을 감소시켜 줄 수 있는 치아형성이 바람직하다고 하였다.[46]

Resin 접착성 브리지는 교합면의 형태 변화가 full veneer crown에 비해 작다. 단지 pontic만 교합조정하면 된다는 생각을 하기 쉽지만, 지대치로 사용된 pontic의 인접치에 TFO가 작용하고 있었을 수도 있다는 사실을 고려해야 한다. 유지부가 놓여진 이상 지대치도 전체적으로 하나의 보철물로 인식해야 하며, 교합조정이 필요할 수도 있음에 유의하여야 할 것이다.

Dr. Imbery & Dr. Eshelman은 RBFPD's clinical success의 criteria로, case selection과 adequate tooth preparation을 제시하면서 2치 이상의 pontic을 가지거나 cantilever pontic case와 multiple retainers and pier abutment 또한 generally contraindicated라 했다. 상악 견치를 수복하는 것은 피해야 하며, Bruxism과 같은 parafunctional habit이 있는 환자도 피해야 하고, group function 보다 mutually protected occlusal scheme을 가지는 환자가 더 좋은 예후를 가진다고 기술했다. Rexillium Ⅲ 처럼 충분한 rigidity가 있는 base metal alloy를 사용해야 하며 nickel allergy를 가진 환자는 두께를 증가시킨 type Ⅵ gold alloy를 사용하기를 권고했다. Alloy surface에는 air abrasion 해야 하며, alloy-resin-enamel bonding을 위해 Panavia21을 standard로 제시했다. 그들은 결론적으로 "The RBFPD is a conservative alternative to the conventional fixed partial denture and should be included in patient treatment planning. However, considerations of the patient's informed consent and expectations of longevity dictate that a clinician must have knowledge of the research and understanding of the controversies surrounding this treatment modality."라고 제안하였다.[41]

References

1. Buonocore, M.G.: simple method of increasing the adhesion of acrylic resin filling materials to enamel surface. J. Dent. Res., 34 : 849, 1955.
2. Portnoy, L.L. Constructing a composite pontic in a single visit. Dent. Surv., 49 : 20, 1973.
3. Rochette, A.L. : Attachment of a splint to enamel of lower anterior teeth. J. Prosthet. Dent., 30 : 418,1973
4. Dunn, B., Reisbick, M.H. : Adherence of ceramic coating on chromium-cobalt structures. J. Dent.Res., 95 : 328, 1976.
5. Howe D, Denehy GE: Anterior fixed partial dentures utilizing the acid-etch technique and a cast metal framework. J Prosthet Dent 37:28, 1977
6. Livaditis G: Cast metal resin-bonded retainers for posterior teeth. J Am Dent Assoc 101:926, 1980.
7. Boyer DB, et al: Analisis of debond rates of resin-bonded prostheses. L Dent Res 72:1244, 1993.
8. Tanaka, T., Atsuta, M., Uchiyama, Y., Nakabayshi, N., Masuhara, E. Spherical powder for retaining thermosetting acrylic resin veneers. J. Prosthet. Dent., 39 : 295, 1978.
9. Tanaka T., Atsuta M., Uchiyama Y., Kawashima I. : Pitting Corrosion for retaining acrylic resin facings. J. Prosthet. Dent. 42 : 282, 1979.
10. Tanaka T., Angata K, Takeyama M., Nakabayashi N, and Masuhara E. : 4-Meta Opaque Resin-A New Strongly Adhesive to Ni-Cr Alloy. J. Dent. Res. 60 : 1967, 1981.
11. Yamashita A : A dental adhesive and its clinical applications. Quintessence Publishing Co., Tokyo. 1983.
12. Thompson VP et al: Resin bond to electrolytically etched non-precious alloys for resin bonded prostheses. J Dent Res 60:377,1981.
13. Livaditis G.J., and Thompson V.P. : Etched casting: An improved retentive machanism for resin-bonded retainers. J. Prosthet. Dent, 47 :52, 1982.
14. Stephen F. Rosenstiel, Martin F. Land, Junhei Fujimoto: Contemporary Fixed Prosthodontics. 4/e .DaehanNarae Publishing, Inc.2008.
15. Masuhara, E. : New 4-META. Adhesive resin. Dent Outlook, 59 : 661, 1982.
16. Tanaka, T., Nagata, K., Takeyama, M., Atsuta, M., Nakabayashi, N. and Masuhara, E. : 4-META opaque resin - a new resin strongly adhesive to nickel-chromium alloy, J. Dent. Res., 60:1697-1706, 1981.
17. Echizenya, T. : Interfaces between metals and 4-META/MMA-TBBO resin, J. Jpn. Dent. Mater., 11:628-641, 1992.
18. Ohno H, et al: The adhesion mechanism of dental adhesive resin to alloy-relationship between Co-Cr alloy surface structure analyzed by ESCA and bonding strength of adhesive resin. Dent Mater 5:46, 1986.
19. Salonga JP, et al: Bond strength of adhesive resin to three nickel-chromium alloys with varying chromium content. J Prosthet dent 72:582, 1994.
20. Asmussen E, et al: Adherence of resin-based luting agents assessed by the energy of fracture. Acta Odontol Scand 51:235, 1993.
21. Northeast SE, et al: Tensile peel failure of resin-bonded Ni/Cr beams: an experimental and finite element study [see comments]. J Dent 22:252,1994.
22. Degrange M, et al: Bonding of luting materials for resin-bonded bridges: clinical relevance of in vitro tests. J Dent 22:S28, 1994.
23. Hannsson O : Clinical results with resin-bonded prostheses and an adhesive cement. Quintessence Int 25:125, 1994.
24. Matsumura H, et al: Adhesive bonding of noble metal alloys with a triazine dithiol derivative primer and an adhesive resin. J Oral Rehabil 26:877, 1999.
25. Matsumura H, et al: Bonding of silver-palladium-copper-gold alloy with thiol derivative primers and tri-n-butylborane initiated luting agents. J Oral Rehabil 24:291, 1997.
26. Hikage S, et al: Clinical longevity of resin-bonded bridges bonded using a vynyl-thiol primer. J Oral Rehabil 30:1022, 2003.

27. Omura I., Yamauchi J., Harada I., Wada T.: Adhesive and mechanical properties of a new dental adhesive.(Abstract) J dent Res 63:233, 1984.

28. Watanabe, F., Powers, J.M., and Lorey, R.E. : In Vitro bonding of prosthodontic adhesive to dental alloys. J.Dent. Res., 62(2) : 479, 1988.

29. Knobloch L..A., Kerby R.E., Brantley W.A., Laurell K.A. : Shear bond strength of Rexillum III to enamel using resin composite cements. Int J Prosthodont 9:555,1996.

30. Thompson V: Cast-bonded retainers. In: Wei SHY, ed: Textbook of Pediatric Dentistry: Total Patient Care, pp233-245. Philadelphia, Lea & Febiger, 1988.

31. El Salam shakal MA, et al: Effect of tooth preparation design on bond strengths of resisn-bonded prostheses: a pilot study. J Prosthet Dent 77:243, 1997.

32. Pegoraro LF, et al: A comparison of bond strengths of adhesive cast restorations using different designs, bonding agents, and luting resins. J Prothet Dent 57:133,1987.

33. Botelho, M. : Resin-bonded prostheses: the current state of development, Quintessence Int., 30:525-534. 1999.

34. N.H.J. Creugers, M.A. Van't Hof: An analysis of clinical stydies on resin-bonded bridges. J Dent Res 70:146, 1991.

35. Rammelsberg P, Pospiech P, Gernet W (1993). Clinical factors affecting adhesive fixed partial dentures: a 6-year study. J Prosthet Dent 70:300-307.

36. Simon JF, Gartrell RG, Grogono A (1992). Improved retention of acid-etched fixed partial dentures: a longitudinal study. J Prosthet Dent 68:611-615.

37. Barrack G, Bretz WA (1993). A long-term prospective study of the etched-cast restoration. Int J Prosthodont 6:428-434.

38. Murakami I, Barrack GM. Relationship of surface area and design to the bond strength of etched cast restorations: an in vitro study. J Prosthet Dent 1986;56:539-45.

39. Verzijden CW, Creugers NH, Van't Hof MA. A meta-analysis of two different trials on posterior resin-bonded bridges. J Dent 1994;22(1):29-32.

40. Chang H-K, Zidan 0, Lee 1K, Gomez- Marin 0. Resin-bonded fixed partial dentures: a recall study. J Prosthet Dent 1991;65:778-81.

41. TA Imbery, EG Eshelman: Resin-bonded fixed partial dentures: a review of three decades of progress JADA 1996; 127;1751-1760

42. Rudd KD, O'Leary TJ, Stumpf AJ. Horizontal tooth mobility in carefully screened subjects. Periodontics 1964;2:65-8.

43. Parfitt GJ. Measurement of the physiological mobility of individual teeth in an axial direction. J Dent Res 1960;39:608-18.

44. Priest G. An 11-year reevaluation of resin-bonded fixed partial dentures. Int J Periodont Rest Dent 1995;15:238-47.

45. Creugers NH, Kayser AF. An analysis of failures of resin-bonded bridges. J Dent 1992;20:348-51.

46. Botelho, M. : Resin-bonded prostheses: the current state of development, Quintessence Int., 30:525-534. 1999.

Chapter 2

Preconditions

Chapter 2. Preconditions

이 장에서는 AO bridge를 이용하여 수복할 때 꼭 알아 두어야 할 사항들에 대해 살펴 보도록 한다. 레진 접착성 보철물의 일종인 AO bridge의 개념도(그림 2-1)를 보면 고려해야 할 항목이 무엇인지 알 수 있다. 치아표면의 처리법과 금속 표면의 처리법, 그리고 이들을 결합하여 접착을 이루는 resin cement에 대해 알아 보도록 할 것이다.

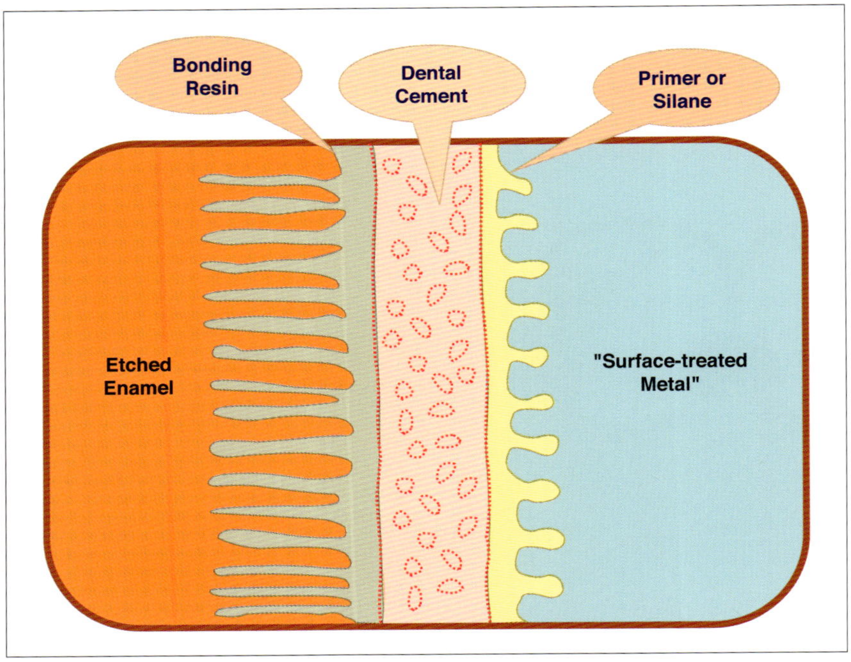

그림 2-1. 접착의 개념도

Botelho[1]는 resin 접착성 보철물의 성공은 금속 골격과 resin 사이의 결합 상태에 가장 큰 영향을 받는다고 하였다. 이론적으로 금속과 resin 간에 360kg/㎠, enamel과 resin 간에 140kg/㎠의 결합력을 나타낸다고 한다.[2] 그러나 실제 임상에서 resin 접착 보철물의 실패 양상을 보면 거의 금속과 resin과의 계면에서 일어나는 alloy-resin bonding의 failure이다.[3] 구강 내의 환경이 실험실의 조건과 다르기 때문인데, 구강 내에 장착된 보철물은 ① 교합력에 의한 반복하중 ② 온도 변화에 의한 수축 팽창의 피로축적 등에 의해 시간이 지날수록 결합력이 약해지기 마련이다. resin과 금속의 경계부에서 강력한 수소결합재인 물분자(H_2O)가 금속과 resin과의 결합을 파괴시키면서 금속의 수화된 산화층과 새로운 수소결합을 형성한다. 그 결과 resin이 물분자들에 의해 금속에서 치환되고 경계부에 수분층이 생겨 결합이 약해진다고 한다.[4,5] 구강 내 조건의 200일에 해당하는 반복하중과 thermocycling 했을 때 resin시멘트의 결합력은 약 20% 내외 감소한다는 보고도 있다.[6] resin시멘트의 접착력에만 의존하는 보철물은 시간이 지날수록 불리한 여건에 놓이게 되고, 이는 retention & resistance form이 요구되는 근거가 된다.

Resin의 접착력은 ① 치아표면의 처리법 ② 피착금속면의 표면처리법으로 증대할 수가 있다.

1. 치아표면의 처리법

A. 법랑질의 처리

① 치면의 청소

치질 표면은 Nasmyth' s membrane이나 pellicle plaque 등으로 덮혀 있는 것이 보통이다. 이들이 치면에 부착된 상태에서 산을 적용시키면 미세요철 구조가 잘 나타나지 않으며 resin과 낮은 접착 강도를 나타낸다. 접착할 치면을 불소가 함유되지 않은 pumice로 cleaning한다. 이때 rubber polishing cup을 사용하며, Yamashita는 800rpm 정도가 적당하다고 한다. Prophy-Jet, AIR-FLOW 등은 치면에 부착한 유기성침착물을 제거하기 위해 개발되었는데, 제3인산칼슘, 중탄산나트륨의 微(미)분말을 압축공기와 물과 함께 분사시켜 소와나 열구(pit & fissure)의 유기성 부착물까지 제거할 수 있다.

② Etching

법랑질의 산부식은 30~40%의 phosphoric acid가 사용된다. 산부식 시간에 대한 논의는 많은데, Yamashita는 40%의 인산으로 1분간 정확히 적용시키는 것이 좋다고 하였다. 일반적으로 35% 인산으로 산부식할 때 삭제된 법랑질은 15초 내외, 삭제되지 않은 법랑질은 30~60초 적용한다. Hypermineralized enamel(고령의 치아, 불소증)은 30초 이상의 부식 시간이 요구되고,[7] Structureless enamel(성인 치아의 치경부측 법랑질 또는 유치의 법랑질 표면은 프리즘 구조가 없이 무구조층을 갖는 경우가 많다)은 fine diamond bur로 표면을 제거할 것을 추천한다. 표층을 제거하고 나면 15초의 산부식으로 충분하다.[8]

브러쉬 또는 스폰지를 사용하여 rubbing하면 법랑질 구조가 파괴되기 때문에 semi-gel 형태로 syringe에 제공된 것을 그대로 적용하는 것이 좋다.

③ 수세 및 건조

인산 부식에 의해 enamel의 표층 약 5㎛가 제거되고, 5-50㎛ 깊이의 미세다공성 구조가 형성되면 치아표면적은 약 2,000배 증가한다. 이때 탈회된 법랑질의 표면에는 monocalcium phosphate monohydrate, dicalcium phosphate dehydrate 등과 같은 분해산물이 남게 되는데, 이런 분해산물을 완전히 제거하지 않으면 resin과 법랑질면과의 접착에 악영향을 준다고 한다.[9] 철저히 수세하는 것이 중요하다. 법랑질을 부식하고 수세한 후 타액으로 오염된 경우에는 오염된 치면을 충분히 수세한 후 약 10초간 다시 etching한다.

타액으로 오염된 경우 복합레진의 접착강도는 오염되지 않은 경우의 1/2이상 저하 되는 것으로 알려져 있다.

법랑질을 부식하고 수세한 후 충분히 건조시킨 후 접착제를 도포하는 것이 좋다.

Yamashita등은 전치부에서 약 60%, 구치부에서 약 80%로 존재하는 습도만으로도 resin과 치아와의 접착력을 현저히 떨어뜨릴 수 있다고 하였으며 온도 32℃, 습도 92%에서의 resin의 접착 강도는 타액으로 오염된 경우보다 저하되었다고 한다.

높은 접착강도를 얻을 수 있는 가장 안전한 방법으로 45초간 철저히 수세를 하고, 미온풍으로 15초 이상 충분히 건조하는 것이다. resin 접착 브리지의 피착면으로서 가장 강한 접착을 얻을 수 있는 치면은 삭제하지 않은 법랑질이다(표 2-1-1~2).

표 2-1-1. Tensile strength with or without enamel reduction

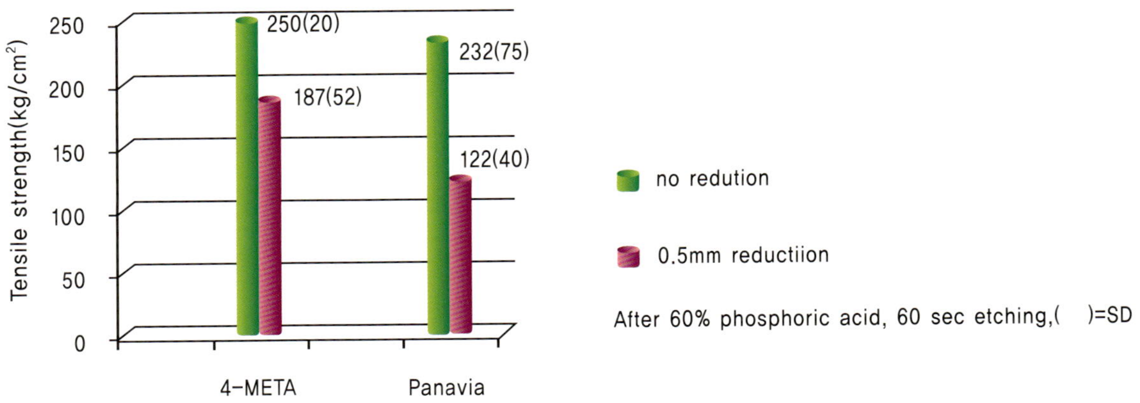

Yamashita선생은 0.5㎜ 삭제된 법랑질과 삭제되지 않은 enamel을 60%인산으로 60초간 etching 처리한 후 4-META 및 Panavia와의 tensile strength 비교실험결과(표 2-1-1), 4-META에서 무삭제 법랑질이 250(SD=20)kg/㎠인데 반해, 0.5㎜ 삭제된 법랑질은 187(SD=52) kg/㎠이었고, Panavia 역시 232(SD=75):122(SD=40)으로 무삭제 enamel에서 높은 tensile strength를 보인다 하였다. 유사한 결과가 다른 접착 시스템에서도 보고된 바 있다(표 2-1-2).

표 2-1-2. Tensile strength with or without reduction

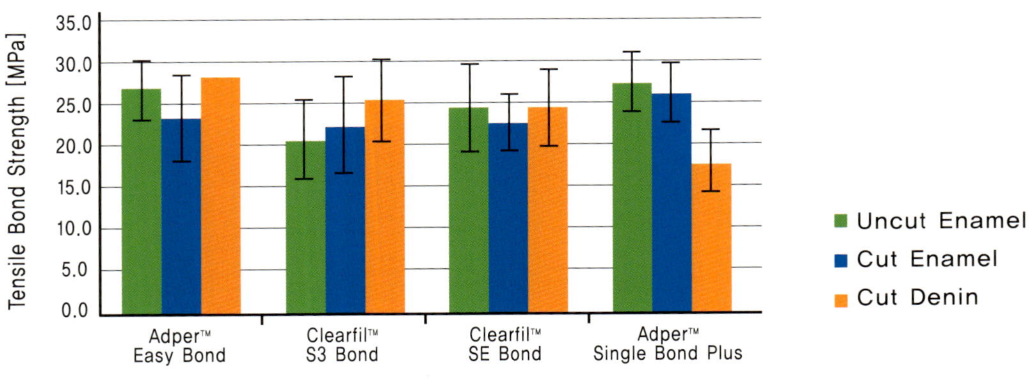

B. 상아질과의 접착

산부식을 통하여 표면에 미세다공성을 부여하고 접착성 단량체(monomer)가 침투하여 미세기계적으로 유지력을 얻는 enamel bonding은 신뢰할 만한 수준에 도달했다고 여겨지나, 상아질은 많은 유기물을 포함하며 상아세관(dentinal tubule)의 미세구조와 광화 및 습윤의 정도에 따라 다양한 접착 양태를 보이기 때문에 아직도 정확히 예측할 수 없는 구조로 남아 있다. 상아질의 접착기전은 무기 혹은 유기질에 대해 대략 세 가지로 구성된다.[8]

1. Bonding to the hydroxyapatite component of dentin through phosphate-calcium coupling.
2. Bonding to the collagen of dentin through a surface modifying agent.
3. Micro-mechanical interlocking produced by good spreading and wetting into the smear layer and dentinal tubules.

Smear layer란 치아의 삭제과정에서 발생한 치아의 삭제편, 타액, 혈액, 세균 등의 혼합물이 상아질 표면에 형성되어 있는 것을 말하는데, 삭제과정에서 노출된 상아세관을 덮는 natural barrier 역할을 하는 것이다.

도말층(smear layer)은 0.5~2.0㎛의 두께를 가지는데, 삭제용 bur의 거칠기가 클수록 두껍게 형성된다. 와동 형성에 있어 매끄러운 표면을 형성하는 카바이드 bur를 사용했을 때 높은 결합력을 나타낸다.[10] 두꺼운 도말층은 접착시에 결합력을 저하시키는 요인이 될 수 있다. Grit size가 53~63㎛인 fine diamond bur가 grit size 106~125㎛인 standard diamond bur에서 보다 낮은 미세누출이 보였다 한다.

도말층은 수압이나 기계적 처리를 통해서는 거의 제거되지 않으며, 타액과 같은 구강조직액에 의해 서서히 용해되고 미네랄산이나 chealating agent에 의해 쉽게 탈회(제거)된다. 도말층은 정상 상아질에 비해 표면에너지가 커서 wettability는 우수하지만 하부의 정상 상아질과 기계적 혹은 화학적으로 결합되어 있지 않기 때문에 접착과정에 방해가 되는 것이다.

도말층을 완전히 제거한 후 접착제를 침투시키는 것을 total-etching system이라 하고, self-etching primer를 이용해 도말층을 변형/강화시켜(Hybrid layer 형성) 세척하지 않고 건조한 후 접착제를 적용하는 것을 self-etching primer system(SEPs)이라 한다. SEPs는 도말층을 접착 대상으로 이용하며 hybrid layer에 도말층을 포함한다. 도말층을 완전히 제거하는 total-etching system과 비교할 때 과도한 부식, 건조 및 습윤과 같이 임상적으로 민감한 술식을 제외시킴으로써 술식이 간단하다는 장점을 가지고 있다.

도말층의 처리 및 접착단계에 따라 상아질 접착제를 표 2-1-3과 같이 분류하는데 이는 과학적 근거 보다는 임상적 술식에 따른 것이라 할 것이다.[9]

표 2-1-3. 상아질 접착제의 분류

분류	세대
Total-etching :remove smear layer (etch & rinse)	• 4th G. 1. Etch → 2. Primer → 3. Adhesive • 5th G. 1. Etch → 2. Self-priming adhesive
Self-etching :dissolve & modify Smear layer	• 5th G. 1.Self-etching primer → 2. Bonding resin • 6th G. 1.Self-etching primer/bonding resin(2 bottles) • 7th G. 1.SEPs (1 bottle)

1) 산부식형 상아질 접착제 (Total-etching adhesive, etch & rinse adhesive)

① 산부식을 요하는 4세대 및 5세대의 접착제에서 정상 상아질에 대한 산부식 시간은 10초가 적당하다. 경화성 상아질이나 과광화된 노령의 치아에서는 15초, 우식을 제거한 이환상아질(affected dentin)이나 젊은 치아에서는 10초 또는 그 이하의 시간이 적당하다. 인산에 의한 과도한 산부식은 두꺼운 탈회층을 형성하고 결과적으로 접착 레진의 충분한 침투가 어렵게 된다.

수산화인회석(hydroxyapatite, HA)이 빠져 나간 공간에 접착제(레진단량체)가 완전히 침투하여 채워지지 않으면 물 또는 세관액으로 채워져 온도변화 또는 저작압에 의한 술후 과민반응의 원인이 된다. 또한 resin에 의해 보호받지 못하고 노출된 collagen fiber는 시간이 경과하면 가수분해 되어 파괴되고, 주변의 resin 성분이 용해되어 접착층의 내구성에 문제를 일으킬 수 있다. 이런 현상을 Nanoleakage라 한다.

② 부식 후 상아질의 과도한 건조는 교원질 구조를 붕괴시켜 resin 단량체의 침투/확산을 방해하고, 균일한 혼성층의 형성을 어렵게 하여 결합강도를 심각하게 저해한다. 산부식은 상아질 표면의 무기성분과 일부 비교원성 단백질을 용해하여 기질의 교원섬유를 노출 시키는데, 교원섬유를 따라 상아질의 Sialoprotein과 phosphoprotein 같은 비교원성 단백질은 높은 전하를 띄고 있으며 친수성의 젤과 같은 복합체 기질망(gel-like polymer matrix network)을 형성한다. 이 network는 삼투압으로 많은 양의 수분을 유지시키게 된다(그림 2-1-1). 수분에 의해 지지되던 교원질 구조가 공기에 의해 건조되면, 공기-교원질 망상구조의 계면에서 표면장력이 발생하여 교원질의 붕괴가 시작되며(26~33%), 인접 교원질 펩타이드 간에 분자간 수소결합을 형성하여[11] 섬유간 거리를 더욱 근접시켜 레진단량체의 침투를 제한한다(그림 2-1-2). 산부식을 요하는 상아질 접착제에서 수세 후 습윤상태를 유지하는 것은 필수적인 것이다(wet bonding). Primer 내에 포함되어 있는 친수성 단량체인 HEMA와 물은 교원섬유의 수소결합을 파괴하고 망상구조를 연화시켜 수축된 구조의 재팽창을 유도할 수 있으나 습윤상태를 잘 유지한 경우에 비하여 효과가 떨어진다.

그림 2-1-1.
적절한 습윤상태를 유지했을 때 교원섬유 간 공간이 확보되어 있어 레진단량체의 침투/확산이 용이하다.[12]

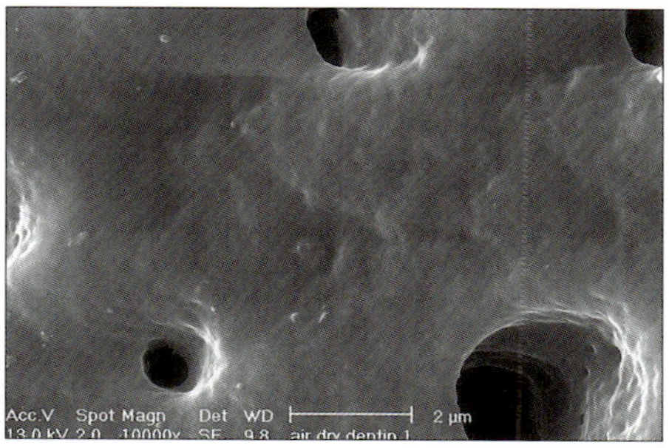

그림 2-1-2.
과도하게 건조하면 교원섬유는 무정형의 덩어리로 융합되고, 교원간 공간이 폐쇄되어 레진의 침투/확산이 저해된다.[12]

Single Bond, 3M®의 결합강도를 보면 상아질 수세 후 젖은 상태에서 흡습지로 가볍게 찍어 낸 정도인 blot dry에서 12.6MPa, 가볍게 1초간 공기 건조한 경우에서 11.9MPa, 물이 고여 있는 overwet상태에서 5.2MPa인데 반해 overdry(desiccated) 한 경우 4.4MPa에 불과했다. 물이 흥건하게 고여 있는 상태가 과도한 공기 건조 상태보다 더 좋은 결과를 나타내었던 것이다(그림 2-1-3). 산부식형 상아질 접착제는 산부식-프라이머-접착레진의 3단계법과, 산부식후 self-priming adhesive(프라이머와 접착레진 단계를 1 bottle로 합침)만 도포하면 되는 2단계 접착시스템이 있다.

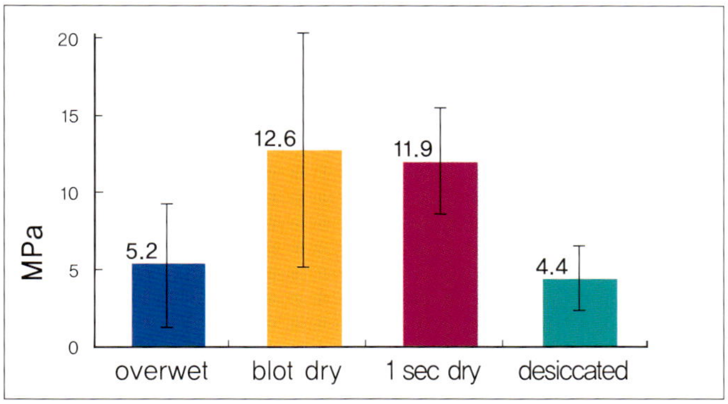

그림 2-1-3.
상아질 산부식 후 건조 정도에 따른 상아질 접착제(Single Bond, 3M)의 결합강도[8]

3단계 접착 시스템 (제 4세대 접착제)

산부식과 수세 후 적절한 습윤상태가 유지된 상태에서 primer를 도포하게 되는데, 프라이머는 접착강화제라고 하며, 노출된 교원질을 강화하고 상아질과 상부의 접착레진 사이에 결합을 형성하게 한다.

프라이머는 소수성(hydrophobic: Bis-GMA, TEGDMA), 친수성(hydrophilic: HEMA) 단량체가 아세톤이나 에탄올 같은 유기용매에 녹아 있는 용액이다.

프라이머는 치아로부터 수분을 대체하면서 레진 단량체를 침투하도록 하는데, 적용 후 약한 공기압으로 서서히 용매와 물을 휘발/건조시켜야 한다.

프라이머와 복합 레진을 결합시키는 역할을 하는 접착 레진은 소수성 단량체와 광개시제로 구성되며, 프라이머와의 결합을 강화하기 위해 약간의 친수성 단량체(HEMA)를 포함하기도 한다. 3-step system의 장점은 친수성, 이온성을 띄는 산성 단량체를 포함한 프라이머가 상아질과 친수성 결합을 유도하고, 주로 소수성 단량체로 구성된 접착레진이 프라이머와 결합하는 동시에 중합 후 소수성의 접착레진 층을 형성하기 때문에 상아질로부터 유래되는 수분을 차단하고, 소수성인 수복용 레진과 보다 높은 적합성을 갖는다는 것이다.

2단계 접착시스템 (One-bottle system, Self-priming adhesive, 제5세대 접착제)

산부식-프라이머-접착제의 과정에서 산부식 단계 및 습윤접착의 개념은 동일하고 프라이머-접착제 도포를 하나의 과정으로 합친 형태이다.

프라이머를 이용한 별도의 접착강화(유도) 과정이 없기 때문에 충분한 레진 침투를 위해 산성(acid)을 갖는 기능성 모노머(acid functional monomer: PENTA, HEMA, polyalkenoic acid, BPDM, GPDM 등)을 포함하고 있다. 기능성 단량체에는 methacrylate를 포함하여 레진과 결합하는 중합기, 치아와 반응하는 기능기, 그리고 이들을 연결하는 spacer 등 3부분으로 구성되어 있다.

프라이머/접착제의 기능을 동시에 수행하기 위해서는 접착레진의 도포 후, 일정 시간(dwell time) 기다린 후 용매를 건조시키고 광중합해야 한다(Single Bond 2 -3M ESPE®의 경우 15초).

UNC의 Swift 교수는 5세대 산부식형 접착제를 사용하여 복합레진의 결합강도를 측정했을 때, 중합모드에 따라 현저한 차이를 나타내며, 자가중합형 복합레진의 결합강도는 광중합형에 비해 0~95%까지 감소됨을 보고하였다.

5세대 one-bottle 접착제에는 산성기능성 단량체가 포함되어 있어, 레진 중합과정에서 10~15㎛ 두께의 산성의 미중합층(oxygen inhibition layer)이 남게된다.

자가중합형 또는 이중중합형 복합레진과의 결합을 위해 2단계 산부식형 접착제가 사용될 때에는 자가중합 촉진제(self-cure activator)의 사용을 권유하고 있다.

All-bond 2의 D/E resin의 경우 PRE-BOND(Bisco), All-bond 3와 SE Connex(Bisco), XP bond와 self-cure activator(densply) 등이 있다.

한편 자가중합형 복합레진의 개시제(initiator)에는 염기성의 aromatic tertiary amine과 BPO(benzoyl peroxide)가 포함되어 있다. 이러한 염기성 개시제와 미중합층 내의 산성단량체 사이에 라디칼 중합반응 대신에 산-염기 반응이 우선적으로 일어나므로, 복합레진 내의 개시제가 고갈되어 중합반응이 일어나지 않게 되는 것이다. 상대적으로 약산성을 띄는 접착제(One-step, Bisco: pH=4.6)는 이런 산-염기 반응이 미약하기 때문에 개시제의 고갈로 인해 중합반응이 저해되는 문제를 적게 야기한다.

산부식형 접착제의 성공적인 사용 방법

1. 사용 설명서를 숙지하자.

각각의 접착제마다 적정의 적용 방법이 있다. 도포방법, 기다리는 시간, 건조방법 등 서로 다른 특징이 있으므로 설명서에 따라야 한다.

2. 접착 부위의 오염을 피한다.

3. 상아질에 과도한 산부식을 피한다.

상아질이 과도하게 산부식된 경우 접착제의 침투가 불완전하여 "nanoleakage"를 유발하고, 이는 초기 과민반응 뿐 아니라 접착제의 내구성에도 문제를 발생시킨다.

4. 산부식제는 완전히 제거한다.

5. 상아질을 과도하게 건조시키지 않는다.

표면의 물기는 가벼운 공기, 작은 면구를 이용한 blot dry, 또는 작은 석션을 이용하여 습윤상태를 유지한다. 법랑질에는 충분한 건조를 하지만, 어떠한 경우에도 상아질의 건조는 접착의 실패를 야기한다.

6. 접착제를 충분히 도포한다.

접착제는 충분한 양이 상아질 표면에 적용되어야 한다. 특히 심부 상아질의 경우 상아세관으로 접착제가 많은 양이 침투되므로 부족해서는 안된다. 접착제 도포 후 용매를 건조했을 때 상아질 표면은 shiny해야 한다. 만일 반짝거리지 않으면 全面이 반짝일 때까지 과정을 반복하여야 한다.

최경규 著 : "접착과 심미수복의 임상"에서 발췌[8]

2) 자가 부식형 상아질 접착제 (Self-etching primer system)

산부식형 접착제의 성공은 습윤정도를 적정화하는 것이 매우 중요한 요소이나 임상적으로 그 기준이 모호하고, 기술적으로 어렵다는 단점을 극복하고 보다 편리하게 사용하기 위하여 자가부식형 상아질 접착제가 개발되어 널리 이용되고 있다. 자가부식형 상아질 접착제는 ① 산부식형 접착제를 사용할 때 특히 深部상아질에서 세관액의 삼출로 인한 접착계면의 over-wet phenomenon과 오염의 가능성이 있지만 SEPs는 치수에 대한 자연 방어막 역할을 하는 도말층을 제거하지 않고 변형/강화시켜 접착에 이용함으로써 상아세관의 노출을 피해 외부 자극이나 감염의 기회를 줄일 수 있다. ② 산부식 후 탈회된 깊이만큼 레진이 완전히 침투하지 못하여 생기는 nanoleakage 현상을 방지한다. ③ 접착과정이 단순하고 시간이 단축되며 습윤접착과 같은 모호한 과정이 없어 기술적 민감성이 적고 산부식형 접착제에 비하여 안정된 결합강도를 얻을 수 있다. ④ SEPs내에 포함되어 있는 산성 단량체에 의한 세균의 살균 능력 등의 특징이 있다. 도말층을 제거하지 않고 상아질의 過腐蝕이 없어 술후 과민반응을 최소화 할 수 있는 반면, 제한된 산부식 능력으로 인해 과광화(hypermineralization)된 치아, 표면을 삭제하지 않은 법랑질(uncut enamel), 경화성 상아질(sclerotic dentin)에 대한 접착에는 산부식형 접착제에 비하여 결합력이 감소된다. 이런 결합력 감소를 방지하기 위해서는 과광화된 치아, 삭제하지 않은 법랑질, 경화성 상아질에 대해서는 부가적인 산부식을 할 수도 있다.

SEPs은 pH 1.4~2.6에 이른 산성단량체(acidic monomer: 4-META, phenyl-PMDP, MAC-10, phosphonic acid ether 등)가 포함되어 있어 산부식 과정과 프라이머 도포 과정이 동시에 이루어진다. SEPs의 자가부식기전을 살펴보면, 카르복실기 또는 인산기를 갖는 기능성 단량체가 용매인 물과 반응하여 만들어진 수소이온(산)이 도말층을 용해시킬 뿐 아니라 치질표면의 무기질을 탈회시키고, 산성단량체는 탈회된 상아질 내 교원섬유의 수소결합을 파괴하고 섬유를 분리하여 그 사이에 확산되어 채워진다.

제 5세대 자가 부식형 접착제 (2-step SEPs)

자가부식형-프라이머(self-etching primer)와 접착레진(bonding resin)으로 구성된다.

프라이머는 도말층을 용해시키고 법랑질 및 상아질의 표면을 탈회시켜 resin이 침투할 수 있는 환경을 만든다. 자가부식이 이루어질 수 있도록 충분한 시간(20~30초)을 기다린 후, 용매(물)를 제거하기 위하여 에어시린지로 10초 이상 서서히 건조시킨다. 용매가 완전히 휘발하지 못하고 잔존하는 경우 상아질로부터 물의 이동을 용이하게 하고 접착제의 중합을 억제하기 때문에 물의 완전한 제거는 자가부식형 접착제에서 필수적인 과정이라 할 수 있다.

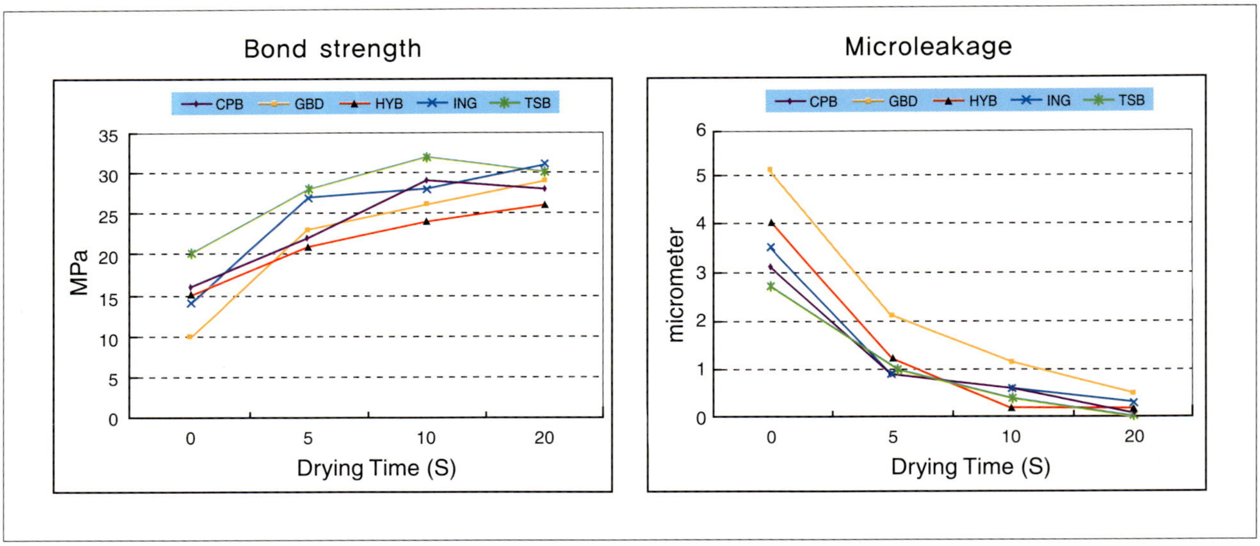

그림 2-1-3.
자가부식형 접착제의 건조시간에 따른 결합강도 및 미세누출. 10초 이상 건조되어야 충분한 결합력과 최소한의 미세누출이 발생한다.[8]

자가부식형 접착제의 건조 시간은 Bond strength와 비례해서 증가하며, Microleakage와는 서로 반비례 관계에 있다(그림 2-1-3). 이 후 접착레진을 도포하고 10초간 광중합하면 접착 과정은 종결된다. 접착레진은 HEMA와 같은 친수성 단량체를 소량 포함하지만 주로 Bis-GMA와 TEGDMA 같은 소수성 레진으로 구성되기 때문에 복합레진과 안정된 결합이 가능하다. 이러한 이유로 2단계 자가부식형 접착제는 자가중합형 복합레진과 부적합성을 나타내지 않는다(표 2-1-5 참고). 적합/부적합성을 인지하는 것은, 우식을 가진 치아를 지대치로 사용해야 하는 경우도 있으므로 우식 치질의 수복과 동시에 치아형성을 해야하는 경우에 고려해야 할 사항 중의 하나가 된다. 지대치 형성하는 당일에 우식 부위를 resin filling 하고나면 지대치 형성은 enamel layer에만 가능하게 된다.

이때 Immediate Dentin Sealing technique(IDS)이라는 개념이 적용되게 되는데, 제5세대 자가부식형 접착제를 사용하여 dentin bonding 하고 resin filling하는 것을 권장하는 것이다. Enamel margin 부위는 friction grip을 이용하여 finishing해 놓게 되면 접착 시에 Enamel에 대한 고려만 남아 있게 되는 것이다.

[표 2-1-5] 자가/이중중합 복합레진에 대한 각종 접착제의 적합성[8]

접착시스템		적합/호환성	근거
산부식형상아질 접착제	제4세대 접착제(3단계)	O	중성의 산도
	제5세대 접착제(2단계)	O or X	산도에 따라 다름
자가부식형상아질 접착제	제5세대 접착제(2단계)	O	부적합 보고된 적 없음
	6/7세대 접착제(1단계)	X	산도와 접착층의 투과도

최경규 著 : "접착과 심미수복의 임상"에서 발췌

제 6세대 및 7세대 접착제

6세대 접착제는 two bottle, one coat이며 2개의 용기에 따로 보관되어 있고, 사용 직전에 혼합하여 도포한다. 기능성 단량체가 물과 결합하여 가수분해됨으로써 산성을 띄게 된다.

접착제에 따라 문질러야(agitation) 하는 것과 그대로 두는 것이 있으므로 설명서에 따라 사용해야 한다. AQ Bond®(Sun Medical)의 경우, 단일 용기로 되어 있으나 포장 내에 활성제가 포함된 스폰지가 함께 제공되므로 반드시 이것은 사용하여 도포하여야 한다.

7세대 접착제는 one bottle, one coat이다. 2병을 섞는 번거러움까지도 배제하여 단일용기에 포장되어 있다. 6세대 접착제는 물을 용매로 사용하지만, 7세대는 물과 유기용매(아세톤 또는 에탄올)로 구성되어 있다. 이러한 단일과정의 접착제는 정상적인 치아의 삭제 후 복합레진을 수복할 때에는 결합력이 낮은 것을 제외하고 큰 문제가 없으나 비삭제 치질의 접착에는 한계가 있으며 자가/이중 중합 복합레진과는 부적합성을 나타낸다. 1단계 SEPs는 많은 양의 친수성 단량체를 포함하고 있기 때문에 시간이 지남에 따라 안정성이 떨어져 접착의 내구성에 문제를 일으킬 수 있다.

2. 금속 피착면 처리법 (Alloy-resin bonding)

접착이란 2개의 피착체(치질과 금속)가 제3 물질인 접착제(레진시멘트)의 개입으로 서로 접합하는 현상으로 규정된다. 접착 강도는 접착제에 의해 지배되고 있으나, 피착체의 표면처리법에 따라 커다란 차이가 생긴다.

이 장에서는 치과용 합금 피착면에 접착제를 기계적으로 결합시키기 위한 방법과 금속피착면과 접착제를 화학적으로 결합시켜 더 강하게 접착시키는 방법들에 대해 살펴보고 실제 임상에서 사용할 수 있는 추천들에 대해 설명할 것이다. Alber는 Alloy-resin bonding을 mechanical/Chemical bonding으로 분류하였다[13](표 2-2-1).

표 2-2-1.

- **MECHANICAL**
  - MACROMECHANICAL
    - Duralingual
    - Lost salt
  - MICROMECHANICAL
    - Electrolytic etch
    - Gel etchants
    - Air abrasion
- **CHEMICAL**
  - INTERFACIAL
    - Silicoater(Heraus Kulzer)
    - Silicoater MD(Heraus Kulzer)
    - Rocatec (ESPE)
    - Tin plating
  - ADHESIVE
    - Panavia 21
    - C&B Metabond
    - All-Bond 2

A. Mechanical Method

1976년 Dunn & Reisbick[14]은 ceramic coating의 기계적 유지를 얻기 위해 Cr-Co 합금을 전기 화학적으로 식각시켰고, 1979년 Tanaka[15,16]는 acrylic resin veneer의 기계적 유지를 얻기 위해 비귀금속 합금을 pitting corrosion 시킨 바 있었다.

1979~1980년 동안에는 Maryland 대학의 Thompson,[17,18] Livaditis,[19,20] Del-castillo[21]등이 Ni-Cr 합금을 전기화학적으로 식각(electrolytic etch)시켜 레진과의 결합력을 증가시키는 방법을 제시하고, etched cast restoration (Maryland bridge)를 임상에 사용했다. 이는 perforated restoration 보다 4배 이상의 shear load에 저항할 수 있었고,[22] 현재 레진과 식각된 합금 표면과의 접착강도는 레진과 etched enamel 간의 접착강도의 2~3배에 이르고 있다.

Electrolytic etching법은 酸용액(10% 황산액)에서 금속을 양극(+)으로 하여 전류를 흘려 금속의 성분을 선택적으로 용해시킴으로써 미세기계적 요철을 만드는 방법인데, 기공과정이 복잡하며 사용하는 산의 종류, 산의 농도, etching time, 전류 세기 등 제조사마다 제시하는 기준이 다르고, 식각의 정도를 눈으로 확인할 수 없고, 식각된 금속표면이 오염되면 보철물의 조기 탈락을 초래하며 비귀금속에만 가능하다는 단점들이 있었다. 기공과정을 단순화시켜 왕수액 등(gel etchant)으로 부식시켜 얻어진 미세기계적 undercut도 전기화학적 부식에 의한 것과 유사한 결과들을 얻을 수 있었다.

Macromechanical technique는 유지면을 쉽게 눈으로 확인할 수 있으며, 조작 시 오염이 적고, 복잡한 전기화학적 식각 과정을 거치지 않으며 귀금속 합금에도 이용 가능한 방법인데, 피착 금속면에 mesh를 형성해 주거나 (duralingual bonded bridge),[23] 작은 금속 입자로 porous coating[24]을 형성하였다. 1984년 Virginia Commonwealth 대학의 Moon 등은 자가중합 레진으로 pattern을 제작할 때 150~250㎛의 salt crystal을 이용하여 금속표면에 요철(undercut)을 형성했는데, 이를 "lost salt crystal technique"라 한다.[25]

이러한 Macroretentive method는 보철물이 overcontour 되고 삭제된 지대치에 정밀하게 맞지 않는 문제점들을 야기시키기도 하였다.

1943년 Black에 의해 치아 경조직을 제거할 목적으로 개발된 air abrasion방법(Blasting with aluminum oxide)은 대표적인 기계적 처리 방법으로사용하기 쉽고, 효율성이 높아 다른 처리 방법의 필수적인 전처리법으로 임상에서 널리 이용되고 있다. Sandblasting(blasting with aluminum oxide)은 금속표면에 미세한 요철을 형성하여 표면적을 증가시키며, 금속표면의 에너지 및 활성도를 높이고 수분의 접촉각을 낮추어 wettability를 향상시며,[26] exoelectron 현상으로 금속 표면에 전자가 방사되어 여러 화학반응에 관여함으로써 접착강도를 증가시키는 방법으로 알려져 있다.[27]

산화알루미늄의 입자 크기가 비귀금속과 레진 간의 결합강도에 미치는 영향에 대해서 상이한 보고가 많은데, Yamashita는 "300㎛ 보다 50㎛의 산화알루미나를 분사시킨 Ni-Cr계 합금에서 약 2배의 접착강도가 있고, 내수성도 있음을 알았다" 하였고, "50㎛의 산화alumina 중에서도 파-세의 산화alumina의 접착강도가 가장 우수하며 금속면과 5㎜의 거리에서 5초 간 분사했을 때 가장 안정적인 구조를 나타냈다"고 하였다. 산화알루미나로 표면처리한 직 후 금속표면으로부터 일과성의 전자방사가 실온에서 일어나는 Exoelectron현상(또는 Kramare 효과)이 발생되며 이 전자가 금속표면에 여러 가지 화학 반응에 관여하여 접착강도를 향상시킨다고 한다. 전자 방사량은 시간이 경과함에 따라 감소하므로 sandblasting 후 가능하면 빨리 접착시키는 것이 좋다. "Sandblasting 직 후 Panavia로 접착시킨 시편은 405(sd=70)kg/㎠의 인장접착강도를 보인 반면, sandblasting 1시간 후 Panavia로 접착시킨 시편은 300(sd=35)kg/㎠의 인장접착강도를 보였다"고 한다.[27]

David 등[28]은 교정용 밴드 부착 시 50㎛ 입자 크기와 80psi 압력으로 분사했을 시 유지력이 2배 이상 증가했음을 보고하였고, sandblasting은 접착을 위한 표면적을 증가시키고 산화막층을 감소시켜 더욱 강한 부착층을 제공하는 역할을 하며 금속피착면이 균일하게 서리처럼 흰 외양이 될 때까지 시행해야 하는데 일반적으로 대략 15~20초 정도의 시간이 필요하다고 하였다. Tanaka 등은[29] Co-Cr계 합금은 sandblasting 후 초음파 세척기로 세척한 경우 물에 녹아 있던 산소에 의해 산화막이 생성되어 레진과의 결합력이 증가했고, Ni-Cr계 합금의 경우 sandblasting 후 화학적 산화를 시켜야 유사한 결과를 얻을 수 있다고 하였다. Peutzfeldt 등은[30] sandblasting 시 산화알루미늄의 입자크기, 처리시간, 분사압력 등을 적절히 조절해야 금속의 변형을 방지할 수 있다고 하였다.

또한 sandblasting 후 금속표면에는 알루미나 분자가 코팅되는데, 표면의 알루미나는 인산염 계열의 접착시스템(예, Panavia)과 합금표면의 산화물 결합에 도움을 준다.[31,32]

현재 resin-bonded prostheses에 있어서 50㎛의 Alumina로 blasting하는 방법은, 다른 복잡한 금속피착면 처리의 전처리 뿐 아니라, primer를 도포하기 전의 간단하고 명확한 전처리 방법으로서 standard가 되어 있다(그림 2-2-1).

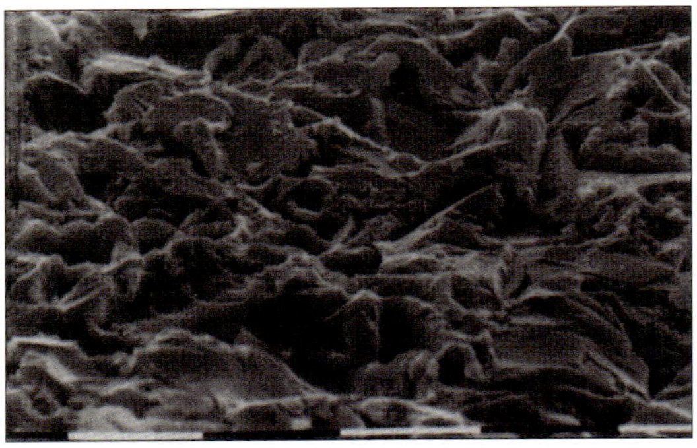

그림 2-2-1.
Air-abraded alloy (magnification X1,100)
Resin-bonded fixed partial dentures: a review of three decades of progress, TA Imbery and EG Eshelman, JADA 1996;127;1751-1760

B. Chemical Treatment

Electrolytic etching 방법은 우수한 접착력으로 아직도 널리 사용되고 있으나, 술식에 너무 민감하고 특수한 장비를 필요로 하며 비금속 합금에만 사용해야 한다는 제한이 있었다. 보다 간편하면서 결합력이 우수하고 귀금속 합금에서도 사용할 수 있는 금속 피착면의 처리법도 소개되어 있다.

400℃ 가열법은 금합금을 50㎛ 산화알루미나로 blasting 한 후 400℃의 도재 소성로(porcelain furnace)에 넣고 가열을 시작하여 4~5분 후 표면색깔이 회색이나 암회색이 되면 금합금에 함유된 Cu, Sn 등이 산화물을 형성하게 되는데, 이 산화물은 접착용 레진시멘트와 화학적 결합을 할 수 있게 된다. 이 산화물은 합금에 포함된 Ni, Cr, Co 등에 의하여서도 만들어 질 수 있다.[33] Yamashita는 400℃ 가열법으로 처리하고 thermal cycling 100,000회 후에도 150kgf/㎠ 정도의 결합력을 가졌다고 보고하기도 하였다.[27]

Yamashita 등은 簡易酸化 처리장치(EZ-Oxisor)를 개발 하였는데, 이는 15분 이상 걸리는 Gel etchant법의 조작시간 단축과 접착강도의 향상을 목적으로 한 것이었다. 먼저 50㎛ aluminum oxide로 5㎜ 거리에서 5초간 blasting하고, 3분간 초음파 세척을 한 후 10% 과류산 Ammonium液에서 0.3mA의 미약한 전류로 금속에 30초간 전위를 주어 금속표면의 不動態化와 etching을 하였는데, 산부식액에 dipping 하는 것에 비해 EZ-Oxisor의 전기화학적 산화처리법에서 약 2배의 접착강도가 증가되었고, thermal cycling test 및 내수 test 에서도 50㎛ 산화알루미나 blasting만 처리한 것 보다도 높은 접착강도를 나타내었다.[27]

Interfacial bonding의 또 다른 방법으로 주석 도금법(Tin-Plating)이 있다.

먼저 50㎛ 알루미나로 blasting하고, 각 회사의 지시대로 도금하여 Type Ⅵ 금합금에 0.5㎛ 정도의 주석층을 형성해 주어 tin oxide와 레진시멘트와 화학적 결합을 유도한다.[34]

주석처리 한 귀금속합금의 인장 결합강도는 전기적인 부식이나 air abraded Ni-Cr-Be 합금보다 약하지만 부식된 법랑질에의 결합력 보다는 훨씬 크게 나타난다.[35,36]

도금 후의 세척조건이나 도금처리 후 시간경과가 내구성에 영향을 주며, 도금액의 보존조건도 결합력에 저하를 나타내기도 하여, heating이나 EZ-Oxisor를 이용하여 추가적인 산화처리를 고려하기도 한다.

한편 silica를 매개체로 하여 무기질과 유기질을 접착시켜주는 방법인 silane treatment를 이용하여 금속과 접착성 레진 사이에 화학적인 결합을 증가시키는 방법으로 silicoating법이 있는데, 단순히 silane coupling agent를 도포하는 화학적 방법과 가열 silicoating technique, 그리고 tribochemical silica coating(Rocatec system) 등이 있다. 이는 귀금속과 비귀금속에서 모두 사용될 수 있고 resin bonded prostheses 뿐 아니라 레진을 금속에 결합시킬 때에도 사용될 수 있다.[37,38]

Silicoater technique은 1984년 Musil과 Tiller[39]에 의해 소개된 방법으로, 처음에는 veneer resin을 금속에 화학적으로 결합시키기 위해 개발되었다. 금속표면에 SiOx-C 층을 열(flame-spray)에 의해 화학적으로 결합시키고, 이 층에 레진과의 결합연결제인 silane을 개재시켜 금속과 레진의 강한 화학적 결합을 이루게 해주는 방법이다. 여러 가지 silanation 방법 중 비교적 화학적으로 안정되고 강력한 접착력을 보여 신뢰성이 있다고 평가되고 있으며, system의 일부가 개선되어 Kevloc®이라는 이름으로 공급되고 있다.

Silicoater MD법은 flame-spray에 의한 방법이 silicoating 층을 균일하게 형성하지 못하는 점을 개선하고자 가열로에서 sintering하는 것이다.[40,41] 금속표면에 실리카 층을 적용하기 전에 금속표면을 전처리하는데, 이 과정은 매우 얇은 두께의 실리카-금속표면을 형성하기 위하여 금속표면 상의 free bond site에 실리카 분자를 결합시켜, 강하고 탄성이 높은 결합층이 얻어지면, 금속 표면에서의 온도 변화와 전단력에 의해 나타날 수 있는 strain을 분산시킨다고 알려져 있다. Silicoating system은 특히 기계적 유지를 얻기에 충분하지 않은 상황에서도 안정된 결합을 얻을 수 있고, 그 계면에서의 미세누출을 감소시킨다고 한다.

Twesme 등은[42] silicoating법이 다른 표면 처리법에 비해 thermocycling의 영향을 덜 받는다고 하였다. Moulin 등은[43] 금속의 표면처리법에 따른 4-META계 레진과의 결합력에 대한 비교 실험에서 silica-coating > V-Primer 처리 > sandblasting의 順으로 결합력이 높았음을 보고 하였는데, silica-coating 처리를 통해 수분에서의 균열을 상당량 막을 수 있다고 하였다. Caeg, Creuger, Re 등은[44,45,46] 금속면을 식각시켰을 때보다 Silicoating 법으로 처리했을 때 레진과 더 우수한 결합강도를 보였다 하였고, Yang 등은[47] 비귀금속을 sandblasting, Ez- Oxiser, Silicoating 등의 세가지 금속 표면처리 방법을 사용하여 레진과의 접착력을 비교한 결과 silicoating이 가장 효과적이었음을 보고하였다.

Rocatec system(그림 2-2-2)은 비귀금속과 귀금속합금에 레진 접착을 하기 위한 기공적인 방법이며, 동일한 시스템을 chair side에서 간편하게 처리할 수 있는 방법이 Cojet system(그림 2-2-3)이다.

그림 2-2-2. Rocatector delta

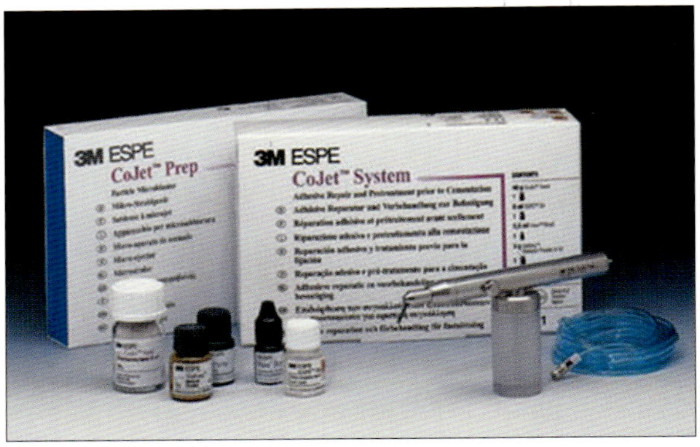

그림 2-2-3. Cojet

이전의 Silicoating method와는 달리 sandblasting과 똑같은 방법을 사용하기 때문에 사용하기 간편하다는 장점이 있고, 가열하지 않아 저온규산화 방법이라 할 수 있다. 먼저 110㎛의 산화알루미늄 입자(Rocatec pre)로 sandblasting 하여 표면에너지를 증가시키고(그림 2-2-4), 실리카로 표면 처리된 산화알루미늄(Rocatec plus, Rocatec soft)으로 표면을 blasting 하면 표면의 순간 고온으로 도재화현상(ceramization)이 일어나고(그림 2-2-5), 여기에 ethanol을 용매로 한 silane(3M ESPE-Sil)으로 silanization시킨다.

그림 2-2-4. Gold surface(x 5,000) after activating with Rocatec Pre

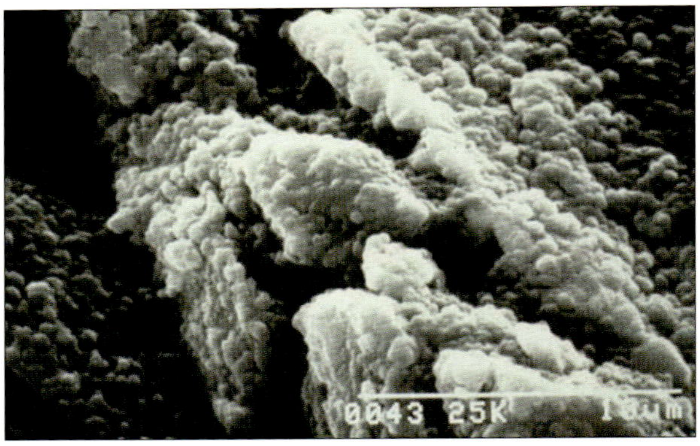

그림 2-2-5. Gold surface(x 5,000) after coating with Rocatec Plus

Rocatec plus는 SiO2로 표면 처리된 110㎛ 크기의 Aluminum oxide 입자인데 반해, Rocatec soft(30㎛의 입자크기)는 chairside에서 사용할 수 있는 Cojet 용이다. 이들의 효과는 똑같고 Rocatec soft는 분진이 많이 나므로 구강 내에 분사할 때 rubber dam 장착 후 사용하여야 한다. Rocatec system은 고가의 장비이며 기공소에서 표면 처리해 오더라도 표면이 오염되면 접착력이 떨어진다. 기공소에서는 110㎛의 입자크기인 산화알루미늄으로 blasting 만 하고 구강 내에서 try-in & adjust 후 초음파 세척 및 건조시킨 후 Rocatec soft를 blasting하는 것이 실질적일 것이다. 과잉의 분사된 입자를 가볍게 털어 내는 기분으로 air-blow 한다. Rocatec soft 분사 후에 금속표면의 오염에 주의해야 하고 가능한 한 즉시 silane처리 해야 높은 결합력을 기대할 수 있다.

900회의 thermocycling(15℃/70℃)과 36℃의 물 속에 1년간 보관시킨 후 PFG의 margin을 5,000배로 확대한 현미경 사진(그림 2-2-6~7)을 보면 Rocatec 처리한 시편에서 thermocycling의 영향이 적고 내수성이 강하다는 것을 알 수 있다.

그림 2-2-6. Resin-Metal-Bond without Rocatec

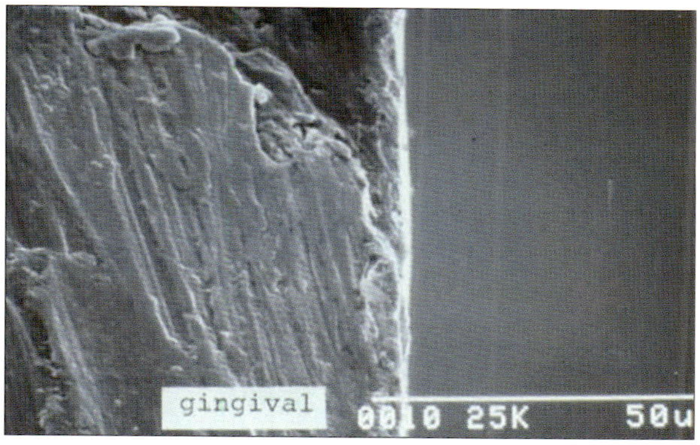

그림 2-2-7. Resin-Metal-Bond with Rocatec

기공소에서 Rocatec plus/soft 처리까지 한 경우에는 오염의 위험 뿐 아니라 시간이 경과할수록 silicoating의 효과가 감소하여 접착력이 떨어진다는 점에 유의해야 한다. Laufer Nicholls은[48]비귀금속 합금에서 1시간까지는 즉시 접착한 군과 큰 차이가 없었지만 2시간 경과 시에는 현저히 결합력이 감소된다고 하였고, 7일 경과 시에는 40% 정도로 결합력이 감소한다고 하며 silicoating된 금속표면에 unfilled resin을 도포하여 보관하는 방법을 추천하였다. Silicoating 후 레진과 금속 간의 파절양상에 관하여 Naegeli et. al,[49] Verzijen et. al[50]은 레진 내에서 cohesive failure가 일어난다고 하였으며, Bahannan[51]은 silicoating 후에 시간 지연이나 시멘트의 종류, unfilled resin의 도포와 관계없이 대부분 cohesive한 파절이 일어나며 일부의 시편에서 adhesive와 cohesive한 파절이 동시에 일어난다고 보고하였다. 이는 레진과 금속과의 결합이 레진 내의 결합력 보다 강하다는 것을 의미한다.

Rocatec System은 귀금속, 비귀금속 합금 뿐 아니라 도재나 레진에도 사용할 수 있는데 그림 2-2-8은 InCeram을 여러 시멘트로 접착시켰을 때의 접착강도 비교이고, 그림 2-2-9는 Rocatec 처리한 여러 합금들의 전단 결합강도 비교이다. 특히 gold alloy에 대한 adhesion은 sand blasting만 처리한 것에 배해 4배 이상의 접착력을 보인다(그림 2-2-10). 그림 2-2-11은 온도변화와 수중 영향 비교이다.

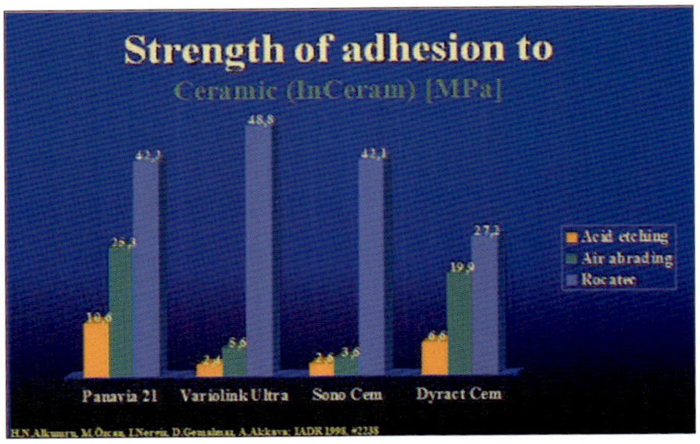

그림 2-2-8. InCeram을 표면처리하여 레진시멘트로 접착했을 때의 접착강도 비교

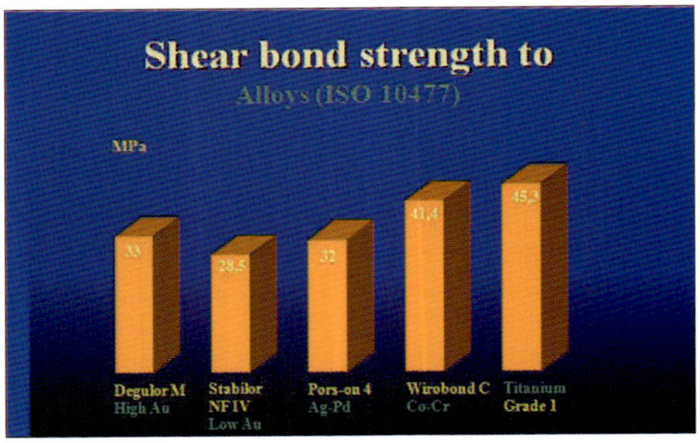

그림 2-2-9. Rocatec 처리 후의 여러 금속들의 전단결합강도 비교. Co-Cr.합금과 Titanium에서 높은 결합강도를 보였다.

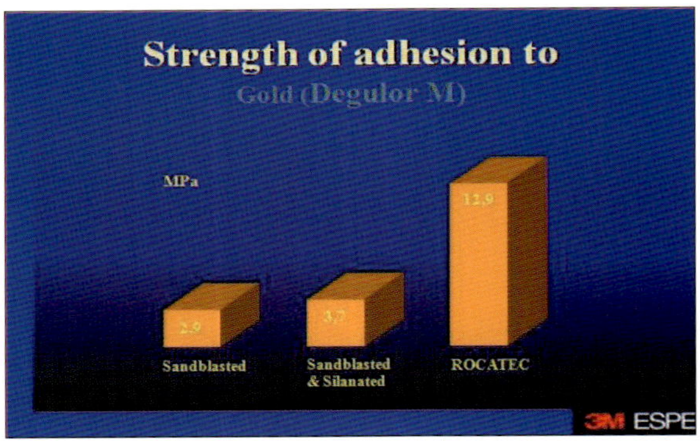

그림 2-2-10. Gold alloy에 대한 여러 금속 피학면 처리에 따른 adhesion비교

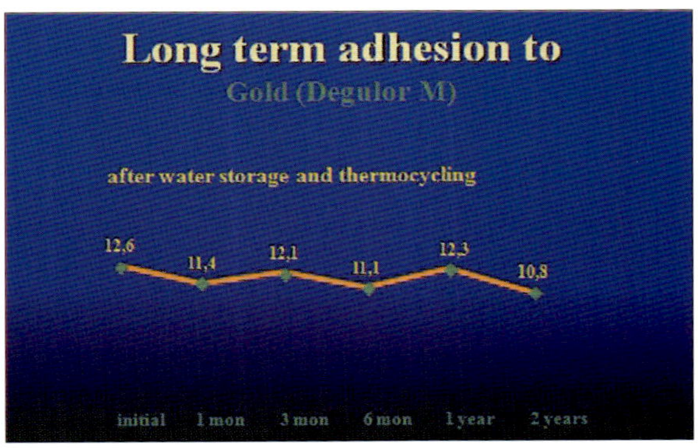

그림 2-2-11. 온도 변화와 내수성 실험에서 2년 후에도 결합강도의 감소가 크지 않음을 알 수 있다. Thermocycling의 영향을 덜 받는다는 것을 의미한다.

3. 레진시멘트 (Resin Cement)

레진 접착성 보철물에 있어 resin cement는 매우 중요한 요소이다.

기계적/화학적으로 높은 결합력을 통하여 치질삭제를 줄이고 유지형태의 필요성을 감소시킨다. 또한 치질과의 접착을 통하여 변연누출을 감소시키고, 구강환경에 불용성을 보인다. 레진시멘트는 자가 접착형(self-adhesive)와 복합레진형(composite-based)으로 분류한다. Ao bridge의 cementation에는 자가 접착형을 사용한다.

① 자가접착형 레진시멘트

ⓐ 기능성 모노머(adhesion promoter)를 포함하여 자체의 접착능력이 있다.

ⓑ 치아의 접착면에 프라이머를 도포하거나 직접 적용하여 결합시킨다.

ⓒ 자가중합 또는 이중중합 방식을 갖는다.

ⓓ 광투과가 제한된 금속 수복물, 코어가 들어 있는 도재 수복물, 포스트의 접착에 사용한다.

ⓔ 상아질 접착제와 마찬가지로 부식능력이 적으므로 법랑질 변연에는 부가적인 인산부식이 필요하다.

② 복합레진형 레진시멘트

ⓐ 조성이 수복용 레진과 유사하고, 접착제를 먼저 도포한 후 적용한다.

ⓑ 이중중합 또는 광중합 방식으로 제공된다.

ⓒ Try-in paste를 이용하여 시멘트 색조를 선택할 수 있다.

ⓓ 치질에 대한 결합강도가 자가접착형에 비해 우수하다.

ⓔ 투명하고 심미적인 수복물에 사용한다.

ⓕ 정확한 접착과정이 요구되며 재료, 술자 및 방법에 따른 기술적 민감도가 크다.

자가접착성 레진시멘트는 접착과정에 따라

ⓐ Multisteps(SuperBond C&B: Sun Medical)

ⓑ 2 Steps(Panavia F: Kuraray, Multilinf: Vivadent, Bistite Ⅱ DC :Tokuyama)

ⓒ 1 Steps(Unicem: 3M, BisCem: Bisco, Maxem: Kerr, Multilink splint: Viva-dent, Clearfil SA Luting: Kuraray)

로 분류하기도 하는데 다단계는 전처리제 및 프라이머 도포 후 시멘트 사용, 2단계는 2병의 프라이머를 섞어 도포한 후 시멘트 사용, 1단계는 전처리 없이 시멘트만 사용한다. 1단계 자가부식형 레진시멘트는 임상적 편의성은 높으나, 다단계에 비해 결합강도와 내구성이 일반적으로 떨어진다. 또한 중합모드에 따라 광중합, 자가중합, 이중중합 레진시멘트로 나뉘는데, 금속과 같이 불투명한 수복물의 접착에는 광중합이 필수적이지 않는 이중중합 시멘트(예, Panavia F, Maxem, Unicem 등)나 자가중합 레진시멘트를 사용한다.

자가중합 레진시멘트는 프라이머를 도포하고 치아표면이 자가부식될 수 있는 충분한 시간(대략 20~30초)를 기다린 후, 고여있는 프라이머를 완전히 건조하고 시멘트를 적용해야 한다.

레진을 금속과 결합시키기 위해서 결합능력을 갖는 기능성 단량체를 포함시키는데, 일반적으로 인산기가 포함되며, 이들은 금속 표면에 형성되는 산화막과 결합한다. 이들 단량체는 각 제조사의 특허등록에 의해 보호되고 있는데, 4-META를 포함하는 Super-Bond C&B (Sun-Medical, Japan), MDP를 포함하는 Panavia F (Kuraray, Japan), MAC-10을 포함하는 Bistite Resin Cement (Tokuyama America Inc., U.S.A.), phosphonic acid acrylate를 포함하는 Multilink (Vivadent, Liechtenstein), 4-AET를 포함하는 Imperva Dual (Shofu Co., Japan) 등이 있다. 접착성 레진cement는 대부분 금속과 화학적 결합을 유도할 수 있는 금속접착성 모노머를 함유하고 있으나, 금속접착 모노머 중에는 접착제에 포함시키면 환원제와 반응하여 중합이 되지 않거나 반대로 보존 중에 중합 반응이 일어나는 경우도 있었다. 이를 개선하기 위해서 금속접착성 모노머를 용매에 녹여 접착제 본체와 별도의 용기에 담은 금속 Primer를 개발하여 레진 접착의 전 처리에 이용함으로써 보존 안정성을 확보하게 되었다. 금속 프라이머로는 4-META를 포함하는 SuperBond Liquid(Sun-Medical), MDP를 포함하는 Cesead Opaque primer(Kuraray), MEPS를 포함하는 Metal Primer(GC INT.), MAC-10을 포함하는 MR Bond (Tokuyama America Inc., U.S.A.) 4-AET를 포함하는 Acryl Bond(Shofu) 등이 있다. VTD를 포함하는 V-Primer (Sun-Medical, Japan)는 산화막이 형성되지 않는 귀금속과의 결합을 가능하게 해준다.

레진시멘트의 용해도와 수분흡착

Pluim 등은[52]접착시멘트의 내구성 평가에 가장 중요한 성질은 용해도와 수분흡착이라고 하였는데, 1982년 Lowen & Gronas[53]는 레진시멘트의 수분흡착은 초기 중합수축을 보상하여 결과적으로 이로운 것이라한 반면, Feilzer 등[54]은 수분흡착이 발생되면 수화팽창이 일어나 보철물의 경계부에서 충전재와 기질 간의 결합파괴, 기질의 붕괴 등이 일어나 보철물의 실패를 일으킨다고 보고하였다. Whang 등[55]은 레진시멘트의 수분 흡착도 비교 시, Variolink Ⅱ® < Panavia F< Superbond C&B 순으로 증가하였으며, 물과 젖산(lactic acid pH=4.0; 구강 내의 치석에서 관찰되는 가장 낮은 pH)에 대한 용해도 비교 시, Variolink Ⅱ® < Panavia F < Superbond C&B 순으로 증가하였으며, 중합 방법에 대한 비교 시, 자가중합형 레진시멘트가 이중 중합형 시멘트 보다 수분 흡착도와 용해도 모두에서 높은 값을 나타 내었다고 하였다. 임상적으로 레진시멘트 선택 시 수분 흡착도와 용해도의 값이 작은 재료를 선택하는 것이 좋으며, 자가 중합형 레진시멘트 보다는 이중 중합형 레진시멘트를 추천하였다.

레진시멘트의 중합수축

레진의 중합수축은 Van der Waal's force에 의한 free monomer 간의 약한 결합이 공유결합에 의한 강한 결합으로 바뀌면서 생긴 monomer 간의 거리 차이에 의해서 발생한다.

이런 중합과정 동안 부피적인 수축을 하게 되는데, 레진시멘트의 중합수축은 수복물이 치아에 정확히 합착되는 것을 방해하고, 또한 레진시멘트의 내부의 응력 원인이 된다.

Kim 등[56]에 의하면, 대부분의 레진 시멘트는 경화의 시작이 혼합한 후 5분 이내에 일어나고, 중합 개시 30분 이내에 90% 이상의 중합 수축률을 보인다. 자가 중합형은 이중 중합형 레진 시멘트 보다 중합수축이 천천히 일어나지만, 혼합 120분 뒤의 중합수축은 이원 중합형 레진시멘트 보다 유의할 정도로 높았다고 한다.

Polimerization shrinkage-strain kinetic curve(그림 2-3-1~4)에서 비교해 보면 중합개시 102분 경과 후 Panavia F(2.44%)가 가장 낮은 값을 Superbond(7.57%)가 가장 높은 값을 보인다(Ref. DOI:4047/jkap.2010.48.1.55).

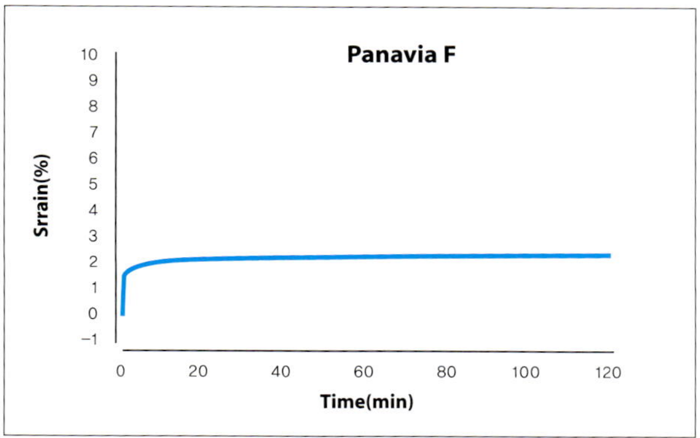

그림 2-3-1. Polimerization shrinkage-strain kinetic curve of Panavia.

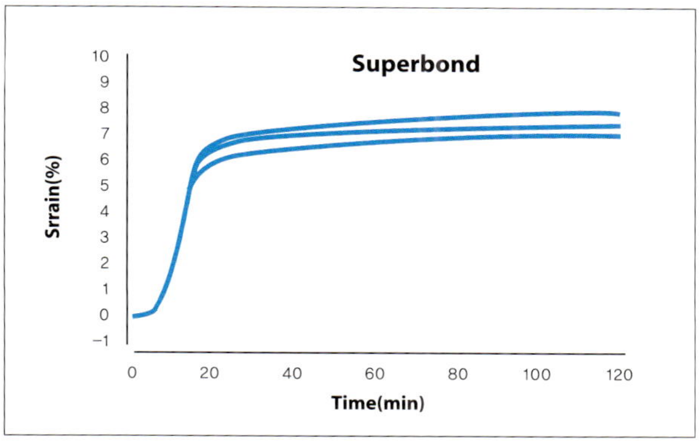

그림 2-3-2. Polimerization shrinkage-strain kinetic curve of Superbond.

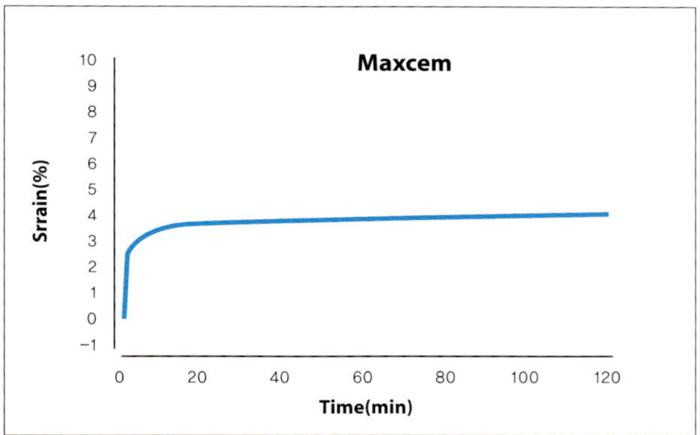

그림 2-3-3. Polimerization shrinkage-strain kinetic curve of Maxem.

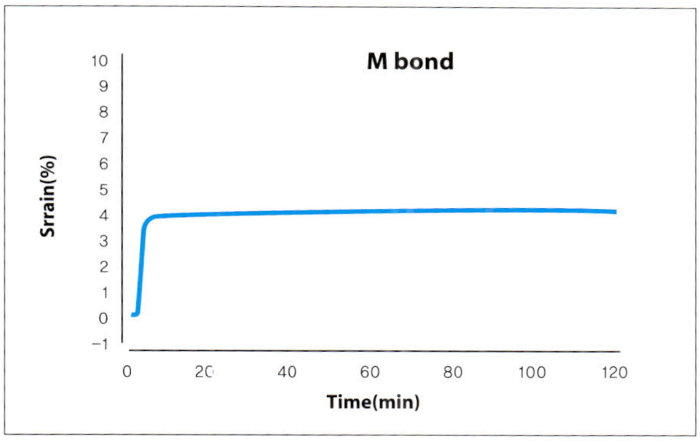

그림 2-3-4. Polimerization shrinkage-strain kinetic curve of M bond.

Thermocycling은 구강 내와 유사한 조건을 만들어 주기 위해서 구강 내에서 볼 수 있는 온,냉의 상태를 모방하여 온도변화에 따른 재료의 물성을 평가하는 방법이다. 대부분 계류시간은 30초 이내, 온도범위는 최저 4~5℃, 최고 50℃~60℃ 범위에서 연구되고 있다.

구강내에서 접착레진에 의해 부착된 금속 수복물에는 레진의 중합수축, 물 흡수로 인한 수화팽창에 의한 스트레스 및 구강내 온도 변화로 인한 열수축과 팽창에 의해 지속적인 압축 및 인장응력이 가해진다.

Thermocycling이 레진시멘트에 미치는 영향에 대해서 Sparrius[57]는 thermocycling과정에서 열에 의한 수축과 팽창이 가속화되며 또한 레진의 물 흡수로 인한 수화 팽창이 일어나고 따라서 접착 레진과 금속 사이에는 압축과 인장 응력이 반복적으로 일어나 계면에서 물의 확산이 가속화되어 결합력의 감소를 일으킨다 하였다.

Thermocycling 후 레진접착제의 결합 강도에 대하여 Thompson[58]은 비귀금속에서 thermocycling후 인장강도 측정 시 Panavia는 결합력의 감소를 보이지 않으나 Super-Bond C&B는 감소함을 보고했다.

Ishijima[59]는 NI-Cr-Be 합금의 4점 굽힘 시험에서 1500회 thermocycling에서 Panavia는 거의 감소를 보이지 않으며 Super-Bond C&B는 500회에서 감소를 보인 후 일정하게 유지됨을 나타내었으나 통계학적 유의성은 차이가 없음을 보고했다. Osama[60]는 비귀금속에서 금속 시편을 sandblasting만 하였을 때 Panavia가 Super-Bond C&B보다 인장강도와 전단 인장강도에서 높은 값을 나타내었는데 이는 각 시멘트의 상대적인 탄성계수의 차이에 의해 형성된 것으로 설명하고, 시편을 1주일간 물에 보관한 후 500회의 thermocycling을 시행한 결과 Panavia는 결합력의 감소를 보이지 않았으며, Super-Bond C&B는 결합력의 증가를 볼 수 있고, 6개월간 물에 저장 시 또한 결합력의 감소를 보였으나 통계학적 유의성이 있는 감소치는 보이지 않았다고 하였다.

Terence[61] 등은 500회 thermocycling시 4-Meta 레진인 Super-Bond C&B가 Panavia보다 결합력이 높았다고 보고 하였다. Watanabe는[62] 인장실험에서 Super-Bond C&B가 Panavia보다 높은 인장강도를 보였으며 30일 동안 70℃의 증류수에 보관시 인장강도가 Super-Bond C&B에서는 거의 변화가 없었지만 Panavia에서는 감소하였고, 비귀금속에서 전기화학적 부식한 것이 sandblasting만 한 것보다 결합강도가 증가하였으며 Super-Bond C&B가 Panavia보다 인장결합강도가 더 높았다고 보고 하였다(Kang, et al: "Thermocycling이 금속과 레진시멘트 간의 결합강도에 미치는 영향" 대한치과보철 학회지 Vol.34 No.2, 1996.에서 발췌).

Super-Bond C&B는 1978년 Tanaka et al. 등이 增原등에 의해 개발된 교정 DBS용 MMA-TBB-O용 접착성 레진의 monomer에 5%의 4-META를 첨가하여 치질 뿐만 아니라 금속에도 강하게 접착하는 adhesive resin cement (Super-Bond)를 개발하였는데, 친수성기와 소수성기를 모두 가지는 4-META(4-methacryloxyethyl tri-mellitate anhydride) 접착촉진제로 인해 치아에서는 상아질의 collagen과 결합하고, 의치상레진 & 복합레진, 도재, 아말감, 대부분의 주조금속과도 결합되며 특히 비귀금속과 adhesion이 잘되는 접착성 레진으로서 뛰어난 결합력을 발휘하는 것으로 알려져 왔다.[63]

Super-Bond의 장점은 Bis-GMA 계열의 레진 시멘트에 비해 낮은 탄성계수를 갖고 높은 강성을 갖으며 적합도가 낮은 주조체에서도 좋은 임상 결과를 나타낸다는 것이다. 이 시스템은 高金함량 합금 유지장치 사용 시 임상적으로 불량한 결과를 보였는데, 후에 alloy primer가 개발되어 귀금속 표면에도 안정적인 결합을 제공하게 되었다. 4-META를 함유한 레진은 초기에는 적절한 결합강도를 유지하지만 장기간의 결합강도는 크게 감소되는 것으로 알려져 왔고,[64] 이것의 실패 원인은 금속의 전처치 문제와 fluid의 가수분해에 대한 낮은 저항이 실패원인이라고 하였다.[65] 또한 레진이 filler를 함유하지 않음으로서 상대적 열팽창계수가 크고 레진과 금속 계면간의 잔유응력이 발생하여 결합강도가 감소하고 피로강도가 떨어 질 수 있으며,[66] 금속 표면의 전처리 및 base(methyl-methacylate와 4-MEYA)와 catalyst(tri-N-boran oxide)의 이용으로 이 단점은 보완될 수 있다고 보고되고 있다.

Super-Bond C&B 8분 정도 후 경화되고, 작업시간을 정확히 지켜야 하는데 gel 상태의 점조도에서 사용시 결합력이 크게 감소되므로 powder와 liquid 4~5회 혼합 후 물 같은 레진이 실 처럼 될 때 retainer에 올리고, 광택이 없는 실 모양이나 paste처럼 될 때 치면에 압접해야 한다. 광이 없는 paste가 더 부드러운 고무상이 되었을 때에는 너무 늦어 버린 것이다. 이 시점에서의 결합력은 크게 감소됨으로 조작의 timing을 잃지 않도록 주의해야 한다. 이 점이 임상 적용에 있어 단점으로 지적되고 있다.[67]

Panavia는 금속에 대한 젖음성을 증가시키는 modified phosphate ester group을 함유한 Bis-GMA계 레진시멘트로서 Omura[68]에 의해 소개되었다.

Panavia는 인산에스테르계 Bis-GMA 복합레진으로 10-MDP를 함유하고 있어 10-MDP에 포함되어 있는 인산에스테르계가 금속의 피착면 처리에 의해 형성된 표면 산화막과 수소결합, 금속 이온과 접착제의 음이온 사이에 생기는 정전기적 상호작용을 통한 결합 및 van der Waal's force에 의한 결합을 가능하게 함으로써 금속과 기계적 결합은 물론 화학적으로도 결합하게 했다. 이 레진의 안정성과 적합성은 adhesive인 10-methacryloyloxydecyl dihydrogen phosphate이고 무산소상태에서 4분내에 경화가 되며, air는 경화를 억제하기 때문에 oxy-guard(polyethylene glycol gel)를 접착면에 도포해야 하는데, dual cure가 가능하게 개선되었다.

Panavia는 또한 치질, silane 처리된 도재, 복합레진, 의치상레진, 아말감, aluminum oxide-abraded 된 비귀금속, 주석도금된 귀금속에 잘 접착되는 것으로 알려져 있다.[67]

그리고 높은 filler 함량(65% 이상)으로 인해 수분흡습성이 낮고 중합수축이 적으며, 온도 변화에 민감하지 않다는 장점도 있고 낮은 점조도를 갖고 있어 치아나 금속 표면의 미세구조 내로 더욱 깊숙이 침투할 수 있으므로 더욱 높은 접착 강도를 나타낼 수 있다. Panavia와 같은 결합재와 금속 전기부식의 동시 사용은 합금에 인장 결합강도를 증진시키지 못하였고, 실제로 sandblasting한 비귀금속 합금에 대한 결합력보다 낮았다.[69]

표 2-3-1은 Super bond와 Panavia의 접착강도를 비교한 Yamashita선생의 보고이다.[2]

[표 2-3-1] 각종 접착성 resin의 치질 및 금속에 대한 접착강도[2]

접착제 / 피착제	Super bond		Panavia	
	引張접착강도	處理法	引張접착강도	處理法
人 enamel 질	150kg / ㎠	인酸 etching	140kg / ㎠	인酸 etching
人象牙質	130kg / ㎠	쿠엠酸 etching	85kg / ㎠	인酸 etching
非貴金屬合金	315kg / ㎠	Sand blast	360kg / ㎠	Sand blast 산처리
貴金屬合金	288kg / ㎠	열처리	380kg / ㎠	Sand blast + 電析처리

과거 여러 연구들을 살펴보면 고정성 보철물(fixed prostheses)의 실패 원인 중 cement와 관련한 것이 상당한 것으로 보고되고 있다. 저작 시 보철물은 복잡한 힘을 받게 되고 탄성 범위 안에서 상당히 변형된다. 보철물의 변형은 시멘트 피막에 과도한 응력을 야기하게 되고 시멘트의 파절을 야기한다. 이러한 응력은 임상적으로 중요한 변연부위에 집중되기 때문에 실질적인 응력은 저작압을 지대치의 표면적으로 단순히 나누어서 추정하는 것 보다는 더 클 수 있다. Kamposiora 등은 저작을 통해 생길 수 있는 가장 큰 응력(2.35㎫)도 가장 약한 시멘트인 인산아연 시멘트의 인장응력(8㎫)의 30%도 안되기 때문에 한 번의 저작으로는 시멘트의 파절이 생길 수 없다고 하였다. 그러나 하중이 반복적으로 가해지면 시멘트의 파절이 일어날 수 있다. 반복 하중을 가한 실험 중에서, 8도(degree)와 16도(degree)의 경사도를 갖는 metal die에 crown을 Panavia로 접착시켜 65N의 힘으로 100,000번(대략 200일 동안 구강 내에서 받는 하중)의 반복 하중을 가했을 때 유지력은 8도에서 18%, 16도에서 21% 감소했다는 보고가 있다.

쉬어 가는 페이지 <<<

Retention (g/㎟) = 380/ taper (degree) + 5.5 by Rosentel

위의 공식에 8° 를 대입하면 380/8 + 5.5 =53g/㎟ 가 되고, 16° 도를 대입하면 29.25g/㎟가 나온다. 즉 치아 형성 시 지대치 경사도가 8° 도에서 16° 도로 커지면 보철물의 유지력이 45% 감소하게 되는 것이다. Johnstone은 5~7도의 지대치 형성 경사도를 추천하였으나 시계의 12시 1분이 가리키는 각도가 5.5° 임을 감안하면 실제 임상에서 매우 어려운 일이라 할 것입니다. 통계에 의하면 일반의들의 평균적인 지대치 형성 각도는 20~21° 라 합니다.

유지력과 지대치 축면(axial wall)의 경사각과의 관계를 나타낸 그래프(그림 1)를 보면 20° 가 넘어 가면 60° 와도 유지력의 차이가 별로 없는 것을 알 수 있습니다.

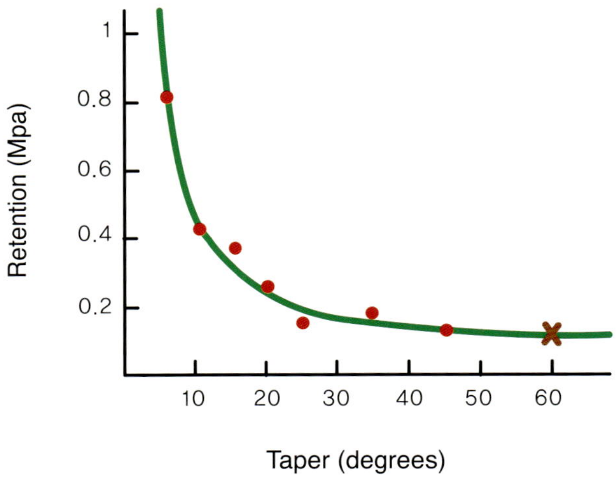

그림 1. 유지력과 경사각과의 관계.
●, 실험적 수치; x, 실험 범위 이외의 예측 계산수치
(Jørgensen KD: The relationship between retention and convergence angle in cemented veneer crown. Acta Odontol Scand 13:35, 1955)

References

1. Botelho, M. : Resin-bonded prostheses: the current state of development, Quintessence Int., 30:525-53 4. 1999.
2. 山下敦: 歯科接着性レジンの基礎と 床, Tokyo 1983, Quintessence publishing Co., A Dental adhesive and its clinical applications.
3. TA Imbery, EG Eshelman: Resin-bonded fixed partial dentures: a review of three decades of progress JA DA 1996; 127;1751-1760
4. Randle, R. and Gordiev, K. : Metal-on-metal articulation in total hip arthroplasty: preliminary results in 57 cases, Aust. N. Z. J. Surg., 67:634-636, 1997.
5. Woelfel J.B., Paffenbarger G.C., and Sweeney W.T. : Change in dentures during storage in water and in serice. J. Am.Dent. Assoc., 62 : 643, 1961.
6. Ki-Youn Kim et al: The effect of cyclic loading on the retentive strength of full veneer crowns. KAP Vol 38,No5,2000.
7. Gondo, R, G.C. Lpoes, S Monteiro, M.A.C. Andrada and L.N. Baratieri.: Microtensile bond strength of resin to enamel: Effect of enamel surface preparation and acid etching time. Abstract#1424 in Journal of dental Research 82(B): B-190,2003
8. 최경규: Adehsion and Esthetic Restoration, 명문출판사, 2009
9. Phillips, R. W.: Skinner's science of dental materials, 8th ed. W. B. Saunders Company. 1982. p.216-247.
10. Dias WR, Perira PN, Swift EJ Jr, Effect of bur type on microtensile bond strengths of self-etching systems to human dentin. J Adhes Dent,6(3): 195-203, 2004.
11. Hulmes DJ, Wess TJ, Prockop DJ, Fratzl P. Radical packing, order, and disorder in collagen fibrils. J Biophys,68:1661-1670,1995.
12. Nakaoki Y, Nikaido T, Burrow MF, Tagami J. Effect of residual water on dentin bond strenth and hybridization of a one-bottle adhesive system. Oper Dent. 2002 Nov-Dec;27(6):563-8
13. Albers HF. Metal-resin bonding. ADEPT Report 1991;2(2):25-40. Dunn, B., and Reisbick, M.H.: Adherence of ceramic coatings on chromium-cobalt structures. J. Dent. Res., 55: 328-332, 1976.
14. Dunn, B., and Reisbick, M.H.: Adherence of ceraAOc coatings on chroAOum-cobalt structures. J. Dent. Res., 55: 328-332, 1976.
15. Tanaka, T.: Pitting corrosion for retaining acrylic resin facings. . J Prosthet. Dent., 42 : 282-291, 1979.
16. Tanaka T., Angata K, Takeyama M., Nakabayashi N, and Masuhara E. : 4-Meta Opaque Resin-A New Strongly Adhesive to Ni-Cr Alloy. J. Dent. Res. 60 : 1967, 1981.
17. Thompson V.P., and Livaditis G.J. : Etched casting acid etch composite bonded posterior bridges. Pediatr. Dent. 4 : 38, 1982.
18. Thompson V.P., et al. : Statistical distributions of tensile adhesive bondstrength, JDent, Res.65 :237, 1986.
19. G.J., and Thompson V.P. : Etched casting : An improved retentive machanism for resin-bonded retainers. J. Prosthet. Dent, 47 :52, 1982.
20. Livaditis G.J., : A chemical etching system for creating miocromechnical retention in resinbonded retainers. J. Prosthet. Dent. 56 : 181,1986.
21. Del Castillo E. and Thompson V.P. : Electrolytically etched nonprecious alloys. : Resin bond and laboratory variable. J. Dent. Res. 61 :186, 1982.
22. Brady T, Doukoudakis A, Rasmussen ST. Experimental comparison between perforated and etched-metal resin-bonded retainers. J Prosthet Dent 1985;54:361-5.
23. Taleghani M, Gerbo LR. Using a mesh framework for resin-bonded retainers. Compend Contin Educ Dent 1987;3:166-70.
24. LaBarre EE, Ward HE. An alternative resin-bonded restoration. J Prosthet Dent 1984;52:247-9. Moon PC. Bond strengths of the lost salt procedure: a new retention method for resinbonded fixed prostheses. J Prosthet Dent 1987;57:435-9.
25. Moon PC. Bond strengths of the lost salt procedure: a new retention method for resinbonded fixed prostheses. J Prosthet Dent 1987;57:435-9.
26. Mukai M, Fukui H and Hasegawa J : Relationship between sandblasting and composite resin-alloy bond strength by 168 a silica coating. J Prosthet Dent 1995;74:151-155.
27. Yamashita, A.: A dental adhesive and it's clinical applications. Quintessence Publishing Co.Tokyo, 1983.
28. David PW, Glenn JP, Leonard NJ, Wood 167 DP, Paleczny GJ, Johnson LN. : The effect of sandblasting on the retention of

References

orthodontic bands. Angle Orthod 1996; 207-214.

29. Tanaka T, Fujiyama E, Shimizu H, Takaki A and Atsuta M: Surface treatment of nonprecious alloys for adhesion-fixed partial dentures. J Prosthet Dent 1986;55:456-462.

30. Peutzfeldt A and Asmussen E : Distortion of alloy by sandblasting. Am J Dent 1996;9:65-66.

31. Kern, M. and Thompson, V. P. : Sandblasting and silica-coating of dental alloys : Volume loss, morphology and changes in the surface composition, Dent. Mater., 9:155-161, 1993.

32. Kern, M. and Thompson, V. P. : Effect of sandblasting and silica- coating procedures on pure titanium, J. Dent., 22:300-306, 1994.

33. Keun-Woo Lee,: An experimental stuyd on the bond strength of etched cast restoration using differ-ent metal surface treatments, KAP Vol. 29 No. 1, 1991

34. Gates WD, Diaz-arnold AM, Aquilino SA, Ryther JS : Comparison of the adhesive strength of a BIS-GMA cement to tin-plated and non-tinplated alloys. J prosthet Dent 69 : 12-16, 1993.

35. Breeding LC, et al : The effect of metal surface treatment on the shear bond strengths of base and noble metals bonded to enamel. J Prosthet Dent 76:390, 1996.

36. Dixon DL, et al: Shear bond strengths of two-paste system resin luting agent used to bond alloys to enamel. J Prosthet Dent 78:132, 1997.

37. 신현수, 한동후, 이근우 : Silicoating이 수지접합 수복물의 결합력에 미치는 영향에 관한 실험적 연구, 대한치과보철학회지 27 : 101-117, 1989.

38. Laufer B-Z, Nicholls JI : Time delay effects on the tensile bond strength developed by the silicoater. Quintessence Dent Tech 11 : 199-203,197.

39. Musil R, Tiller H-J : Die molekulare Kopplung der Kunststoff-Verblendung an die legierungsoberfl che. Dental-labor XXXII, Heft : 1155, 1984.

40. Hummel SK, Pace LL, Marker VA : A comparison of two silicoating techniques. J prosthod 3 : 108-113, 1994.

41. Hansson O, Moberg L-E : Evaluation of three silicoating methods for resin-bonded prostheses. Scand J Dent Res 101 : 243-251, 1993.

42. Twesme DA, Lacefield WR, O'Neal SJ : Effects of themocycling, silicoating and etching on conposite bonding to Cu. Au and Ni base alloys. J Dent res 66 : 206, [Abstract] #799, 1987.

43. Moulin P, Degrange M and Picard B : Influence of surface treatment on adherence energy of alloys used in bonded prosthetics. J Oral Rehabil 1999;26(5);413-421.

44. Caeg C. Leinfelder KF, Lacefield WR, Bell W : Effectiveness of a method used in bonding resins to metal. J Prosthet Dent 64 : 37,1990.

45. Creugers NHJ, Welle PR, Vrijhoef MMA : Four bonding systems for resin-retai-ned cast metal prostheses. Dent Mater 4 : 85, 1988.

46. Re GJ, kaiser Da, Malone WFP, GarciaGodoy F : Shear bond strengths and scanning electron microscope evaluation of three different retentive methods for resinbonded retainers. J Prosthet Dent 59 : 568, 1988.

47. Yang JK, Bae JS : The effect of time delay after silicoating on the bond strength between the metal and resin cement. J Korean Acad Prosthodont 1995;33:1-12.

48. Laufer B-Z, Nicholls JI : Time delay effects on the tensile bond strength developed by the silicoater. Quintessence Dent Tech 11 : 199-203,197.

49. Naegeli DG, Duke ES, Schwartz R, Norling BK : Adhesive bonding of composites to a casting alloy. J Prosthet Dent 60 : 279-283, 1988.

50. Verzijden CWGJM, Feilzer AJ, Creugers NHJ, Davidson CL : The Influence of polymerization shrinkage of resin cements on bonding to metal. J Dent Res 71 : 410-413, 1992.

51. Bahannan S, Lacefield WR : An evaluation of three methods of bonding resin composite to stainless steel. Int J prosthodont 6 : 502-505, 1993.

52. Pluim L J, Arends J, Havinga P, Jongebloed W L, Stokroos I. Quantitative Cement Solubility Experiments in vitro. J Oral Rehabil 1984;11(2):171-9.

53. Lowen JC, Gronas DG. Clinical Evaluation of Cement Solubility. J Prosthet Dent 1978;40(4):453-6.

54. Feilzer AJ, Kakaboura AI, de Gee AJ, Davidson CL. The Influence of Water Absorption on the Development of Setting Shrinkage Stress in Traditional and Resin-Modified Glass-Ionomer Cements. Dent Materi 1995;11(3):186-90.

55. Yu-Jin Whang, et al : A study on the solubility and the water sorption of various resin cements, KAP, Vol.43, No. 1,2005.

56. Tae-Hoon Kim et.al.: In vitro study of polymerization shrinkage-strain kinetics of dental resin cements K.A.P. Vol.48,No. 1, 2010.

57. Sparrius o, Grossman ES. Marginal leakage ofcomposite resin restorations in combination with dental and enamel bonding agents. J Prosthet Dent 1989 ; 61 : 678.

58. Ishijima T, AA Caputo, R Mito. Adhesion of resin to casting alloys. J Prosthet Dent 1992 ; 67 : 445.

59. Osama Atta M, Bernard GN Smith, et al. Bond strength of three chemical adhesive cements adhered to a nickel-chromium alloy for directbonded retainers. J Prosthet Dent. 1990 ; 63 :137.

60. Terence A. Imbery, John O Burgess, W. Patrick Naylor. Tensile strength of Three Resin cements following two alloy surface treatments. Int J Prostho 1992 ; 5 : 59.

61. Watanabe F, Power JM, Lorey RE.; In vito bonding of prosthodontic adhesives to dental alloys. J Dent Res 1998 , 67(2. : 479.

62. Noguchi H, Nakamura K, Ozonoe Y, Etchu Y. On adhesive and mechanical properties of dental cement-Thermal influence. Jpn J Dent Mat 1985; 4 : 543.

63. Van der Veen JH, Kranjenbrink T, Brons-dijk AE, et al. Resin bonding of tin electroplated precious metal fixed partial dentures L One0year clinical results. Quintessence Int 1986 ; 17 :229.

64. Tanaka T, Mitsuru Atsuta, et al. Surface treatment of gold alloys for adhesion. J Prosthet Dent 1988 ; 60 : 271.

65. Aquilino SA, Diaz Arnold AM, Piotrowski TJ. Tensile fatique limltes of prosthodontic adhesive. J Dent Res 1991 ; 70 : 208.

66. Terence A, Douglas BE, Raymond GK. A new method of attaching gold occlusal surfaces to acrylic resin denture teeth. J Prostet Dent 1993 ;24 : 29.

67. Thompson VP, Grolman KH, Liao R. Bonding of adhesive resins to various nonprecious alloy(abstract). J Dent Res 1985 ; 64 : 314.

68. Omura A, Yamauchi J, Harada I, Wada T. Adhesive and mechanical properties of a new dental adhesive [abstract no.561]. J Dent Res 1984 ; 63 : 223.

Chapter 3

Unique Concept of AO Bridge

Chapter 3. Unique Concept of AO Bridge

AO(Axis Oriented) Bridge는 Resin-bonded fixed partial denture(RBFPD)와 Adhesion bridge의 장점을 취해 디자인되었다. 일본의 Adhesion bridge에서의 최소침습과 최대의 피착면 확보라는 측면에서, 그리고 북미와 유럽의 RBFPD에서의 retention and resistance form의 형성이라는 측면에서 그러하다.

▶ AO Bridge의 특징

① 지대장치(retainer)와 가공치(pontic)을 분리해서 제작하며,

② 지대장치의 male part(Key)와 pontic의 female part(Keyway)를 이용하여 bridge를 결합

③ 지대치 형성 시에 지대치의 경사도와 관계없이 고유의 치아 장축에 평행하게 치질을 삭제

④ 각 지대장치는 치아 장축에 따라 서로 다른 삽입로를 갖게 된다.

⑤ 지대 장치의 금속 피착면을 증가시키기 위해 삽입로에 따른 최대 풍융부의 법랑질을 선택적으로 삭제하여 최대 풍융부를 치은측으로 내린다.

⑥ Occlusal force와 shearing force에 지항하기 위해 지대치에는 rest seat & grooves를 형성하고, pontic에는 rest를 부여한다.

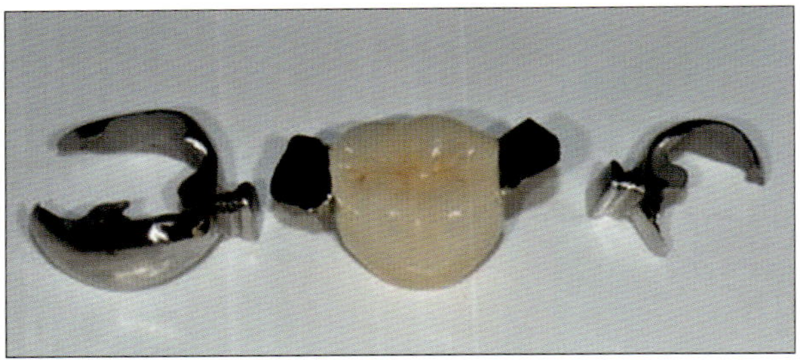

그림 3-1. Retainer에는 occlusal rest와 male part가 부착되어 있고, pontic에는 occlual rest와 femal part가 형성되어 있다. 대구치를 위한 retainer가 교합면과 설면, 인접면을 포함하는 것 외에 협면에까지 연장되어 있음에 주목

One piece로 제작하던 통상의 fixed bridge를 2개의 retainer와 1개의 pontic으로 분리 제작하고, 구강 내에서 resin cement로 접착하면서 retainer와 pontic을 결합하게 되는데, 이렇게 하는 이유는 1.대구치의 협면 (buccal surface)까지 유지부를 연장하여 접착면을 증대시키고(그림 3-1), 2.유지부의 적절한 두께 확보 뿐 아니라 보철물의 삽입로(path of insertion)을 얻기 위해 행해지던 부가적인 치아 삭제를 최소로 하기 위함에 있다. 즉 지대치의 경사도(기울기)에 상관 없이 각 지대치의 고유한 해부학적 형태와 치아의 장축을 고려하여 최대한의 피개 면적(maximum coverage of metal retainer)과 최소한의 치아 삭제(minimum intervention of tooth structure)를 만족시키는 retainer를 제작할 수 있기 위함이다. 대부분의 경우 삽입로는 지대치의 인접면 경사로를 따라 설정하는데, 치아가 경사될 때 근원심으로 이동하는 것이 대부분이고, 치아의 장축 방향과 유사하기 때문이다. 즉 치아의 장축에 따라 삽입로를 설정하는 것이 일반적이다(그림 3-2~3). 이와 같이 치아의 장축에 따른 치질 삭제는 최소한의 풍

융부 삭제로 margin을 치은측으로 내려갈 수 있게 한다. 이를 Axis-oriented reduction이라 한다. Axis-oriented라는 의미는 치아의 기울기에 맞춰 보았을 때 surface가 보이면 된다는 것이고, 그 방향에서만 undercut이 없으면 되는 것이다. Diamond bur가 margin까지 균일하게 닿아야 하는 것은 아니다.

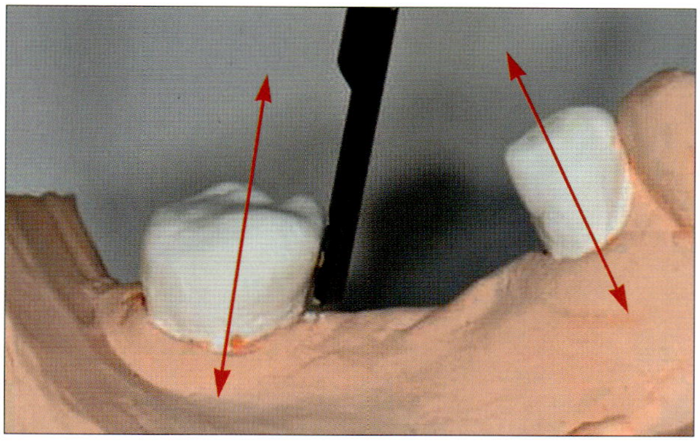

그림 3-2. 치질 삭제는 무치악 측의 인접면 경사로에 따른다. 이는 치아의 장축과 거의 일치 한다.

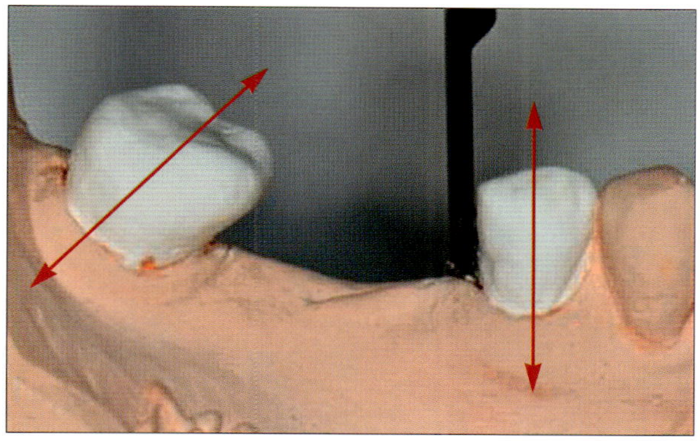

그림 3-3. 제2대구치와 서로 다른 지대치 경사도를 보이는 제2소구치에 주목.(화살표 참고)

제1대구치의 상실로 제2대구치가 근심 경사(mesial tilting)된 경우(그림 3-4)를 예로 들어 설명하면

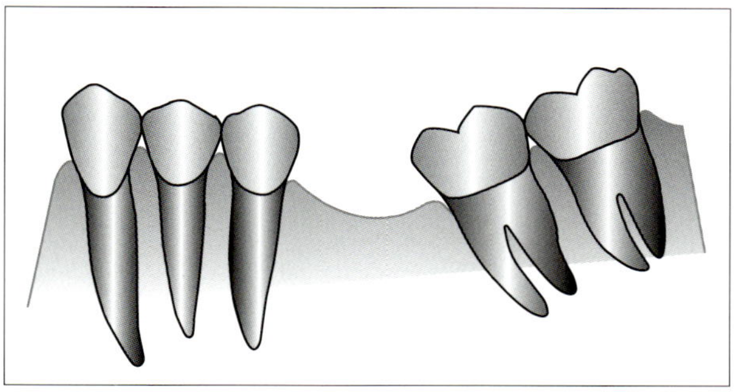

그림 3-4. 근심 경사된 제2대구치를 포함하는 3-unit bridge

기존의 fixed bridge로 디자인 할 경우 지대치의 과도한 삭제가 예상된다(그림 3-5). 그에 더하여 삽입로에 방해되는 지대치 인접 치아까지도 삭제가 필요하다.

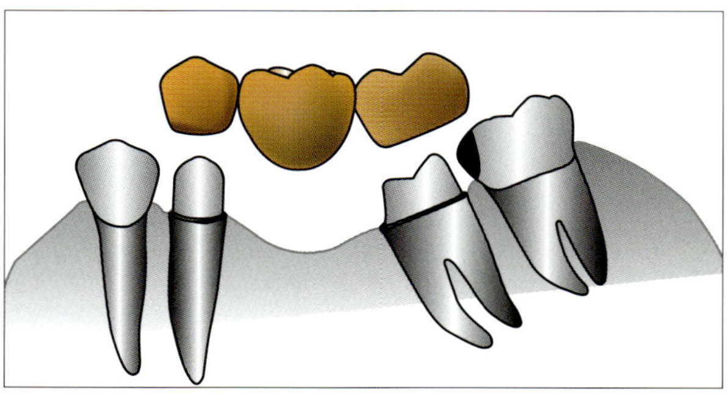

그림 3-5. 3-unit 전장관 디자인일 경우 제3 대구치의 근심접촉부까지 삭제해야 삽입로를 확보할 수 있는 경우가 많다.

또 다른 고려는 경사진 지대치를 3/4와 같은 부분관으로 형성할 수도 있다(그림 3-6).

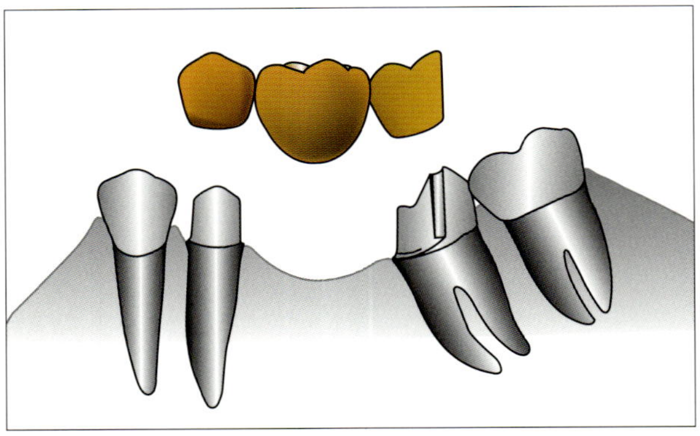

그림 3-6. 경사진 대구치에 3/4 부분관을 형성했다.

교정력을 가해 경사진 지대치를 upright시키는 치료계획을 세울 수도 있지만 시간적, 경제적 추가 비용이 발생할 것이다(그림 3-7).

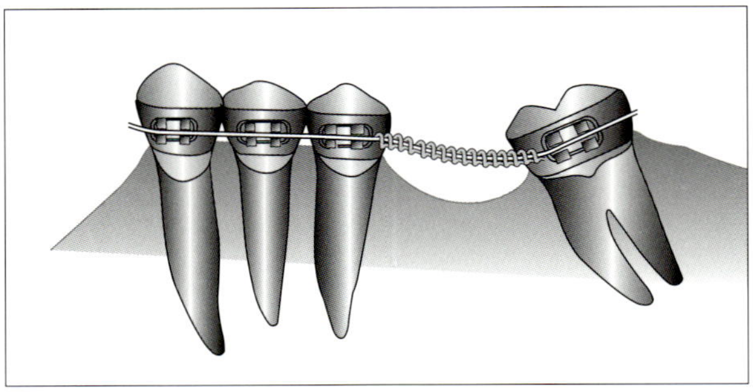

그림 3-7. 경사진 지대치를 upright시키기 위한 교정치료의 일례

Thompson은 지대치의 배열이 좋지 않을 경우 RBFPD는 불리하다 하였는데, AO(Axis Oriented) Bridge는 지대장치에서 retainer와 pontic을 분리시키는 방법으로 이를 해결하고자 하는 것이다(그림 3-8).

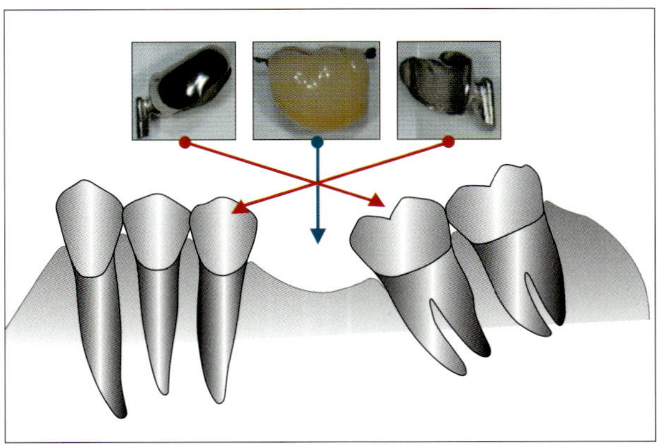

그림 3-8. 이 디자인에서 양측 지대치의 삽입로를 일치시키기 위한 부가적인 치질 삭제 없이, 기존의 레진 접착성 브리지보다 대구치의 협면 및 소구치의 협면 중 distal line angle 부분 까지 감싸는 형태의 retainer를 제작할 수 있다.

이와 같이 삽입로를 각 지대치의 기울기에 따라 설정할 수 있어 치질의 최소삭제가 가능하다는 것이 AO Bridge의 독특한 장점이 된다.

하나의 보철물에서 지대치에 따라 retainer의 삽입로가 다르다는 것은 또 다른 장점을 가진다. 삽입로의 반대 방향이 이탈로(path of removal)가 되는데 서로 다른 삽입로를 가진 retainer들의 이탈로를 역시 삽입로가 다른 pontic이 막고 있어 dislodgment에 저항하게 되는 것이다(그림 3-9~10).

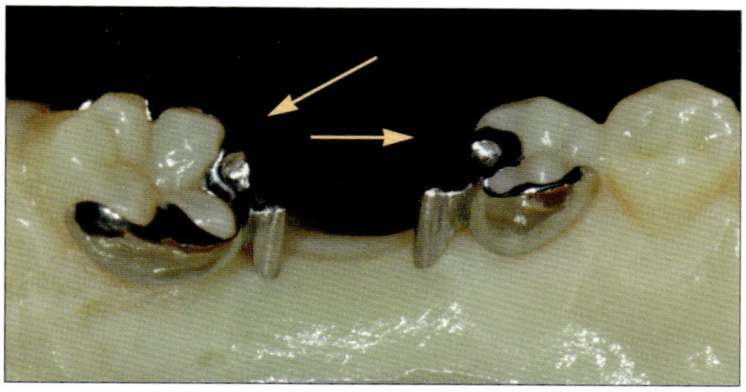

그림 3-9. 지대치에 retainer가 장착된 그림이다.
제2대구치의 retainer는 mesial to distal 방향으로 장착되고, 제2소구치의 retainer는 distal to mesial 방향으로 장착되며, 이탈시키기 위한 path of removal은 각기 그 반대 방향이 되는데 모두 무치악 부위로 향하게 된다.

그림 3-10. Pontic을 장착하고 있다.
Retainer의 path of removal을 pontic이 막고 있다. Retainer와 pontic이 결합되고 나면 지대장치와 치아를 cementation하지 않더라도 AO bridge를 지대치에서 빼낼 수 없게 된다.

Retainer를 먼저 지대치아에 접착하고, resin cement가 경화하기 전 working time 내에 있을 때 pontic의 female part는 retainer의 male part와 결합되어 구강 내에 있어야 한다. 이때 pontic의 female part와 retainer의 male part는 water soluble vaseline(수용성 바셀린)으로 분리시켜 놓고 retainer의 cement이 경화한 후 pontic을 조심스레 빼내고 난 후 잉여 시멘트를 철저히 제거하는 것이 좋다. retainer와 pontic을 구강 외에서 먼저 결합(cementation)하고 AO bridge를 장착하려 한다면, 대구치측 retainer를 갖다 대면 소구치 부위의 retainer가 이개되고, 소구치에 대면 대구치 부위에서 이개될 것이다(그림 3-11~13). 이런 상태로는 보철물의 setting이 불가능한 것이다.

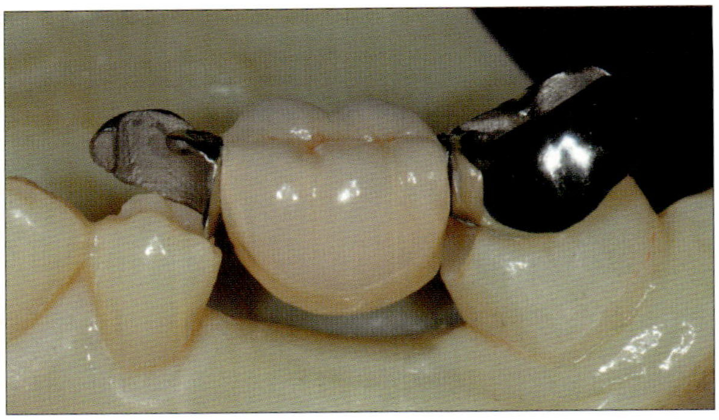

그림 3-11. 지대치에 retainer를 먼저 장착하지 않고, 지대장치와 pontic을 결합해서 AO bridge를 지대치에 장착하려 한다.

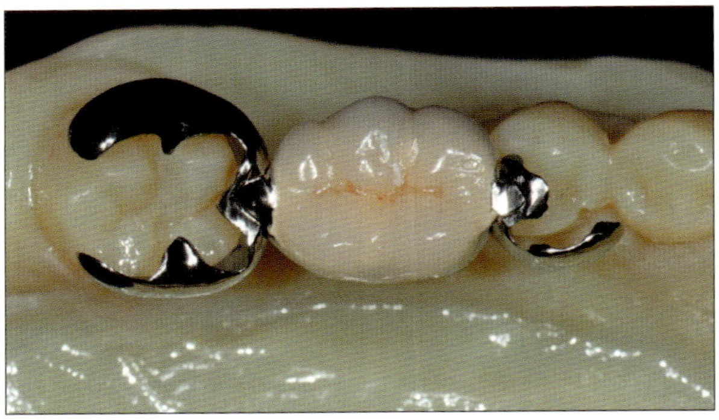

그림 3-12. Retainer를 대구치에 맞추어 보면 소구치 부위에서 retainer와 abutment와의 이개가 커진다.

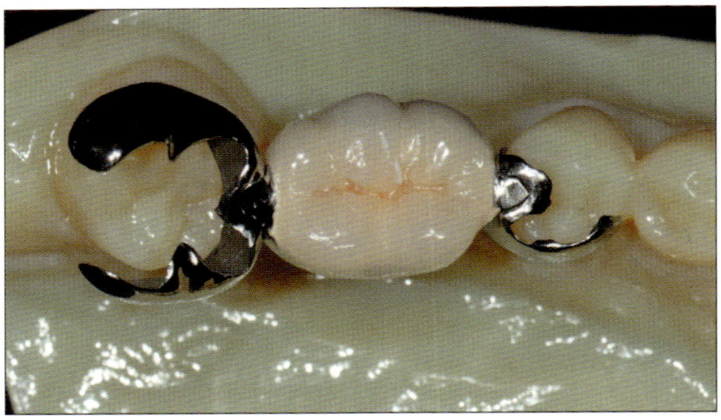

그림 3-13. Retainer를 소구치 부위에 맞추게 되면 대구치 부위에서 retainer와 abutment 간의 간격이 커지게 된다.

Retainer는 Pontic이 부착되지 않은 (그림 3-9)의 상태로만 지대치에 부착시킬 수 있는 것이다. 기존의 resin bonded prostheses와 달라 생소한 점이 있지만, pontic과 retainer를 분리시켜 각기 장착하는 것이 AO bridge의 핵심적 요소이며 그 장점들은 차츰 언급될 것이다.

레진 접착성 브리지 design의 핵심은 가능한 한 피착 금속면의 surface area를 넓히는 것이라는 점을 살펴 보았다. Yamashita선생은 그이 저서에서 전치부에서는 158㎟ 이상, 구치부에서 182㎟ 이상의 면적을 피착금속면에 부여할 것을 권고하였는데, 전치부에서는 심미적인 이유로 피착금속면이 순면(labial surface)으로 연장할 수가 없지만 심미적인 문제가 critical하지 않은 구치부(특히 대구치)에서는 피착금속면을 협면(buccal surface)에 까지 연장하도록 설계하는 것이 AO bridge 설계의 또 다른 중요한 특징이다.

One piece로 된 resin-bonded prostheses에서는 피착금속면의 협면에까지 연장하는 것이 물리적으로 불가능하다. Path of insertion이 나오지 않는 것인데, AO bridge에서는 retainer와 pontic을 분리 제작함으로써 금속유지부를 협면에 까지 연장하여 보다 넓은 피착금속면을 제공할 수 있게 된 것이다(그림 3-14).

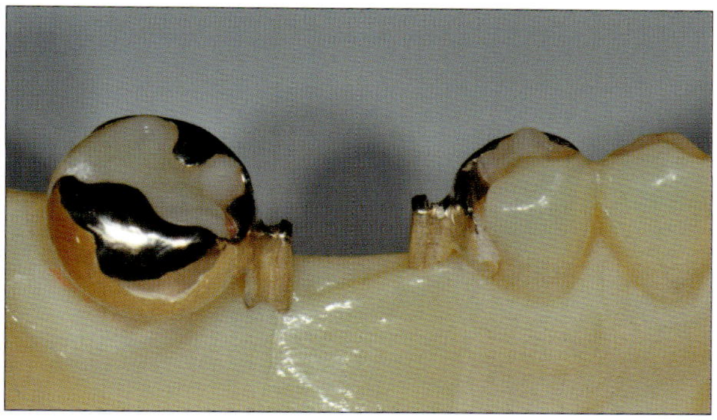

그림 3-14. Retainer가 장착된 구치부의 AO bridge 제2대구치에 장착된 retainer에서 lingual surface(설면) 뿐 아니라 buccal surface(협면)에까지 연장된 유지부가 보인다. 제2소구치에서는 심미적인 제한 때문에 bucco-distal line angle을 조금 넘어 가는 정도의 유지부 협측 연장이 보인다.

AO bridge의 또 다른 특징으로 pontic의 디자인을 들 수 있다(그림 3-15). 무치악인 상태를 수복하여 기능할 수 있는 보철물을 제공한다는 것을 바꾸어 말하면, pontic이 지대장치를 통하여 지대치에 견고하게 부착되어 교합력에 저항하여 기능할 수 있게 한다는 것이다.

측방에 가해지는 교합력은 협 · 설측으로 감싸는 wing 형태의 금속 유지부가 저항하게 하고, pontic에 가해지는 수직적인 교합력에 저항할 수 있는 pontic의 형태를 제공하기 위해 pontic에 occlusal rest를 부착하게 되었다. 이 형태는 pontic에 가해지는 수직적 교합력을 양쪽 지대치에 효과적으로 분산시키게 하는 것이다.

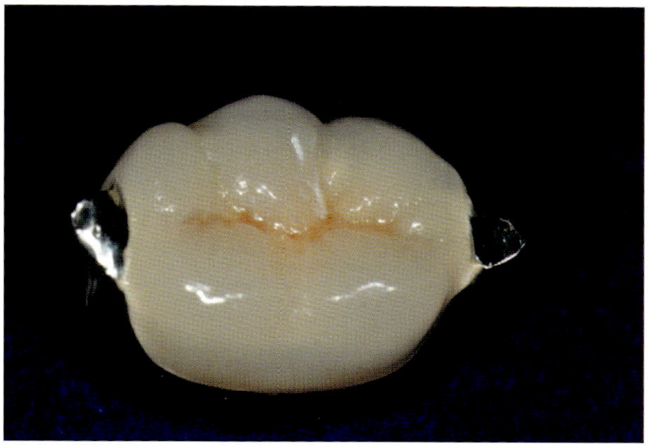

그림 3-15. AO bridge의 형태.
Retainer의 male part와 결합하는 female이 pontic의 mesial과 distal면에 있고, 그 상방 교합면 측에 occlusal rest가 달린 형태가 전형적인 모습이다. Pontic에 가해지는 수직적인 occlusal force를 양측 지대치에 분담시키는 역할을 한다.

Occlusal rest가 부착되지 않은 레진 접착성 보철물에서 pontic의 하방 무치악 부위의 치조정(edentulous alveolar ridge)에서 교합력에 의한 pontic의 침하(sinking)와 그로 인한 치조정의 압흔은 흔히 발생되고, 이런 형태의 보철물에서 임상적 탈락의 원인이 되기도 한다(그림 3-16).

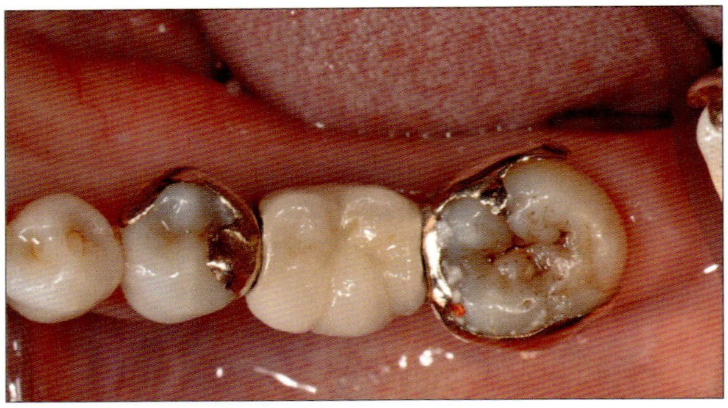

그림 3-16. 임상적 탈락
보철물의 유지부 접착 failure가 일어 났으나 유지부가 지대치에서 완전히 빠지지는 않은 채 displacement 되어 있다. Friction grip으로 유지부를 잡고 흔들면 유지부와 치아 사이에 압편되었던 food debris가 빠져 나온다.

임상적 탈락(stuck failure)이란 보철물이 지대치로부터 완전히 이탈하지는 않았으나 최초 접착시킨 위치에서 displacement된 경우를 말한다(그림 3-16). 소구치와 대구치에서 retainer에는 rest가 설계되어 있으나 pontic은 자체의 rest가 없다. Male and female part가 결합된 채로 pontic이 수직적 교합력에 의해 치은쪽으로 침하되면 유지부와의 결합부를 fulcrum으로 한 see-saw movement가 생기고 fulcrum으로부터 먼 쪽의 유지부 끝에서부터 시멘트의 미세파절이 초래되기 시작하고 이는 시멘트의 microleakage로 이어져 결국 유지부가 displacement되고 만다. 보철물을 제거해 보니 무치악 부위의 치은이 pontic의 침하현상으로 눌린 압흔(pressure spot area)이 선명하다(그림 3-17).

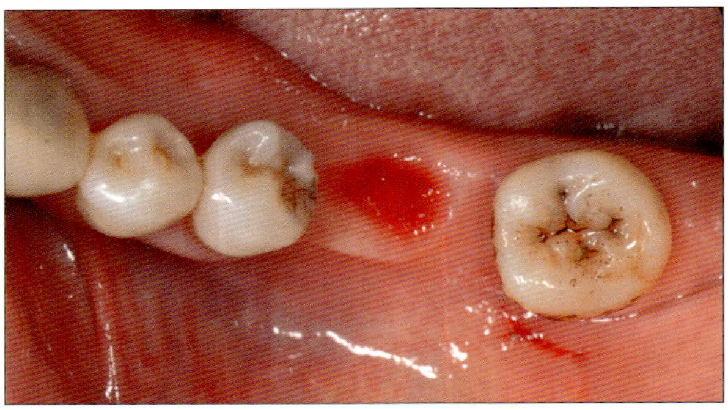

그림 3-17. 보철물을 제거하였다. Edentulous ridge에 pontic에 의한 압흔(pressure spot area)이 보인다. 제거하기 전 환자는 저작 시에 약간의 동통을 호소했었다.

AO bridge는 retainers와 pontic을 지대치에서 짜맞춰 놓은 구조물과 같아서 retainer의 cementation 결합실패가 일어나더라도 pontic과 retainer의 결합력이 retainer와 치아 간의 결합력 보다 강하게 나타나고, retainers와 pontic의 삽입로가 서로 다르기 때문에 보철물 전체가 지대치에서 빠지지는 않는다. Pontic과 retainer를 절단시켜야 보철물을 지대치에서 완전히 제거할 수 있게 된다. 지대치에서 조금이라도 retainer가 움직인다면 그 보철물은 실패한 것이고 2차 우식(secondary caries)이 초래될 것이다.

이와 같이 보철물이 지대치에서 displacement되었지만 완전히 탈락되지 않고 있는 상태를 "stuck failure"라고 한다.

쉬어 가는 페이지 《《 Dry Field의 확보

Resin을 이용한 모든 접착 술식에 saliva로부터 시술 치아들을 격리시키는 것이 중요한 시술 과정 중의 하나이다. AO Bridge 시술 과정 중에서도 cementation 과정은 시술의 성공/실패를 좌우하는 중요한 과정이므로 rubber dam 등을 이용한 시술 치아의 격리가 필요하다.

최후방 구치가 지대치에 포함되지 않은 경우라면 rubber dam clamp만을 이용한 간이방습법도 유용하다. 최후방 구치까지 지대치에 포함된 경우에는 rubber dam clamp가 retainer의 탈착과정에 방해가 될 수 있으므로 rubber dam을 이용한 격리술이 현실적으로 불가능한 경우가 많다. 이를 해결하는 방법으로 Zoo MINI suction set가 도움이 된다(그림 1).

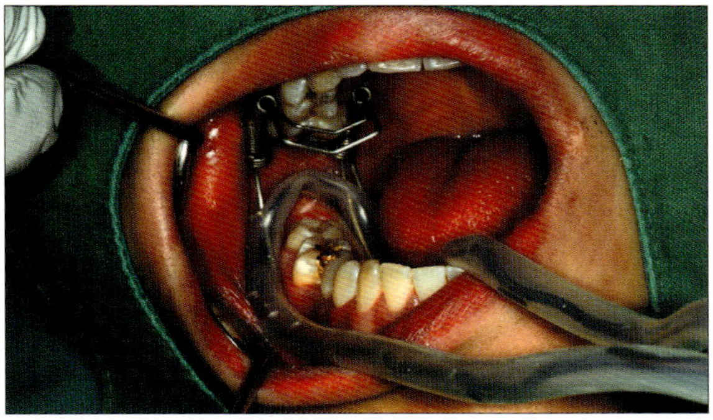

그림1. Zoo. MINI Set

Chapter 4

Step by Step Procedures

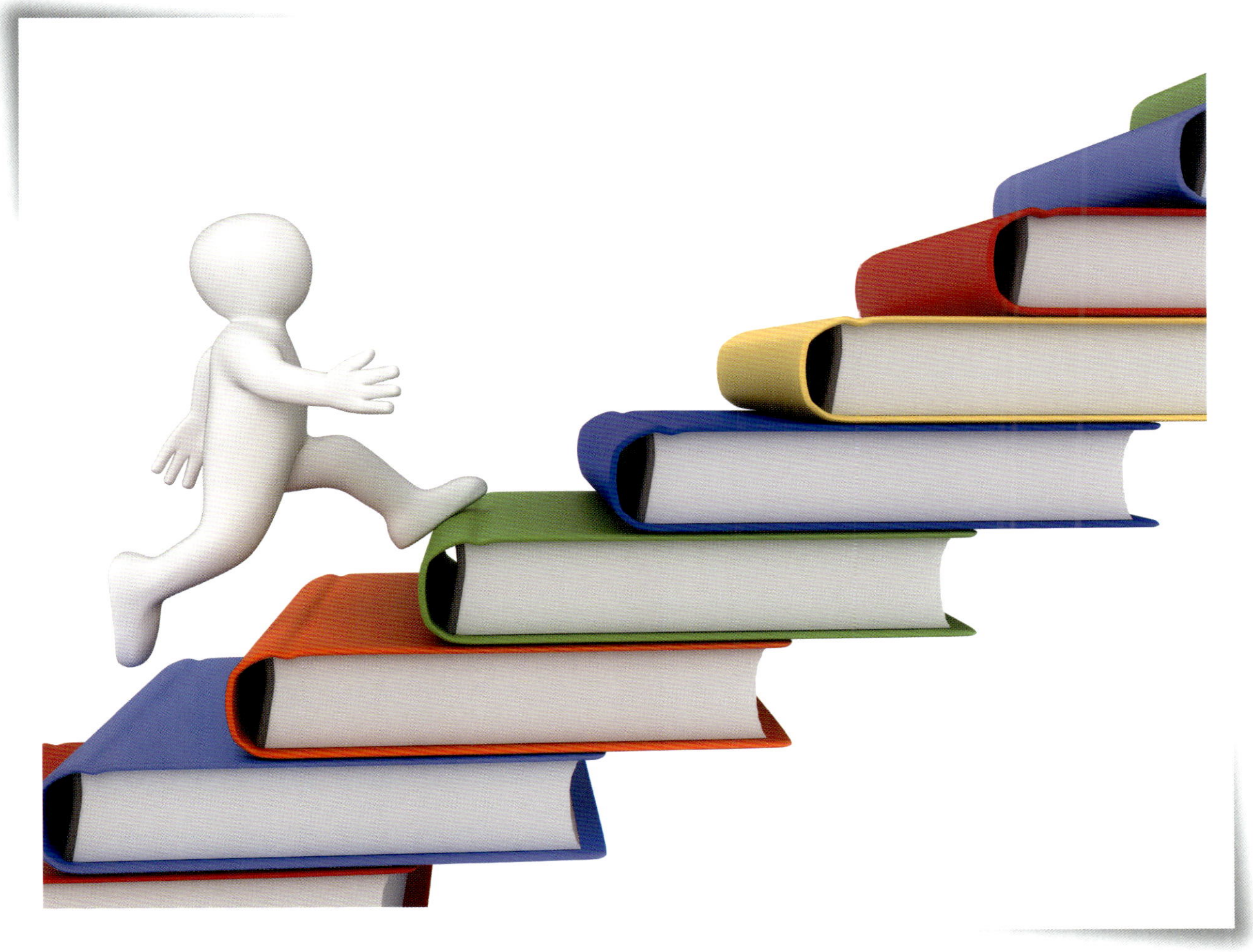

Chapter 4. Step by Step Procedures

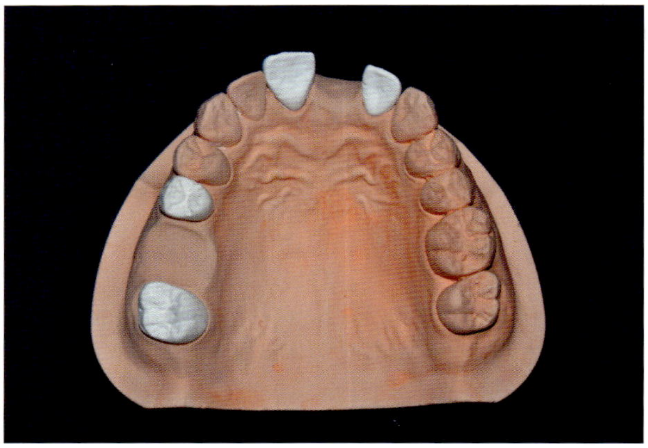

그림 4-1. 모델

상악 좌측 중절치(upper left central incisor)가 상실된 case로 전치부 AO bridge 기본 설계법과 치아 형성법에 대해, 상악 우측 제 1 대구치가 상실된 case의 모형으로 구치부에 있어서 AO bridge의 기본적 사항들에 대해 설명하도록 하겠습니다(그림 4-1).

A. Anterior Procedure

① Design

상악 중절치, 측절치 및 견치의 기본적인 디자인 개념은 동일하다(그림 4-2, 그림 4-3).

Metal 유지부를 가지는 전치부 보철물은 심미적인 제약을 갖게 되는데, 순면에서 보았을 때 metal retainer 부분이 노출되어서는 안되게 디자인 하면서 최대의 피착면을 확보하는 노력을 기울어야 한다. AO bridge에서 가장 중요한 요소 중의 하나는 최소 삭제와 최대 피착면을 위한 삽입로(path of insertion)를 결정하는 것인데, 이는 지대치의 경사도에 관계없이 치아의 형태에 의해서만 결정되는 점을 항상 유념하고 있어야 한다. Rotation, tilting 등이 있다 하더라도 지대치 간의 삽입로를 일치시킬 필요 없이 각각의 지대치를 독립시켜 하나의 single abutment로 고려해야 한다. 가능하면 시술 전 study model을 만들어 미리 디자인 해 보는 것이 좋다.

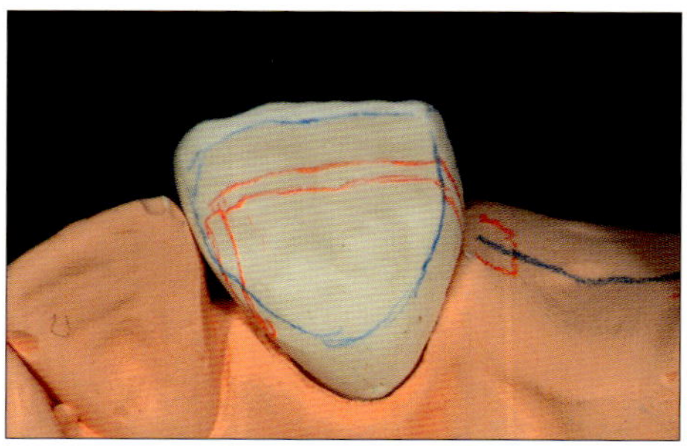

그림 4-2. 상악중절치의 디자인

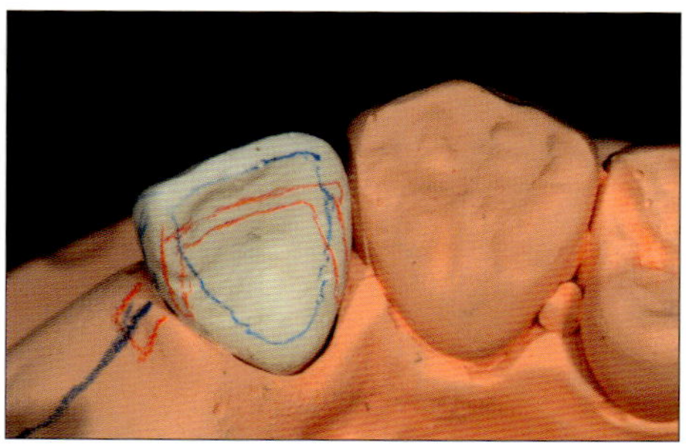

그림 4-3. 상악측절치의 디자인

그림 4-2와 그림 4-3의 시술 전 모델에서 blue line은 line angle을 연결한 선인데 upright된 상태에서 최대풍융부를 표시하게 된다. Lingual surface에서 mesio-distal line angle을 연결해 보면 자연스레 cingulum 상방으로 연결되어 최대풍융부가 나타내게 되는 것이다(그림 4-3). 이 line은 metal retainer가 피개할 수 있는 범위를 설정하는데 중요한 요소이며, 금속유지부는 mesio-distal line angle을 포함시켜 근/원심 및 치경부 측으로 넘어 가야만 한다.

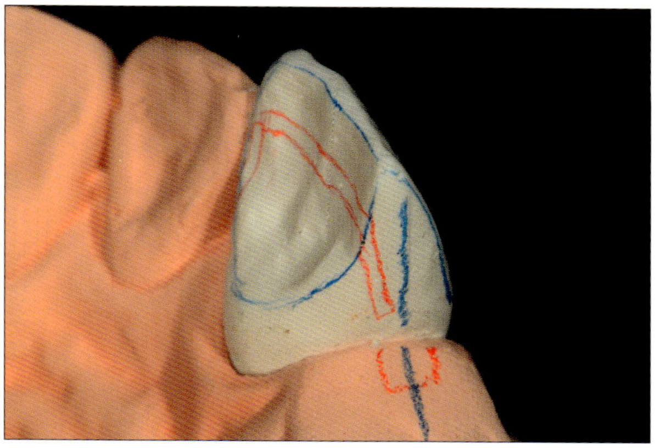

그림 4-4. 시술 전 study model의 무치악측 인접면 blue line은 협/설측의 최대풍융부를 나타낸다.

치아가 상실된 무치악측의 인접면에 협 · 설측에서의 최대풍융부(그림 4-4, blue line)를 표시하는데, Pontic을 overlapping시킬 경우에는 예외이지만 이 line을 순측(labially)으로 넘어 가는 금속 유지부는 순측에서 노출될 수 있으므로 유의해야 한다. 이 최대풍융부를 표시한 line에서 설측으로 mesial vertical groove를 drawing하게 되는데, 최대풍융부의 선과 평행할수록 groove가 길어지고, 따라서 유지력이 증가하겠지만 incisal edge에 너무 근접하게 되면 순면에서 metal이 비치게 될 수도 있음에 유의해야 한다.

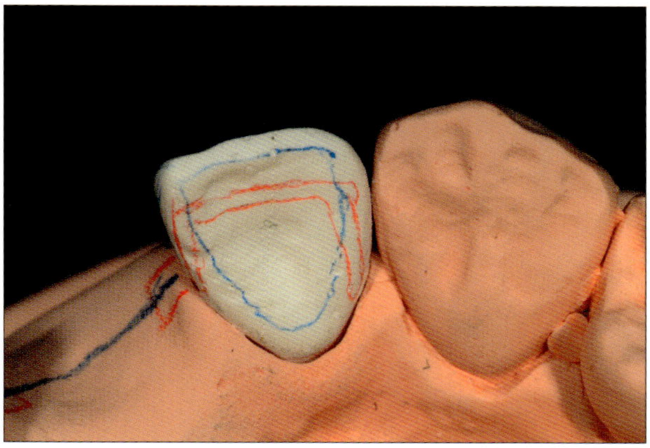

그림 4-5. Distal vertical groove of lateral incisor

인접면에 형성하게 될 groove의 위치(그림 4-4, red line)는 치은연(gingival margin) 부위에서 1㎜ 이상 떨어진 치경부에서 그리고 최대풍융부 line에서 1㎜ 이상 떨어진 설측 부위에서 시작하여 절단면(incisal edge)으로 연장하게 된다. 이때 mesio-lingual line angle을 통과하여 설면으로 넘어가는 것이 유지력 증대에 도움을 준다. 금속면의 절단면 경계는 중절치의 두께에 따라 조절할 수 있을 것이다. 금속이 순면으로 투영되어 어두운 shade가 비치지 않는 한은 절단면 쪽으로 연장하는 것이 좋겠다.

그림 4-5의 인접면의 red line는 측절치에서 distal vertical groove를 나타낸 것이다. Distal vertical groove는 인접치와의 contact area를 침범하지 않는 한 distal로 연장된 지점에서 시작하는 것이 피착면을 넓힐 수 있다. 절단부로 올라 오면서 distal lingual line angle을 통과시켜 절단면 하방 1~2㎜ 지점까지 연장해 준다. Mesial groove와 diatal groove가 서로 둔각을 이루면 retainer의 삽입이 불가능하고, 서로 10° 내외의 예각을 이루면 금속의 탄성으로 인해 삽입은 가능하나 정확한 위치에 장착시키는 데 곤란을 겪을 수도 있으므로 서로 평행하게 형성하도록 해야 한다.

하나의 abutment 내에서 mesial과 distal의 두 groove는 치경부에서 절단면 측으로 서로 평행해야 한다. 서로 약간의 八字 형태(10° 이내)로 하는 것은 삽입은 가능하겠지만 retainer의 정확한 seating을 방해하고 유지력의 감소를 초래하게 될 것이다. 전치부에서 vertical groove는 반드시 2개 이상 형성하여야 한다.

Pontic의 디자인(그림 4-6)은 edentulous area의 크기와 공간의 넓이, 지대치의 rotaion 여부 등에 따라 달라지는데, overlapping 하면 pontic이 순 · 설측으로 locking 되어 보철물의 탈락에 저항하는 잇점이 있다. Pontic의 overlapping은 치아 사이즈의 증대를 초래하여 심미성이 감소할 경우도 있으므로, 탈락에 대한 유지력은 retainer에서 얻는 것을 원칙으로 해야 한다.

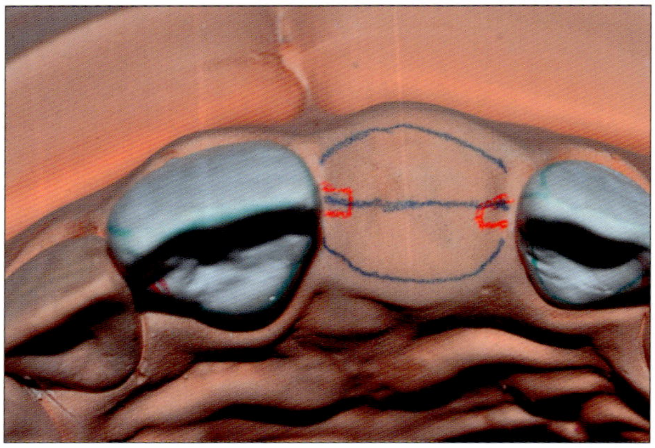

그림 4-6. Pontic의 위치(blue line)와 male part의 위치를 drawing 해 보는데 그 정확한 위치는 무치악측의 인접면의 형태와 위치에 따라 결정될 것이다. Pontic의 overlapping은 설측으로의 이탈에 저항하는 역할을 하나 심미성은 감소될 것이다.

② Axis Oriented Reduction

AO Bridge 시술 시에 행해지는 치아 형성은 1) axial wall, 2) vertical grooves, 3) rest seat이 있다.

1) Preparation of axial wall은 전치부에서 대합치와 교합이 되는 경우에 0.3~0.5mm의 clearance를 얻기 위해 전치부 설면을 pear shaped diamond bur로 삭제해 주는 것이다. Yamashita선생은 Adhesion Bridge에서 가장 강력한 결합은 삭제하지 않은 Enamel에서 얻어지므로 교합되지 않는 Enamel을 삭제하지 않는 것이 유리하다 하였는데, 그 원칙은 AO Bridge에 있어서도 동일하게 적용된다. 단, 상악 전치부 수복 시에 하악의 전방운동에서 보철물에 과도한 anterior guidance가 오는 경우에는 반드시 설면을 충분히 삭제하여 인접 전치부와 group function이 되도록 하여야 함을 유의해야 한다.

Cingulum 하방의 axial wall(그림 4-7, red line)은 미리 design한 mesial and distal vertical grooves와 평행하게 삭제하여야 하는 점도 기억해야 할 것이다.

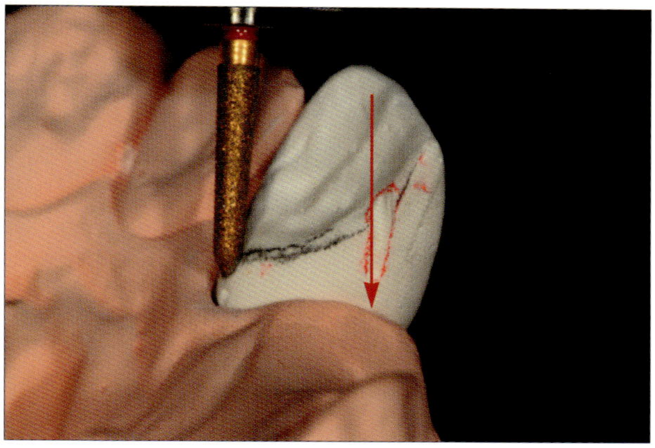

그림 4-7. 대부분의 케이스에서는 cingulum 부위를 삭제하지 않아도 가능하지만 깊은 overbite 교합에서는 cingulum 부위와 vertical grooves를 서로 평행하게 형성 하는 것을 원칙으로 한다.

2) Preparation of vertical groove는 전치부 치아 형성의 가장 중요한 요소이다.

하나의 지대치에 근 · 원심 측에 서로 평행한 2개 이상의 grooves를 반드시 형성해야 한다. groove의 깊이는 0.4mm를 권장하고 있으며, 길이는 길수록 유지력에는 도움이 되겠지만 지나치게 길어지면 절단면에 근접하게 되어 metal shadow가 나타날 수 있으므로 대게 4mm 이하로 충분할 것이다.

length and depth의 guide로 TR-122ff diamond bur의 사용(그림 4-8, 그림 4-9)을 권장한다.

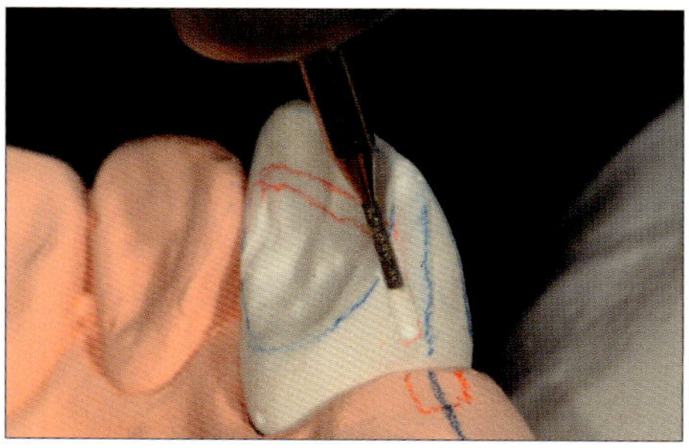

그림 4-8. TR-122ff bur를 사용하여 중절치의 mesial vertical groove를 형성하고 있다.

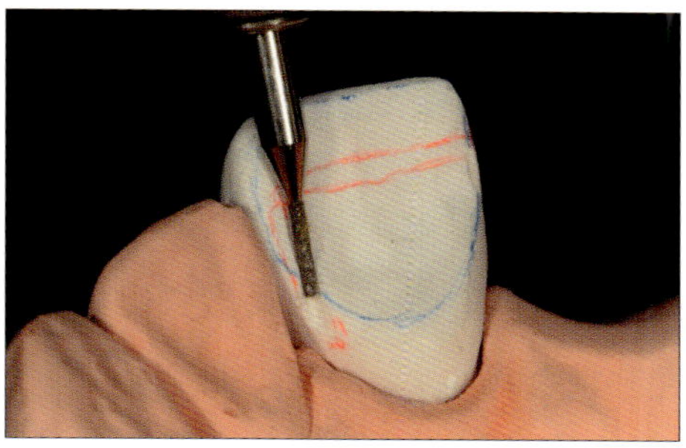

그림 4-9. mesial vertical groove와 distal vertical groove는 서로 평형하여야 하는 점에 주의를 기울여야 한다.

3) Preparation of rest seat

전치부 지대치에 있어서 rest seat은 대부분의 경우 형성하지 않는다. 임상치관이 짧은 경우에는 약간의 undercut을 감수하고 형성하는 수도 있으며 근 · 원심 vertical grooves를 연결하는 transverse groove(그림 4-10)로 대체할 수도 있다. 전치부에서 교합력은 대부분 설면에 retainer를 seating시키는 방향으로 작용하므로 필수적인 사항은 아니라 생각되며, retainer를 접착할 때 정확하게 seating시키는 stopper 혹은 guide 역할을 하게 된다. 절단 1/3이 얇은 전치에 있어 transverse groove를 주면 metal shadow가 비칠 수 있으므로 형성하지 않는 것이 좋다. 그림 4-11은 치아 형성이 완성된 abutment의 일례이다.

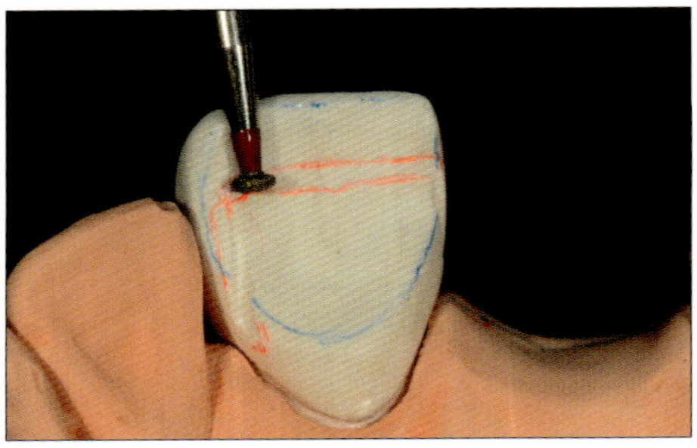

그림 4-10. transverse groove를 형성할 때 근/원심 vertical groove와 만나는 우각 부위는 smoothening 해야 retainer의 적합도가 향상된다.

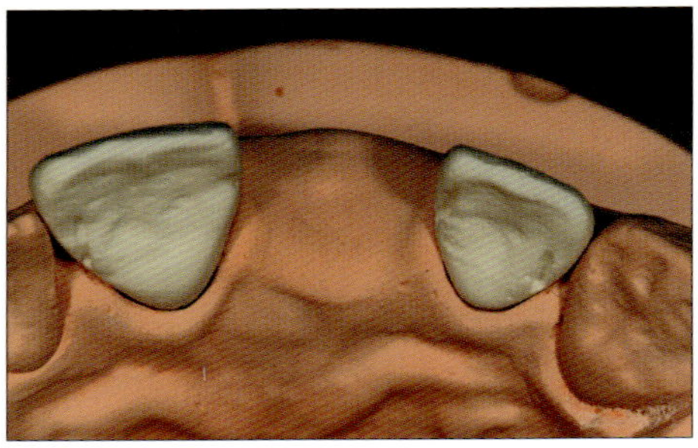

그림 4-11. 치아형성 완성된 전치부 설면 사진, 이 케이스에서 설면과 transverse groove의 삭제는 하지 않았다.

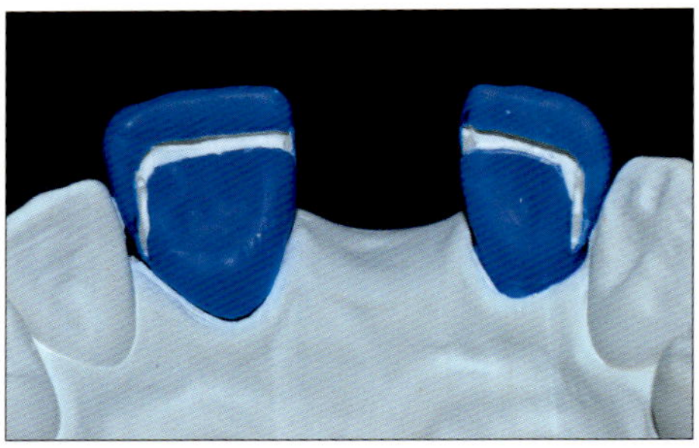

그림 4-12. 치아형성 대비 사진, Lingual view, 횡구(橫溝)를 형성하였다.

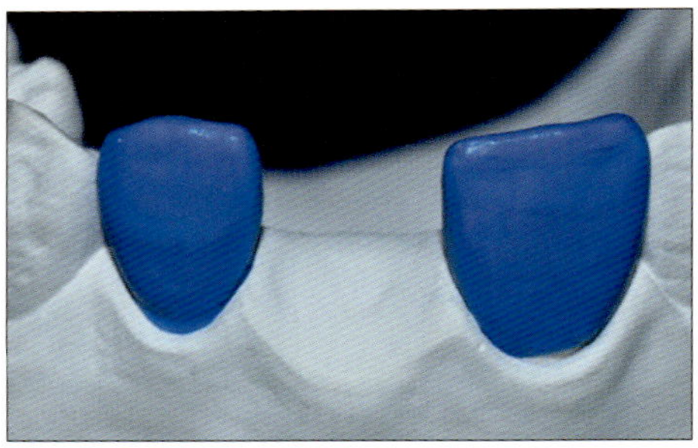

그림 4-13. 치아형성 대비 사진, Labial view, 치아형성이 전면에서는 보이지 않아야 금속이 노출되지 않는다.

치아 형성이 끝난 모형의 대비 사진(그림 4-12)을 보면 양측 지대치의 retainer가 서로 다른 삽입로를 가지는 것을 명확히 알 수 있을 것이다. 형성한 groove가 순측 정면에서 보인다면 최종 보철물에서 metal retainer가 순측에서 노출될 수도 있음을 의미한다. 이런 경우는 피해야 하겠지만 만약 부주의하게 노출되게 형성한 경우라면 즉시 resin filling하고 design 원칙에 따라 groove를 다시 형성하는 것이 좋다(그림 4-13).

B. Posterior Procedure

① Determination of path of insertion

Maryland Bridge와 Adhesion Bridge에 있어서는 모든 지대치의 삽입로(Path of insertion)를 하나의 삽입로로 일치시켜야만 했었지만, AO Bridge는 지대치의 개수가 2개 이상이라도 각각 분리시켜 하나의 지대치 안에서 삽입로를 설정하면 된다. 어떤 한 방향으로 보철물을 삽입시키기 위해서는 그 진행 방향에서 undercut이 없어야 한다. 치아 형성법은 이러한 undercut을 제거하여 최대풍융부를 gingiva측으로 내려 피착면을 넓혀주면서 Retention & Resistance form을 부여하는 과정이라고 규정할 수 있는 것이다. 이런 측면에서 undercut에 대해 다시 한번 생각해 보는 것이 필요하다. 그림 4-14, 그림 4-15을 보면 상악 제 2대구치 협면, 인접면, 설면에 각기 2개의 blue point가 있다. 이 6개의 점들을 모두 포함시키는 metal retainer를 design할 때 최소의 치질 삭제가 가능한 삽입로를 설정해 보도록 하자.

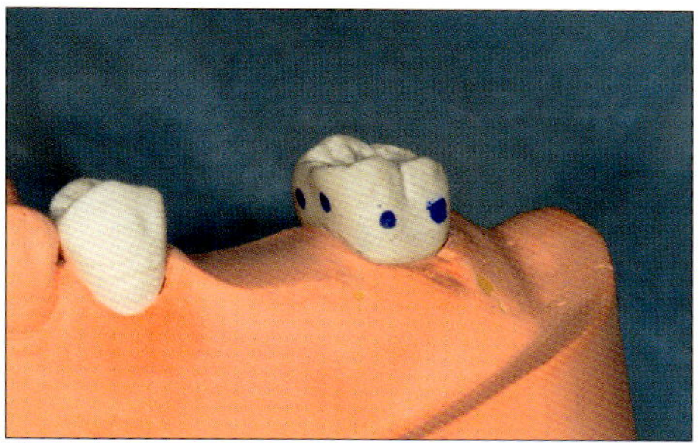

그림 4-14. 근심면과 협면의 points

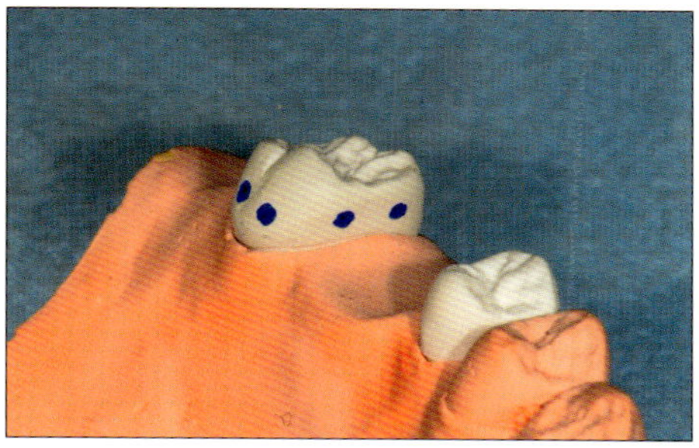

그림 4-15. 근심면과 설면의 points

교합면 방향(그림 4-16)에서 삽입로를 설정하면 근심면에 삭제 양이 과도해 진다. 협면이나 설면에서는 삽입할 수도 없다. 그림 4-17에서 처럼 6개의 points가 모두 보이는 방향은 교합면에서 30° 기울인 근심면이다. 이 방향에서 삽입로를 설정해야 협면과 설면 모두 enamel에만 국한된 삭제로 최대 피착면을 얻을 수 있게 되고 인접면에는 거의 삭제를 하지 않아도 되는 것이다. 대부분의 지대치가 이처럼 삽입로를 바꾸게 되면 undercut 양이 많지 않음을 알 수 있을 것이다.

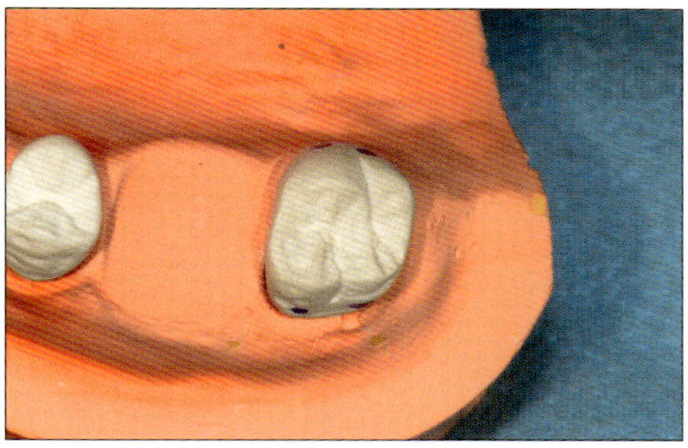

그림 4-16. 교합면에서 보면 근심면의 points가 전혀 보이지 않는다.

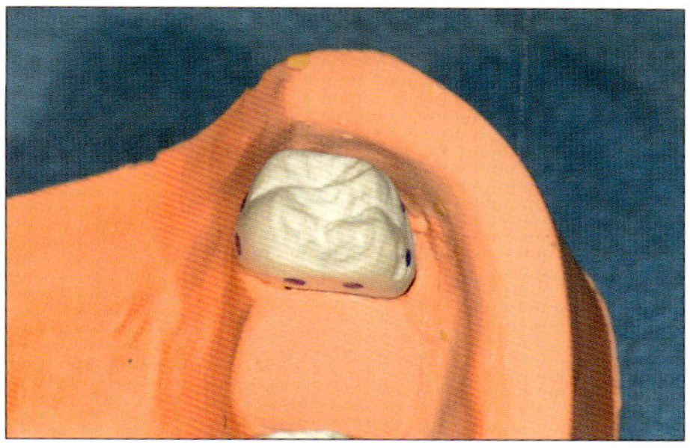

그림 4-17. 6개의 points가 모두 보이는 방향

대개 구치부에서는 인접면의 경사로와 유사한 방향에서 보았을 때 최소삭제가 되는 삽입로를 얻을 수 있었다. AO Bridge의 axial wall 형성은 이렇게 설정된 삽입로에서 최대피착면을 얻기 위해 원하는 지점까지의 enameloplaty 과정인 것이다. 실제로 인접면의 경사로에 따라 surveying 해보면 협면이나 설면에 삭제해야 할 undercut이 많지 않음도 알 수 있었다(그림 4-18~20).

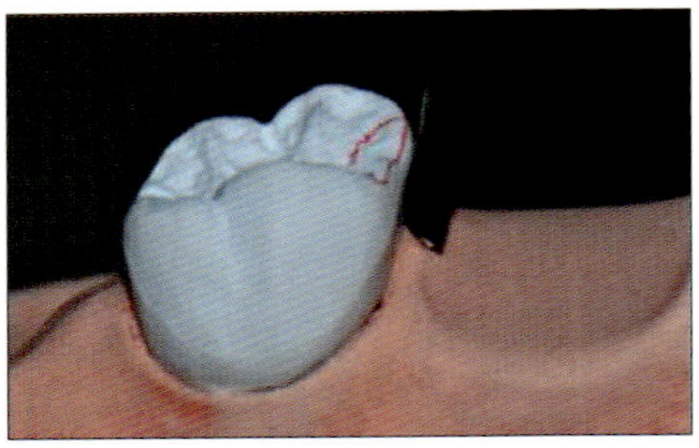

그림 4-18. 인접면의 경사에 맞춘 surveying

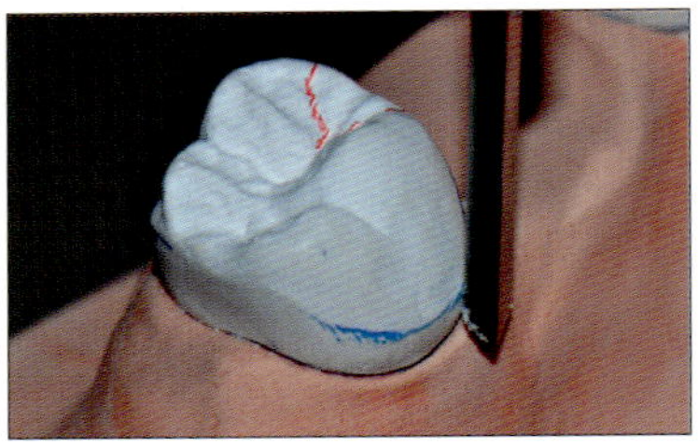

그림 4-19. 인접면의 경사에 맞춘 설면의 survey line(blue line)

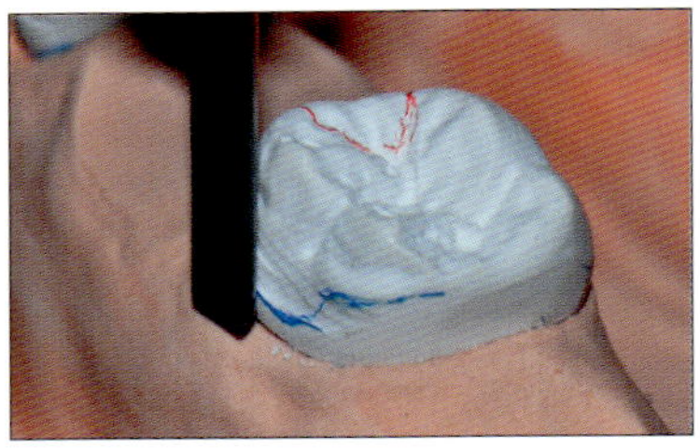

그림 4-20. 인접면의 경사에 맞춘 협면의 survey line(blue line)

심한 rotation이나 tilting도 삽입로 설정에 영향을 주지 않는다는 점을 강조해 둔다. 아무리 기울어진 지대치라도 삽입로는 치아의 해부학적 장축과 유사한 방향에서 정할 수 있는 케이스가 대부분이다(그림 4-21~23).

지대치의 경사도는 다르지만 그림 4-17의 케이스와 그림 4-20의 케이스는 동일한 삽입로를 이용해 AO Bridge로 수복할 수 있게 되는 것이다. 이 처럼 삽입로를 결정하는데 있어서 지대치의 경사도와 상관없는 유연성은 두 지대치를 하나의 삽입로에 일치시키지 않고 각 지대치를 분리시켜 삽입로를 설정하는 AO Bridge의 특징으로 인해 가능한 것이다.

그림 4-21. 그림 4-17의 모델에서 제2대구치를 근/협측으로 tilting 시켰다.

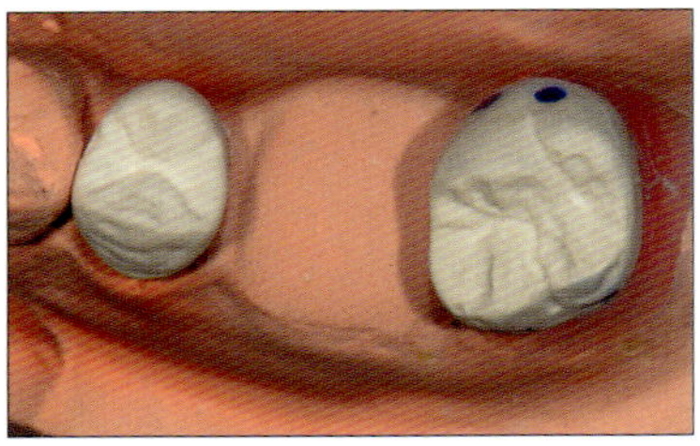

그림 4-22. 교합면 측에서 보면 삭제양이 많아질 것이다.

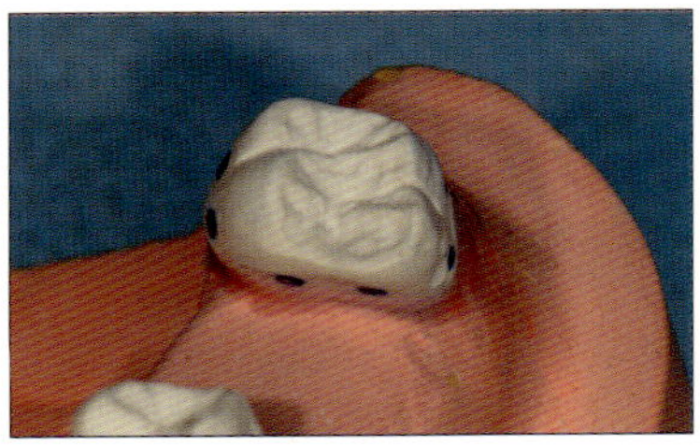

그림 4-23. 삽입로를 인접면으로 바꾸면 최소삭제가 가능하다.

② Design

구치부의 AO Bridge는 기본적으로 rest와 male part가 부착된 2개의 retainers와 rest와 female part가 형성된 1개의 pontic으로 구성되어 있다(그림 4-24).

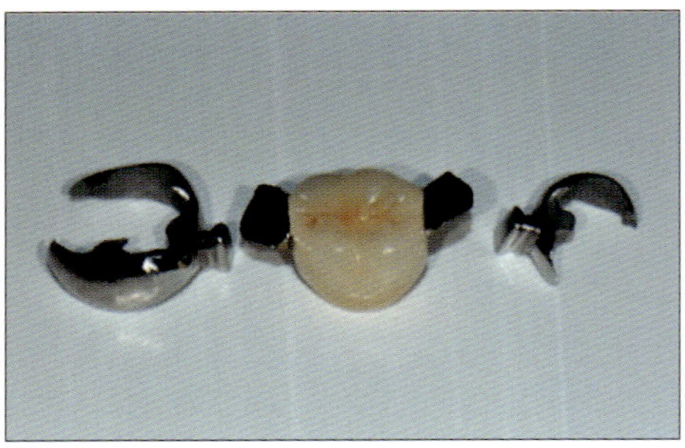

그림 4-24. 구치부의 기본 형태,
AO Bridge가 구치부에서 기능하기 위해서는 교합력에 충분히 저항할 만한 retainer의 rigidity가 요구된다.

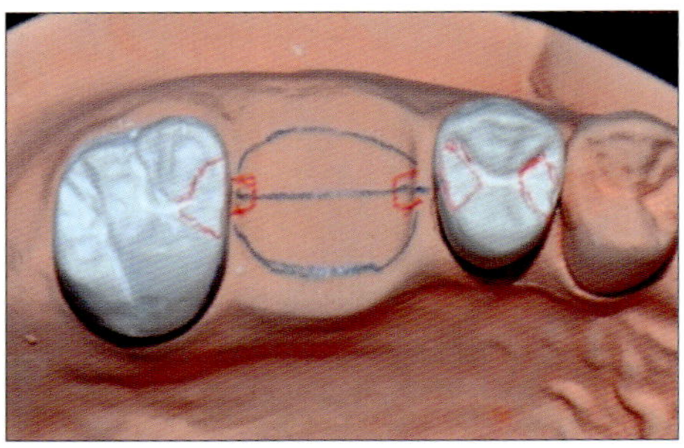

그림 4-25. 구치부의 기본적인 디자인

구치를 위한 occlusal rest seat(그림 4-25)은 인레이 형태이고 수직적 교합력에 저항할 수 있도록 깊고 넓게 형성해야 하는데, metal retainer에서 0.6㎜, gold retainer에서는 0.8㎜가 최소한의 depth가 된다. 교합력이 강한 경우에는 1㎜ 이상 형성해야 안전하다.

대구치에는 대부분 상실된 치아 측의 marginal ridge 상에 1개의 rest seat을 형성한다. Mesial/distal marginal ridge에 동시에 2개의 rest seat을 형성하는 것은 인접면의 과도한 삭제가 요구될 수 있으므로, 크라운의 길이가 매우 짧아 피착면을 충분히 확보할 수 없는 케이스로 제한하여 사용해야 한다. 수직적 교합력에 대한 저항력을 증가시키는 방법으로는 occlusal stopper를 buccal and/or palatal(lingual) groove 위에 0.3㎜의 깊이로 형성하는 편이 최소삭제를 위한 디자인이 될 것이다(그림 4-26).

소구치는 교합력에 저항하는 구조가 대구치보다 부족하므로 mesial and distal marginal ridge 상에 2개의 occlusal rest seat을 형성하는 것을 권장한다. 심미적인 이유로 metal의 노출을 가능하면 피해야 하는 경우에는 mesial occlusal rest을 생략하는 경우도 있다. 소구치부의 치아 상실측 인접면에는 rest 하방에 0.4㎜ 정도의 깊이로 4㎜ 길이의 vertical groove를 반드시 형성해 주어야 한다. 이는 좁은 피개면적을 가진 소구치 retainer의 rotational movement에 저항할 것이다. Vertical groove는 인접면의 최대풍융부를 포함시켜 형성하는 것이 좋은데, 이 부위는 두꺼운 enamel layer를 가진다. Vertical groove는 설면의 축벽과 평행한 것이 좋다(그림 4-27, 화살표 참고).

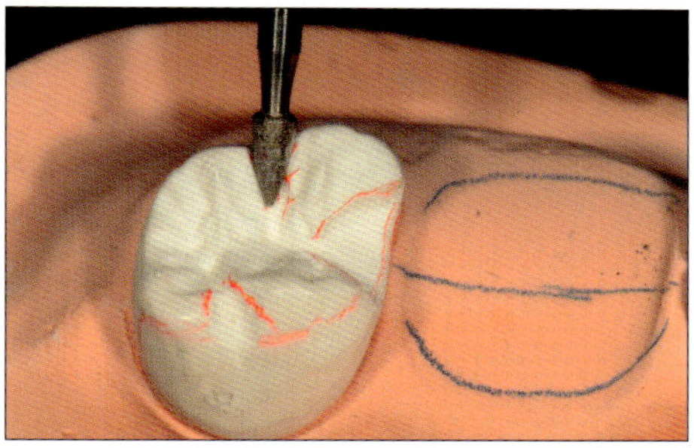

그림 4-26. 대구치를 위한 buccal and palatal occlusal stopper가 형성되었다.

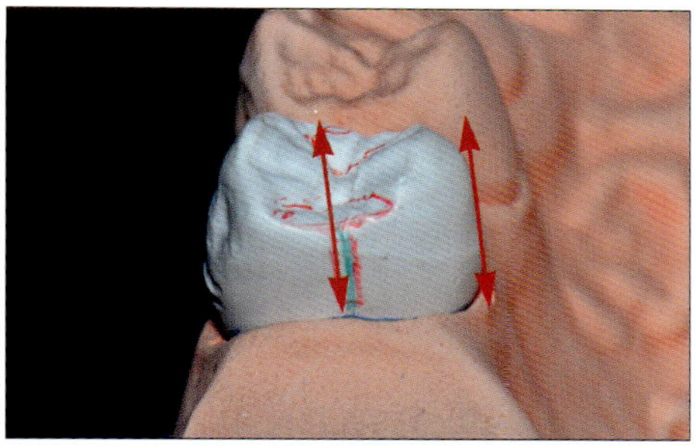

그림 4-27. 소구치를 위한 vertical groove는 axial wall과 평행하게 형성한다.

③ Axis Oriented Reduction

구치부에서는 (1) axial wall, (2) rest seat, (3) vertical groove의 순서로 치아형성을 하게 되는데, 최소삭제로 최대피착면을 얻을 수 있는 삽입로를 결정한 후에 삽입로에 맞추어 치아삭제를 하도록 하여야 한다.

제2 대구치에서는 교합면에서 무치악측 인접면 방향으로 삽입로를 결정하였고, 먼저 인접면의 최대풍융부를 gingiva측으로 내려주는 치아형성을 하였다(그림 4-28, 그림 2-29). Axial wall은 fine grit diamond chamfer bur로 불규칙한 면을 매끄럽게 한다는 느낌으로 가볍게 문질러 주는 것으로 충분하다. 인접면의 치아형성한 각도를 유지하면서 협면과 설면의 최대풍융부를 치은측으로 내려주는 것으로 Axial wall의 치아형성은 완성된다(그림 4-30).

Chapter 4

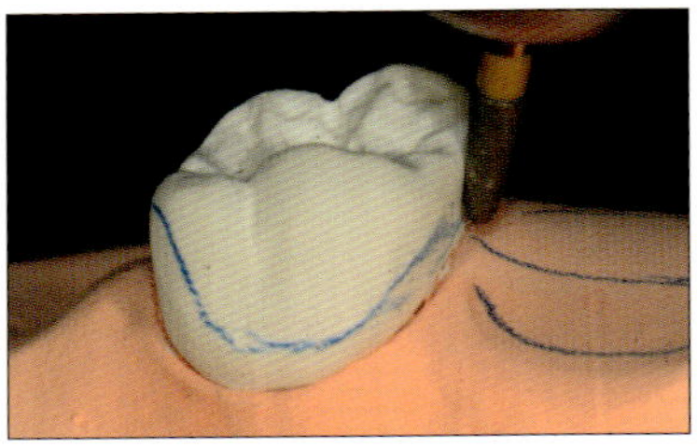

그림 4-28. 출발점은 인접면이다.

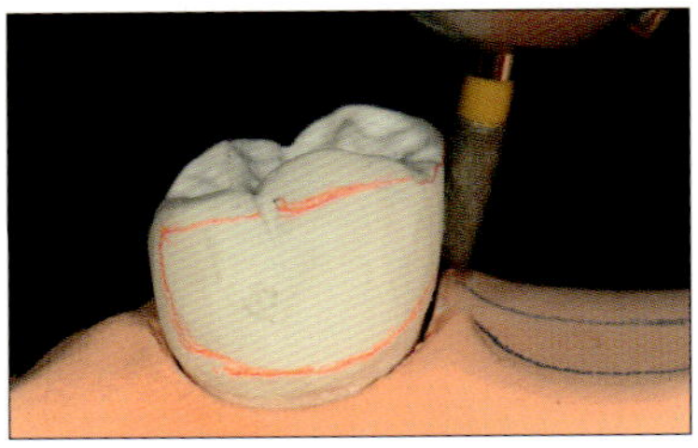

그림 4-29. 가볍게 문지르는 느낌으로 삭제한다.

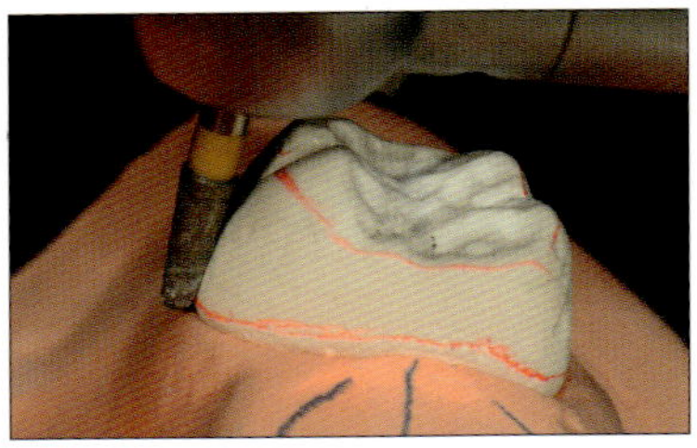

그림 4-30. 설면의 최대풍융부를 치은측으로 내려준다. 인접면의 각도를 유지하는 것이 중요하다.

소구치에서도 axial wall의 형성 출발점은 무치악측 인접면이 된다(그림 4-31). 인접면의 형성이 완료된 후 형성각도를 유지한 채 설측으로 가볍게 이동하여 최대풍융부를 치은측으로 내려주는 치질삭제를 한다(그림 4-32). 소구치에서 협면으로 retainer가 연장되는 것은 심미적인 이유로 제한하는 경우가 대부분이다.

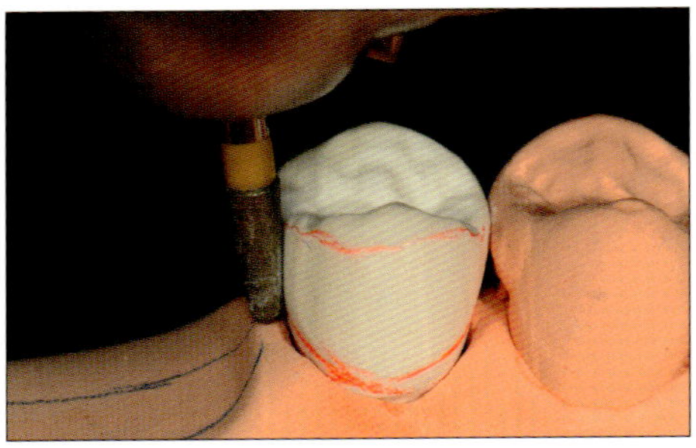

그림 4-31. 소구치 인접면의 형성

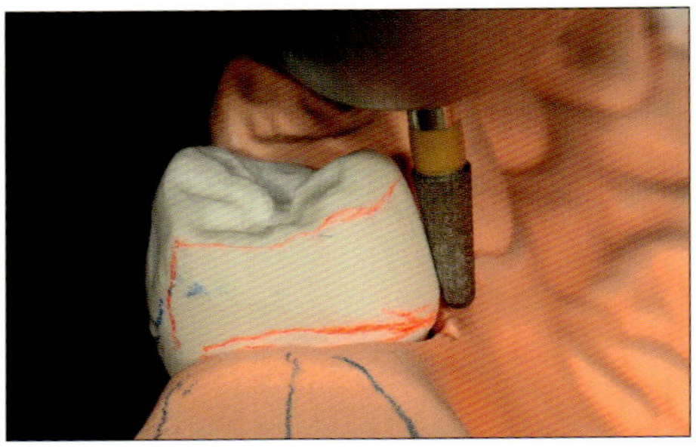

그림 4-32. 소구치 설면의 형성은 인접면의 형성각도로 설면 치은측 1㎜ 상방에 bur의 끝이 닿으면 완성된다.

Rest seat은 marginal ridge에 inlay cavity wall 형태로 형성해 준다. 0.6㎜ 이상의 깊이를 확보해야 하며 가능하면 넓게 형성해 주는 것이 좋다. Rest seat의 외측 line angle에는 45° bevel을 형성하여 retainer의 두께를 증가시켜 주도록 해야 한다(그림 4-33, 그림 4-34).

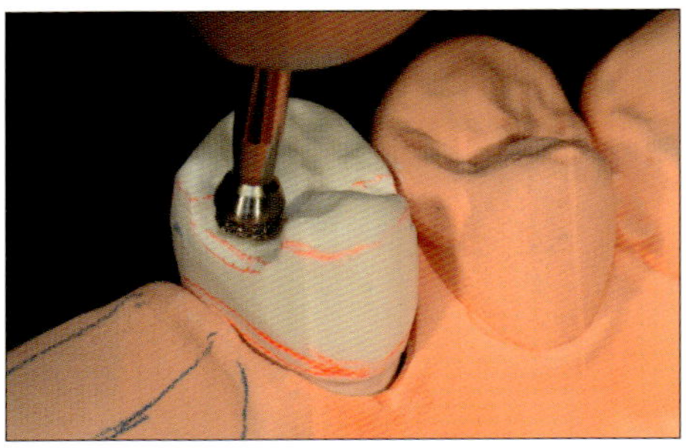

그림 4-33. Rest seat은 enamel 내에서 최대한 깊고 넓게 형성해 준다.

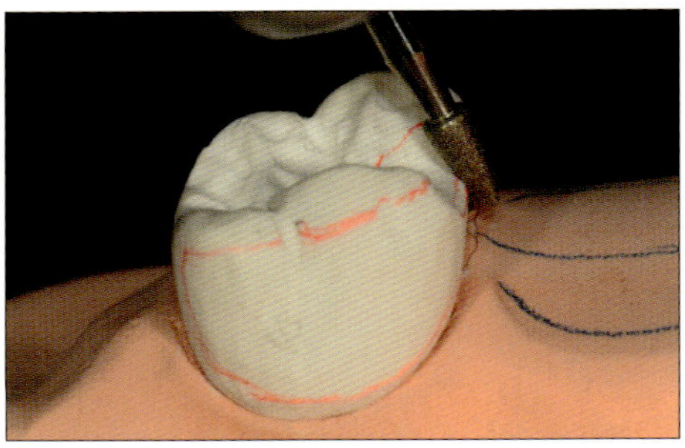

그림 4-34. Rest seat 의 외측에는 bevel을 형성한다. Cone shaped diamond bur가 유용하다.

소구치의 mesial rest seat은 심미적인 이유로 형성이 곤란한 경우도 있으나 AO Bridge의 안정성에는 필요하므로 형성해 주는 편이 좋을 것이다. 대구치에서 무치악 반대측의 인접면 rest seat을 형성하면 undercut의 양이 많아

져서 삽입로를 위한 삭제양이 많아지게 되므로 피하는 편이 좋다. Intracoronal extention을 하거나 임상치관이 짧은 대구치에서는 주의 깊게 형성하는 경우도 있다.

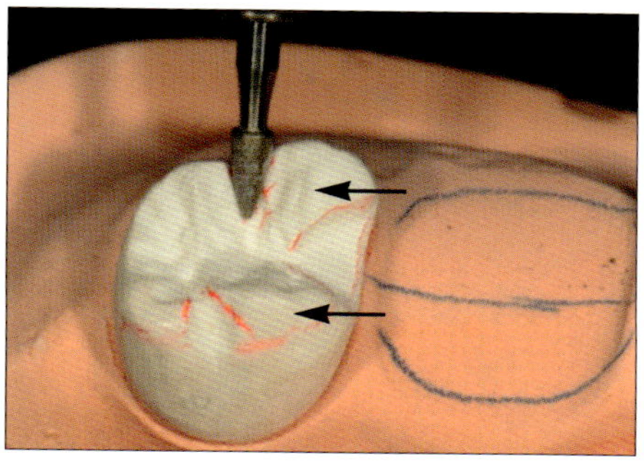

그림 4-35. occlusal stopper(black arrow), cone shaped fine diamond bur가 유용하다. 0.3mm~0.5mm의 깊이로 bur의 크기 만큼 형성해 준다.

Occlusal force에 저항하는 구조로 rest와 함께 occlusal stopper(그림 4-35)를 형성하기도 하는데 무치악 공간이 긴 케이스에서는 반드시 형성해 주고 일반적으로 대구치에서는 형성하는 것을 권장한다. Cone shaped diamond bur를 사용하여 buccal and/or lingual broove에 0.3~0.5mm 깊이로 형성해 준다. 이 부위에 치질의 삭제없이 retainer를 연장하여 cover하게 되면 functional space를 막아 TFO(Trauma From Occlusion)을 초래할 수도 있음을 유념해야 한다.

대구치에 비해 retainer의 피착면이 작은 소구치 부위의 rest seat 하방에는 반드시 vertical groove를 형성해 주어야 한다. Groove는 삽입로에 장애를 주지 않도록 하며 형성된 axial wall과 평행하게 살짝 찍어 위로 당기는 느낌으로 형성해 준다(그림 4-36). 0.4mm의 깊이로 3~4mm 정도의 길이가 되게 하는데, 이때 TR-122ff diamond bur가 유용하다.

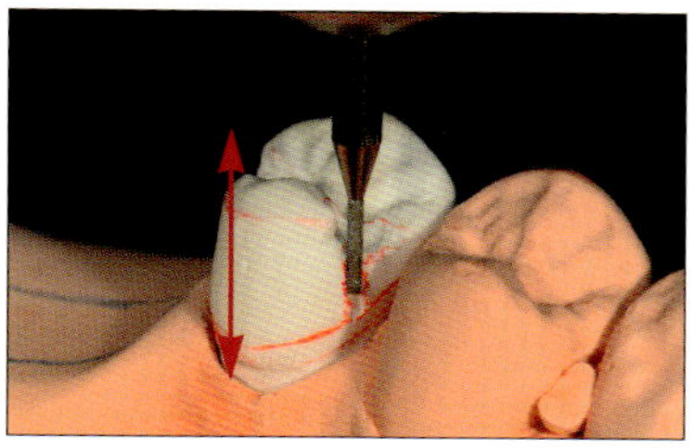

그림 4-36. 소구치의 vertical groove는 axial wall과 평행하게 형성하도록 한다.

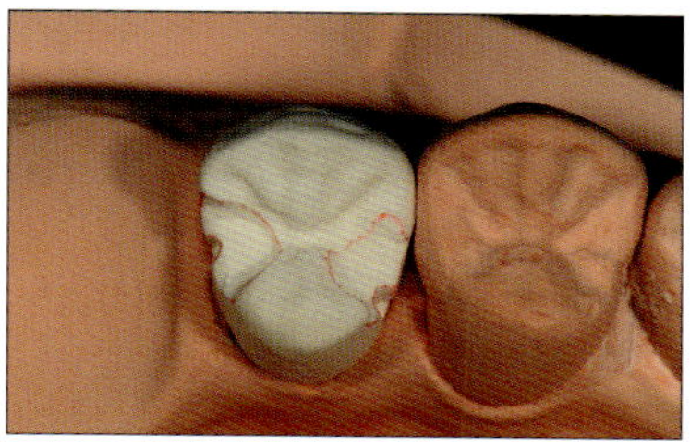

그림 4-37. 소구치의 치아형성이 완성된 모습이다. 인접면의 groove는 서로 평행해야 한다.

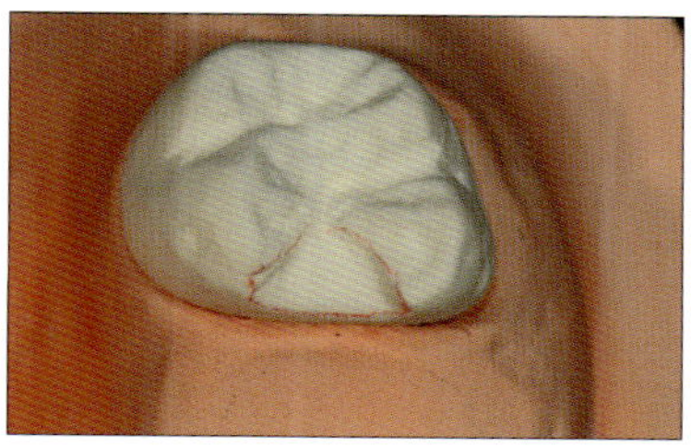

그림 4-38. 대구치의 치아형성이 완성된 모습이다. vertical groove는 형성하지 않았다.

최소삭제로 피착면을 증가시키는 것과 vertical groove는 상충하는 경우가 많기 때문에 일반적으로 대구치에서는 vertical groove를 형성하지 않는다. 대구치 부위에서 vertical groove의 형성은 기술적으로 난이도가 높다. 잘 형성하면 유지력의 증가를 가져올 것이다. 그림 4-37, 그림 4-38은 치아형성이 완성된 구치부의 모습의 일례이다. 그림 4-39, 그림 4-40은 구치부 치아형성의 또 다른 증례들이다.

Chapter 4

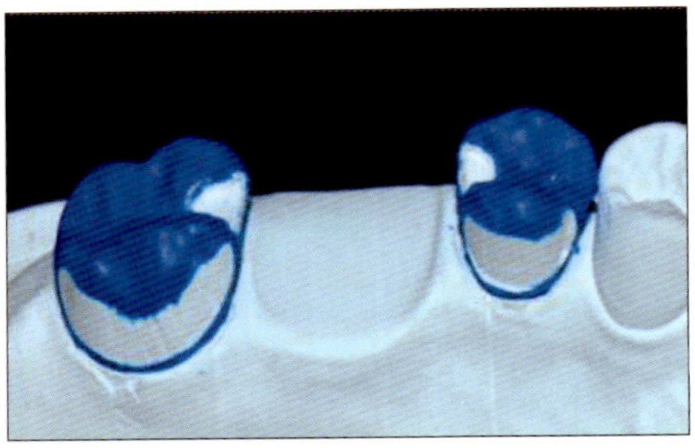

그림 4-39. 구치부의 치아형성이 완성된 대비 모습이다. 최소한의 치질 삭제를 하였다. 소구치의 mesial groove는 생략되었고 2개의 vertical groove가 형성되었다.

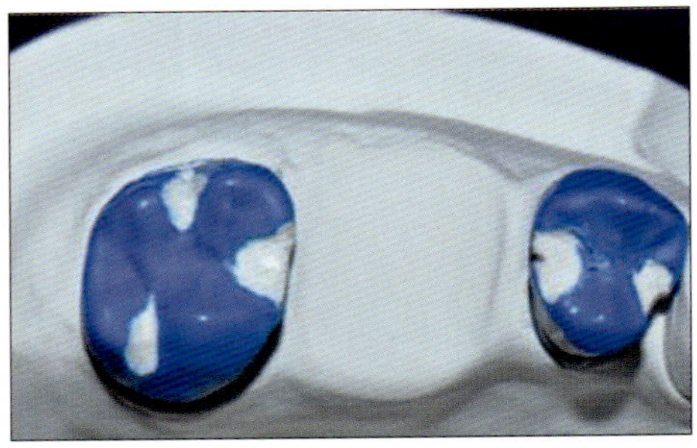

그림 4-40. 대구치의 buccal and lingual groove 위에 occlusal stopper가 형성되었다.

AO-Guide를 이용한 Axis Oriented Reduction

AO Bridge의 시술 중 각 abutment의 vertical grooves를 삽입로에 일치시켜 서로 평행하게 형성하는 것은 유지력의 증대에 중요한 역할을 하게 되는데, 이는 숙련된 치과의사라 하더라도 쉽지 않은 일이라 생각된다.

근심면과 원심면의 두 개의 vertical grooves의 평행을 보다 용이하게 일치시킬 수 있는 AO-Guide가 개발되었다. 그림 4-41의 투시도에서 male guide는 일차적으로 형성한 치아의 groove에 끼울 수 있는 돌출부이고, female guide는 male guide가 끼워져 있는 groove에 평행하게 홈이 파여져 있어 이 홈을 따라 TR-122ff bur를 위치시켜 두번째 groove를 형성할 수 있게 해주는 것이다. Female guide는 수평이동판을 따라 groove 간의 거리를 조절할 수 있고, 조절나사는 수평이동판을 원하는 위치에 고정하는 조임도구이다.

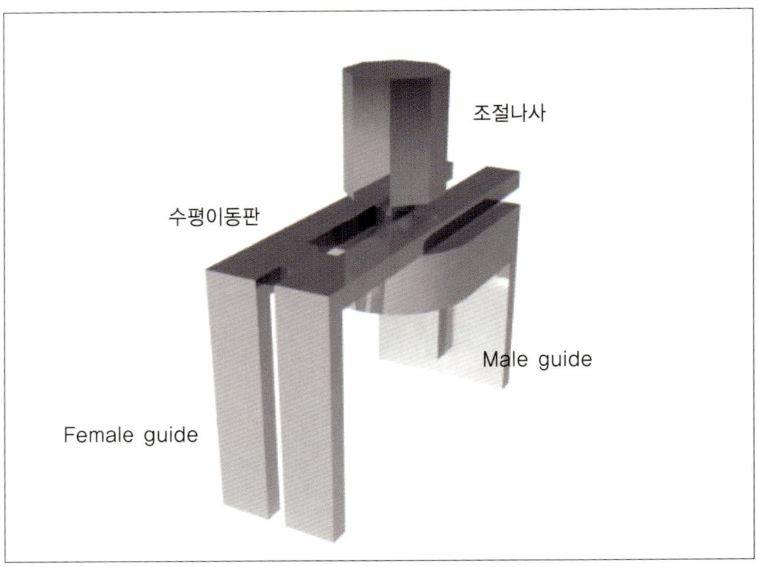

그림 4-41. Perspective view of AO Guide

그림 4-42는 AO Guide를 이용해서 mesial and distal groove 간의 평행을 일치시키는 방법에 대해 간략히 설명한 모식도이다. AO Bridge의 abutment의 axial wall 형성한 후(1)에 삽입로에 맞춰 무치악 인접면에 vertical groove를 형성한다(2,3). AO Guide의 male guide를 형성한 vertical groove에 끼워 넣고 조절나사를 풀어 주면 수평이동판이 움직이게 된다(4). Female guide가 치아면에 닿도록 수평이동판을 당기고 조절나사를 잠궈 주면 AO Guide가 고정되게 될 것이다(5). TR-122ff bur를 female guide의 홈에 위치시키고 가볍게 touch시킨다(7). 이렇게 하면 근심면과 원심면에 평행한 2개의 vertical groove가 형성되는 것이다(그림 8).

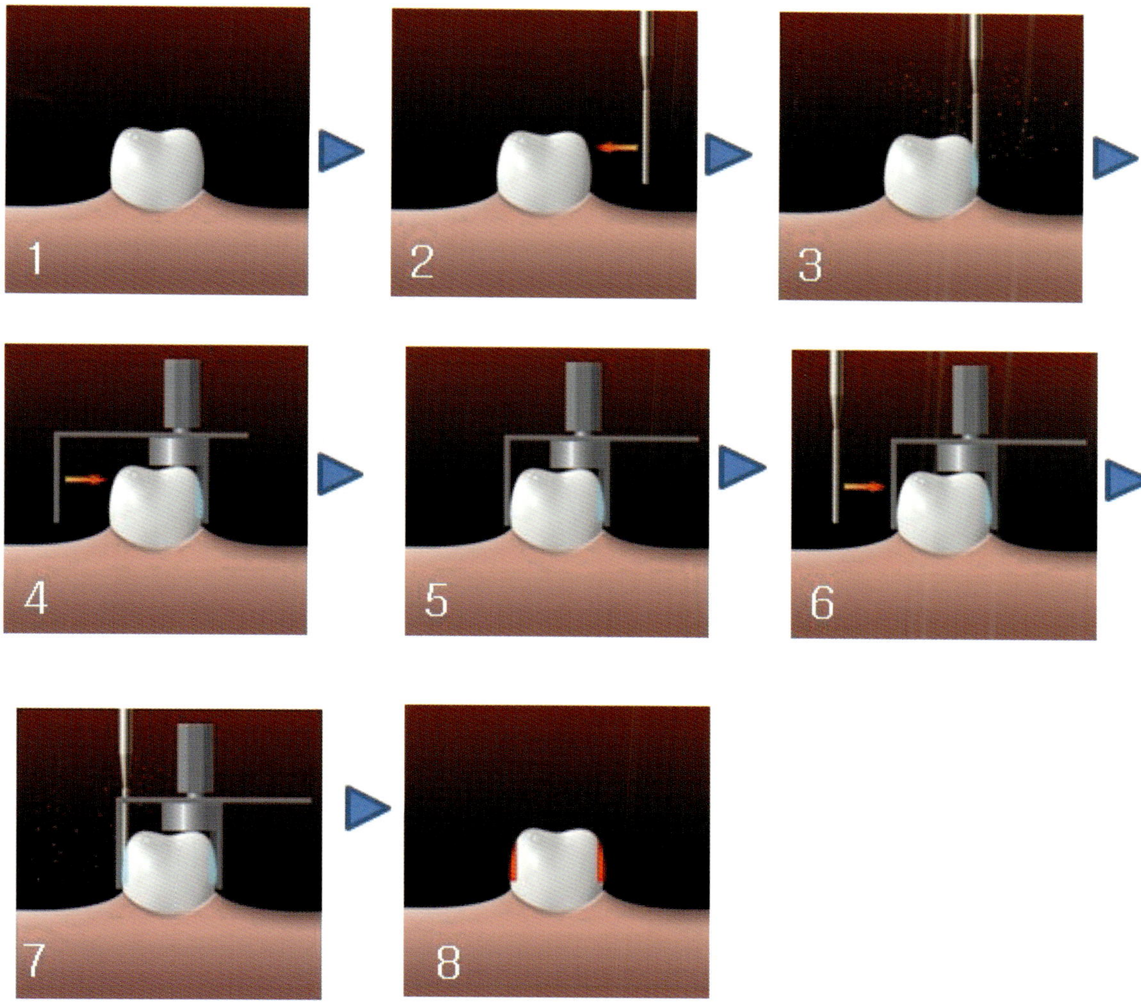

그림 4-42. AO Guide를 이용한 groove 형성 순서도

AO Bridge는 가능하면 enamel에 국한된 최소삭제를 지향한다.

2개 이상의 지대치가 splint형태로 연결하지 않는 한 각 지대치의 고유한 해부학적 형태가 retainer의 삽입로를 결정하고, 결정된 삽입로에 따라 인접면의 불규칙한 면을 매끄럽게 하는 정도로 smoothening한 후, 삽입로에 방해되는 협 · 설면의 undercut을 삭제하여 치은 상방 1~2㎜ 지점까지 최대풍융부(height of contour)를 낮춰 주는 것이 축벽 형성(preparation of axial wall)의 전부인 것이다. 대부분 축벽은 enamel layer 내에서 치아형성이 가능하다. Rest seat을 형성할 때 종종 dentin layer까지 침범하는 경우가 있는데 법랑질의 두께에 관한 고려가 필요할 것이다.

현재 각 치아별 법랑질 두께에 대한 연구가 부족하여 전체 치아에 대한 자료는 없는 실정이다. Enamel thickness는 인류 종족에 따라 다르고, 구강 기능 시 교모(attrition) 등으로 인해 연령에 따라 달라지므로 환자의 상태에 따라 감별하여야 할 것이다.

아래 제시한 상악 중절치 및 측절치의 enamel thickness는 도표(표 4-1)는 aging에 따른 교모를 고려하지 않은 상태의 것이다.

표 4-1. Enamel thickness on the each measurement site(unit: ㎜)

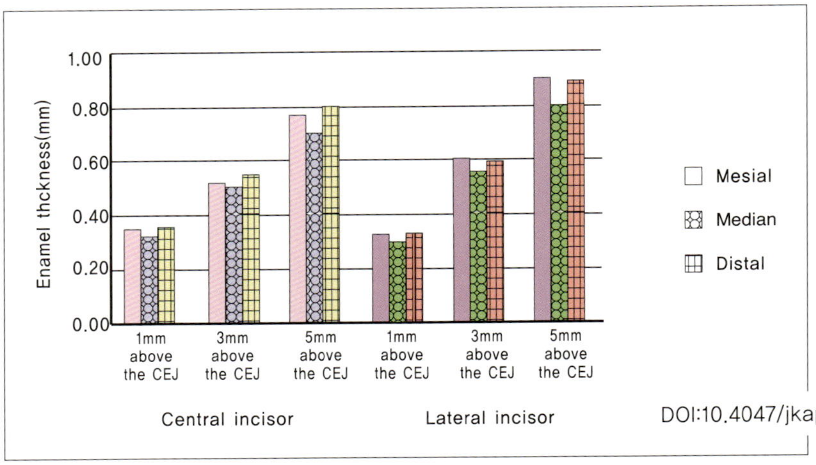

DOI:10.4047/jkap.2010.48.4.301 에서 인용

상악 중절치, 측절치 모두 CEJ 상방 1㎜ 부위는 enamel이 0.4㎜ 보다 작으므로 vertical groove가 치은측으로 깊게 내려 가지 않도록 유념해야 할 것이다. 일반적으로 CEJ의 상방 3㎜ 이상의 AO Bridge를 위한 치아형성은 enamel layer 내에서 가능하리라 여겨진다.

하악 중절치 및 하악 측절치의 enamel thickness는 Lateral Incisor가 Central Incisor보다 두꺼우며 distal surface가 mesial surface 보다 두껍다고 알려져 있다.

Central Incisor는 0.71~0.72㎜(SD=0.10)이며, lateral Incisor는 0.79~0.81㎜(SD=0.11)의 enamel thickness를 보인다 한다.

하악 절치에 있어서는 axial wall과 vertical groove의 삭제양의 합이 0.7㎜가 넘지 않도록 주의해야 할 것이다.

상악 제1 소구치에서 각 부위별 enamel thickness가 표 4-2에 나와 있다. 표 4-3은 하악 대구치에서의 각 부위에 따른 enamel thickness이다.

표 4-2. Thickness of enamel in 1st upper premolar

Buccal cusp	1.42mm	Lingual cusp	1.92mm
Occlusal surface in buccal	1.21mm	Occlusal surface in lingual	1.23mm
Occlusal surface in mesial marginal ridge	0.94mm	Occlusal surface in distal marginal ridge	0.93mm
1mm above CEJ on buccal surface	0.40mm	1mm above CEJ on lingual surface	0.51mm
1mm above CEJ on mesial surface	0.46mm	1mm above CEJ on distal surface	0.47mm
2mm above CEJ on buccal surface	0.67mm	2mm above CEJ on lingual surface	0.89mm
2mm above CEJ on mesial surface	0.82mm	2mm above CEJ on distal surface	0.93mm

Mean of 36 premolars "KPA 2001"

표 4-3 Descriptive statistics of enamel thickness measurements (mm) of modern human mandibular molars[a]

Measurement	M^1	M^2	M^3	H	p
LCT					
Mean	1.77	1.80	1.81	0.202	0.904
SD	0.48	0.32	0.39		
N	9	13	7		
BCT					
Mean	1.98	2.05	2.26	0.942	0.625
SD	0.74	0.49	0.61		
N	9	13	7		
LOB					
Mean	1.53	1.55	1.59	0.083	0.959
SD	0.34	0.31	0.34		
N	9	13	7		
BOB					
Mean	1.91	1.81	1.96	0.742	0.689
SD	0.55	0.44	0.51		
N	9	13	7		

[a] Results of Kruskal-Wallis and probability values are also listed. Abbreviations: LCT, metaconid tip; BCT, protoconid tip; LOB, buccal slope of metaconid; BOB, lingual slope of protoconid.

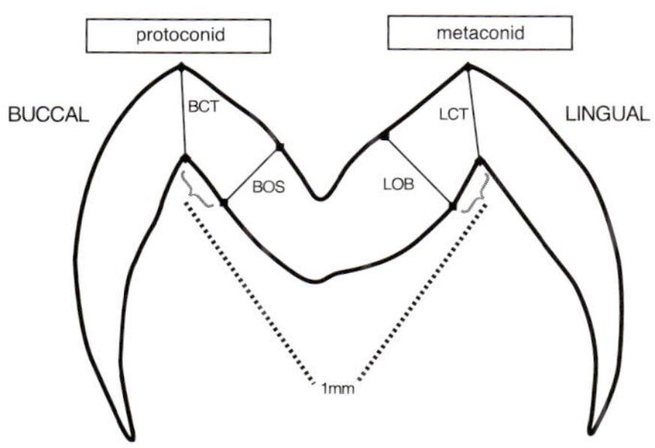

Gary T. Schwart: Enamel thickness and helicodial wear plane in modern human mandibular molars, Arch. Oral Biology 45 (2000) 401-409.

Chapter 4

쉬어 가는 페이지 ‹‹‹ TIPs for CEMENTATION

1면이 개방되어 있는 full-veneered crown과 달리 AO Bridge의 retainer는 3면이 개방되어 있는 형태를 갖고 있다.이런 종류의 장치를 치아에 접착시키는 과정에서 치아와의 틈을 cement가 완전히 채우지 못하는 부위가 있을 수 있다는 점에 주의를 해야 한다. 2면이 개방되어 있는 교정용 밴드에 있어서도 장착 후 치경부 측과 교합면 측의 margin 부위의 85%에서 시멘트가 결함되어 있었다는 Diedrich et al.의 보고도 있었다. 접착용 시멘트의 결함 부위는 시멘트를 밴드 내면에만 도포했을 때 가장 많이 나타났고, 교합면 측 보다는 치경부 측에서 더 많이 관찰 되었다.

Radlunski 등에 의하면 교정용 밴드와 치아의 계면에서 시멘트의 결함부가 전혀 없을 수는 없고, 상악 구치부에서는 근심면, 하악 구치부에서는 원심면이 가장 불량하다고 보고했다.

3-pieces prosthesis인 AO Bridge를 레진시멘트의 working time 내에 잘 접착하기가 쉬운 일만은 아니고, 치아와 유지장치 사이의 틈새를 cement로 완전히 채우지 못해 조기 실패를 경험하기도 한다. Retainer가 부착될 치아 피착면에 cement를 충분히 도포한 후 retainer에 cement를 채워 접착을 하는 것도 좋은 방법이고, 장갑을 낀 손가락을 retainer의 윗부분에 놓아 retainer가 치아에 위치될 때 시멘트가 치은 쪽으로 밀려 나오게 하는 방법도 시도 해 보지만 retainer의 윗부분을 손가락으로 완전히 밀폐하는 것은 교정용 밴드에서 보다 더 불가능 하다.

Scotch tape을 이용하여 3면 개방 수복물을 1~2면 개방 수복물로 변경시켜 retainer의 접착 시 시멘트가 교합면 쪽으로 밀려 올라오는 것을 줄여 치경부 측에서의 cement 결함을 줄이는 방법을 소개한다.

Scotch tape 중에서 "초강력 양면 접착 테이프"를 구입하여, (그림 1)과 같이 접착테이프 끼리 붙여 손잡이를 만들고 나머지 접착테이프를 이용하여 유지부를 밀착시킨다. 이때 개방된 외측면에서 테이프를 구부려 전체적으로 full-veneered crown의 외형이 되게 해준다. 설면만 감싸는 retaine는 (그림 2)와 같이 2면 개방형으로 만들 수 있다. 어쨌든 개방된 면을 줄여 접착 해 주는 것이 tip이다. 피착될 치아면에 시멘트를 먼저 도포하고, retainer를 (그림 3)처럼 접착하는데, 소구치 부위 먼저 접착하고, 소구치부 테이프 제거 한 후 대구치 부위를 접착한다. 어느 부위 먼저 하든 다른 부위 하기 전에 테이프를 제거하고 접착한다. 두껍고 접착력이 강한 테이프를 사용하는 것이 좋다.

그림 1. 대구치 부위

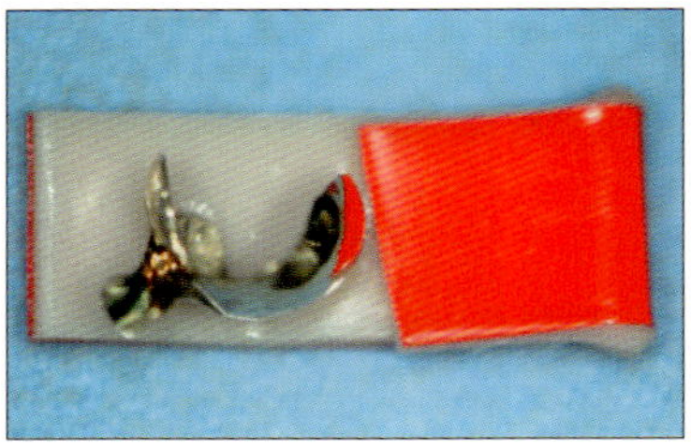
그림 2. 소구치 부위

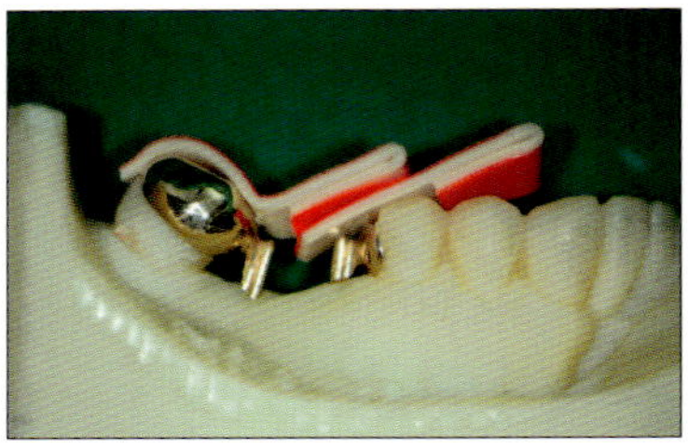
그림 3. 하나의 치아 접착 후 테이프 제거하고 다른 치아 접착

Chapter 5

Customized Procedure on Demands

Chapter 5. Customized Procedure on Demands

1. AO Bridge with Tilted Abutment

상실된 제1 대구치를 장기간 방치하여 제2 대구치가 근심 경사되어 있는 case를 임상에서 많이 접하게 되는데, full crown을 이용한 보철물로 수복시키기에 곤란한 경우가 많다. 삽입로를 맞추기 위해 지대치를 과도하게 삭제하여 근관치료(endodontic treatment)를 해야 하는 경우도 있다. AO bridge의 장점 중의 하나는, 이러한 지대치를 갖는 보철물 수복 시에도 여전히 최소침습적 개념을 가지고 치료에 임할 수 있다는 것이다. 처음 AO bridge에 접하는 임상가에게 우선 추천하는 구치부 case가 될 것이다.

하악 우측 제1 대구치 상실 case로 AO bridge 시술 과정을 살펴본다. 시술 전의 모델 사진(그림 5-1-1, 그림 5-1-3)을 보면 제2 대구치의 근심, 설측 경사가 많은 편이다.

동일 모델의 AO bridge를 위한 치아 형성이 완성된 그림(그림 5-1-2, 그림 5-1-4)과 시술 전의 모델을 비교해 보면 AO bridge의 삭제양이 기존의 fixed bridge와는 현저히 적다는 점을 알 수 있는데, AO bridge는 양측 지대치의 삽입로가 서로 다른 정도가 클수록 기존의 어떤 보철물 보다 최소한의 삭제로 기능적인 보철물을 제공할 수 있는 것이다.

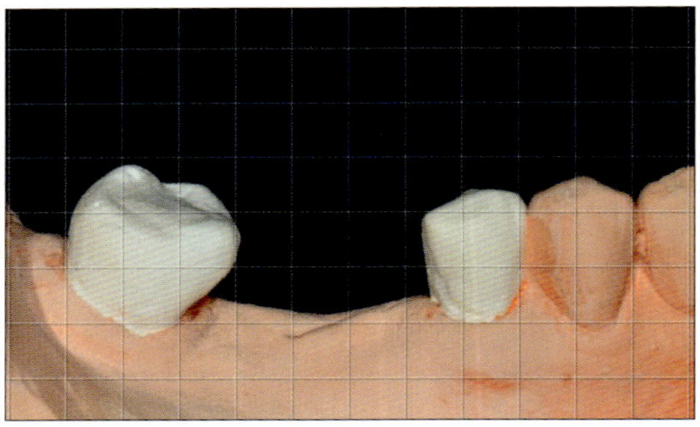

그림 5-1-1. Pre-op Buccal view
대구치의 근원심의 폭경의 1/3 이상 근심경사 되어 있음을 알 수 있다. Full veneer fixed bridge를 이용해 수복해 줄 경우 제2대구치의 과도한 치질 삭제가 염려되는 case이다.

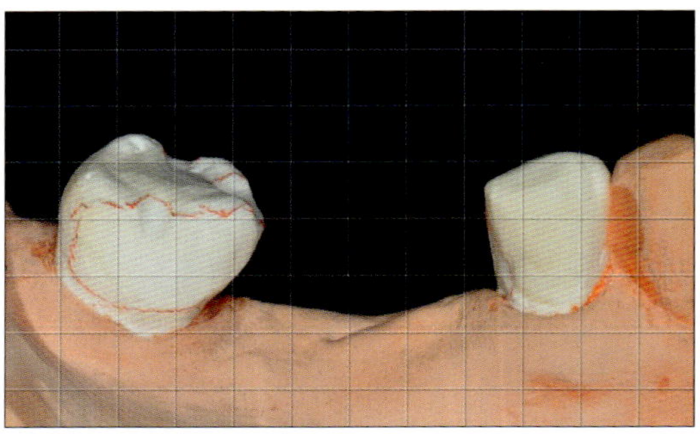

그림 5-1-2. post- op Buccal view
AO bridge를 위한 치아형성이 완성된 상태의 지대치의 buccal view이다. buccal surface의 최대풍융부를 cervical direction으로 내리기 위한 axial prep이 행해졌다. 삭제는 enamel에 한정되어 있다.

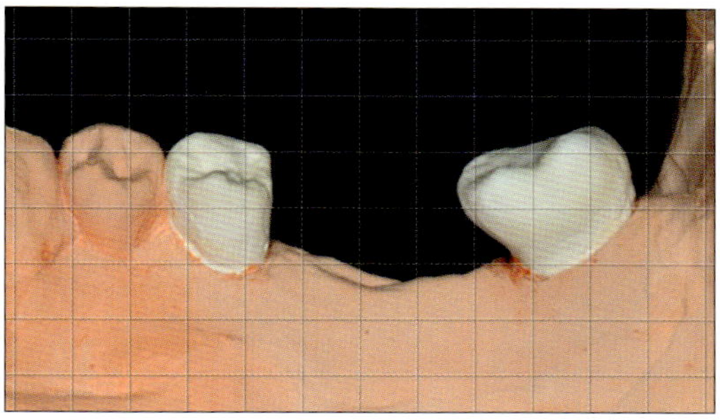

그림 5-1-3. Pre-op lingual view
시술 전의 설면측 사진이다.

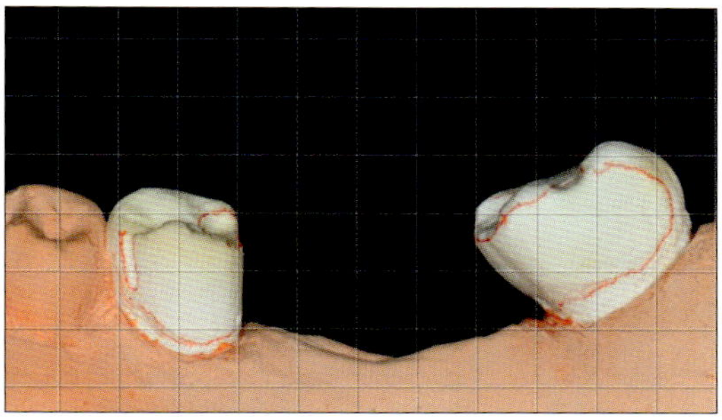

그림 5-1-4. Post-op. lingual view
제2소구치의 mesial vertical groove와 distal occlusal rest seat, axial wall이 형성되었고, 제2대구치에서는 mesial rest seat과 axial wall이 형성되었지만 삭제양은 enameloplasty에 그친다.

AO bridge의 디자인에서 제일 중요한 점은 피착금속면을 최대로 하면서 치질 삭제를 최소로 할 수 있는 삽입로(path of insertion)를 결정해 두는 것인데, 이를 위하여 치아 장축에 평행되게 0-tilted된 상태에서 surveying해 보는 작업이 필요하다(그림 5-1-5).

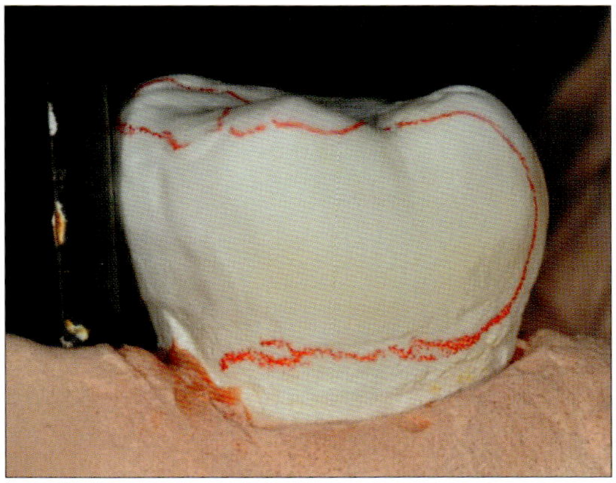

그림 5-1-5. 삽입로 결정
Retainer의 outline이 정해지면 각 치아의 경사도에 관계없이 0-tilted된 상태에서 입접면부터 surveyer의 pararelling tool을 적용시켜 본다. 인접면, 협면, 설면 어느 한 부위에 삭제가 많아지는 삽입로는 피해야 한다. 인접면의 삭제를 그 중에서도 최소로 하는 것이 pontic의 해부학적 형태 회복에 유리하다.

결정된 삽입로에 따라 pararelling tool을 협면과 설면으로 평행하게 이동하여 survey line을 표시한다(그림 5-1-6~7). 이 때 표시된 survey line은 결정된 path of insertion에서의 최대풍융부가 되며, 디자인된 retainer의 피개를 위해 삭제되어야 할 enamel 부분을 예측할 수 있게 한다.

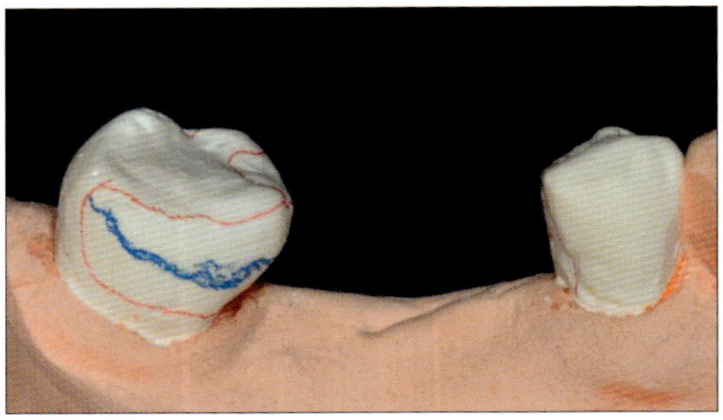

그림 5-1-6. Buccal view
디자인 후 삽입로에 따라 survey line (blue line)이 그려진다. 디자인된 retainer는 red line까지 연장되어 있다.

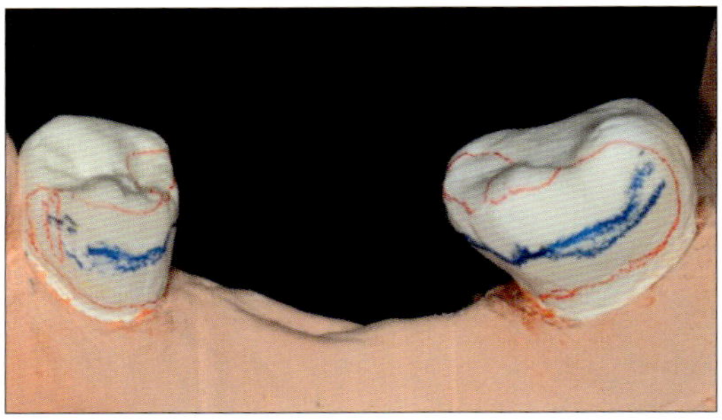

그림 5-1-7. Lingual view
Outline 디자인 후 survey line을 그려 보면 삭제되어야 할 부분을 짐작할 수 있다. Study model에서 미리 형성해 보는 이런 작업이 실제 환자에서 시술 시 오차를 줄여줄 것이다.

치아형성 순서는 ① 축벽 형성 (그림 5-1-8~9) ② Occlusal rest seat 형성(그림 5-1-10~11) ③ Vertical groove 형성(그림 5-1-12~13)의 순서로 하는 것이 좋다. 축벽형성 후에 groove를 형성해야 더 명확하고, depth를 확보할 수 있게 된다.

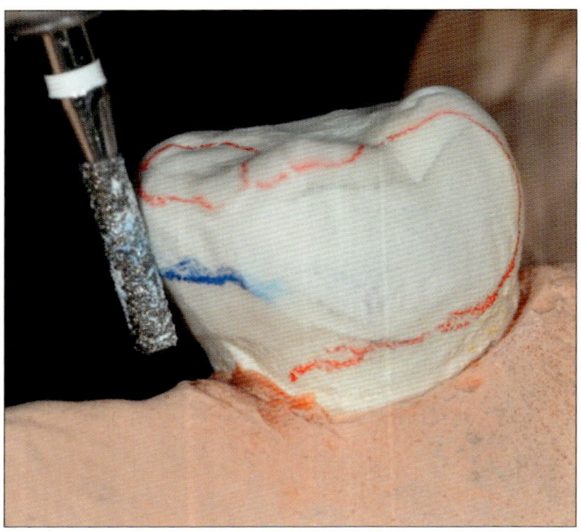

그림 5-1-8. 축벽 형성
모델에서 계획한 삽입로로 맞춰 인접면의 최대풍융부를 smoothening하는 느낌으로 enameloplasty한다. 인접면의 bur의 기울기를 그대로 유지한 채 협면, 설면으로 이동하면서 협면 축벽, 설면 축벽 형성을 한다.

축벽 형성 후에는 인접면 경사와 협면, 설면의 경사도를 구강 내에 들어 가는 작은 size의 caliper로 확인해 볼 수도 있다(그림 5-1-9). Marking pencil로 margin을 marking하고 mouth mirror를 통해 협면과 설면의 margin이 동시에 보이는지 확인해 보는 것도 좋은 방법이다. Caliper로 협 · 설면에 갖다대어 확인 하는 것은 Caliper의 tip이 cervical margin까지 내려가 닿고 있는지를 알아 보는 것이다. Caliper면이 균일하게 닿아야 하는 것은 아니다.

협면과 설면의 축벽이 서로 평행하여 0° degree가 되도록 치아형성 해야 하는 것을 의미하지는 않는다는 사실을 유념해야 한다.

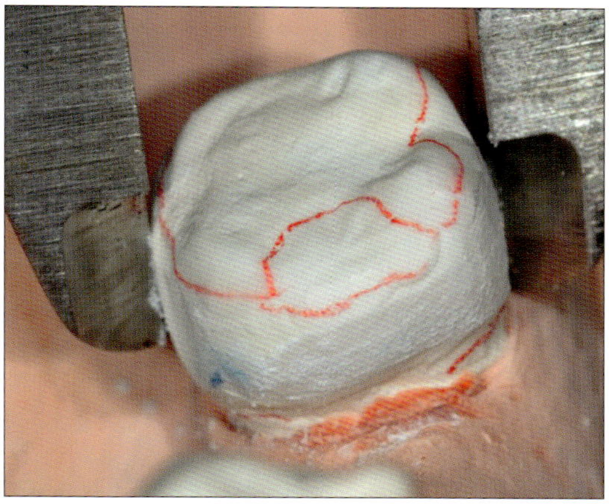

그림 5-1-9. Caliper로 협면과 설면의 경사도를 확인해 보고 있다.
Caliper를 조절하여 협면과 설면에 접근시켜면서, undercut이 잘 삭제되었는지 확인해 보고 있다. 원하는 치은연까지 caliper의 양 끝이 동시에 닿으면 그 부분까지 undercut이 없다는 것을 의미한다.

Rest seat 형성은 axial wall prep(그림 5-1-10)시에 형성한 각도와 동일하거나 보다 둔각이 되도록 형성해야 한다. 이는 RBFPD의 intra-coronal extension시의 원칙과 동일하다. rest와 인접면의 line angle에는 45° bevel을 형성해 준다(그림 5-1-11).

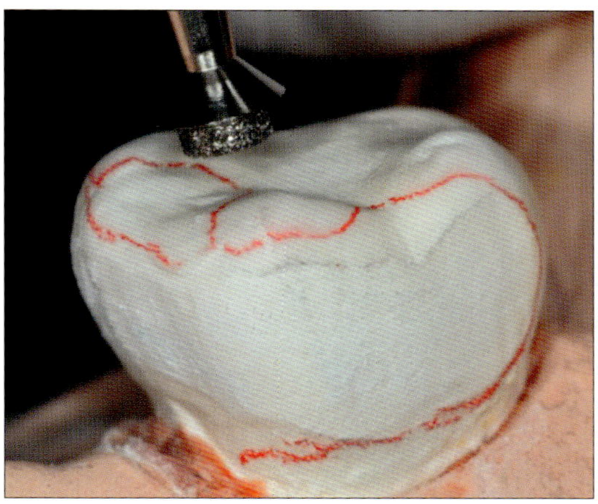

그림 5-1-10. 교합면 rest seat 형성
교합면 rest seat을 형성하기 위해 특별히 제작된 bur(TR121f). 0.6㎜ depth에 stopper가 있는 bur이다.

Chapter 5

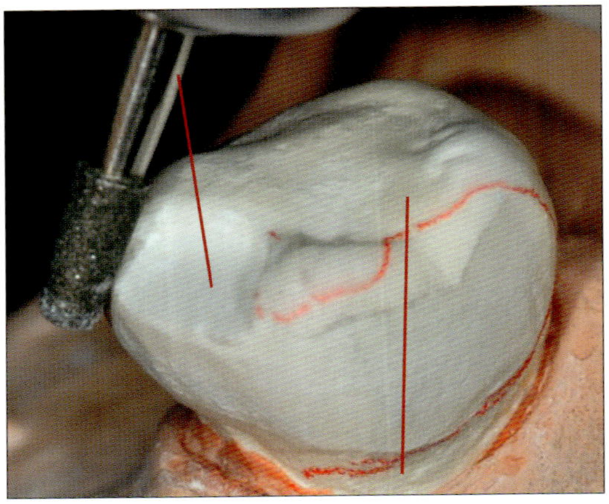

그림 5-1-11. Bevel형성
Rest seat 형성 후 bevel을 주고 있다. Rest seat의 축벽이 axial wall의 형성 각도보다 교합면측에 둔각이 되어 있다. Inlay type의 치관내연장(intracoronal extension)을 할 경우에도 이 원칙은 지켜져야 한다.

Occlusal stopper(그림 5-1-12)는 수직적 교합력에 대한 저항에 도움을 주기 위해서 형성하며 0.3mm~0.5mm 정도의 depth를 확보해야 한다. Occlusal stopper를 형성하지 않고, 교합면의 linual groove 위에 retainer를 올려 놓는 것은 치아의 교합면의 생리적인 functional space를 제한시켜 TFO를 야기할 수도 있으므로 주의해야 한다. 교합되지 않는 축벽에는 치질의 삭제 없이도 metal coverage를 연장할 수 있으나, 교합면 측에는 치질의 삭제없이 유지부를 연장하면 TFO(Trauma from Occlusion)을 야기할 수 있음을 상기해야 한다.

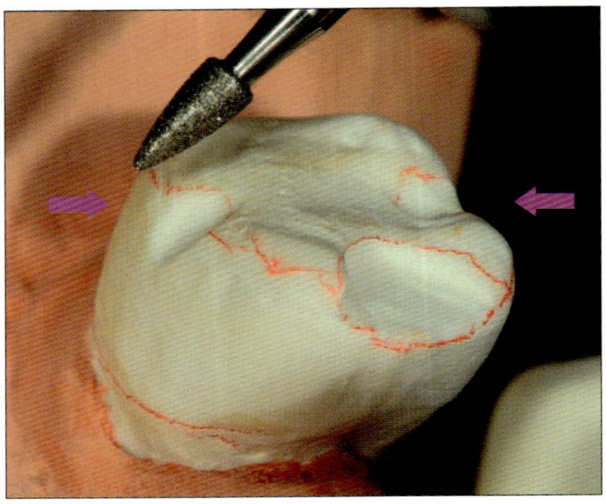

그림 5-1-12. Occlusal stopper
Occlusal stopper를 형성하는데는 CR-11F bur가편리하게 사용될 수 있다. 삼각형 형태의 bur를 찍는 듯한 action으로 형성할 수 있다(그림의 화살표 부위).

대구치와 소구치의 occlusal rest seat은 그 크기에 따른 변화 외에 다른 것은 모두 동일한 원칙에 따라 형성하게 된다. Vertical groove는 retainer의 lateral movement에 저항하기 위하여, rest seat 하방을 따라 직경 0.4mm, 길이 3~4mm 정도로 형성하게 고안되었다. 협면과 설면이 축벽을 모두 피개하도록 설계된 대구치부에서는 clinical crown length(임상 치관 길이)가 짧은(4mm 이내) 경우가 아니라면 설계하지 않고 협측 연장이 제한된 소구치 부위에서 형성해 주는 것이 일반적이다. 이 case에서는 제2소구치의 distal rest seat and mesial rest seat 하방 axial wall에 두 개의 vertical grooves를 형성하기로 하였다(그림 5-1-13~14).

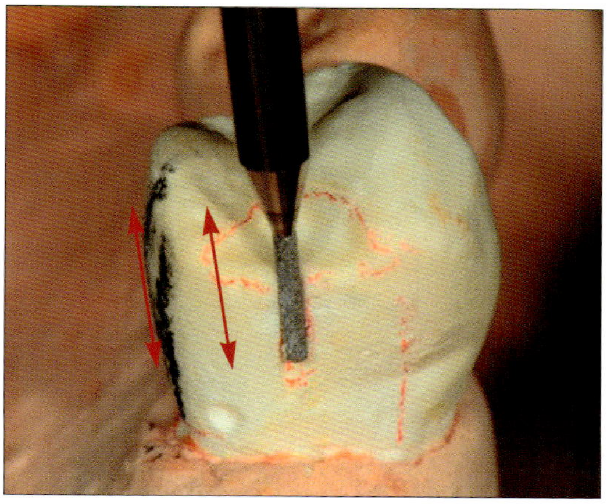

그림 5-1-13. TR122ff bur는 vertical groove 형성 전용 bur인데 직경 0.4㎜, length 4㎜로 제작되어 bur의 blade 만큼만 치관 속으로 들어가 삭제하면 원하는 깊이와 형태를 얻을 수 있게 고안되었다.Groove는 axila wall과 평행하게 형성한다(화살표 참고).

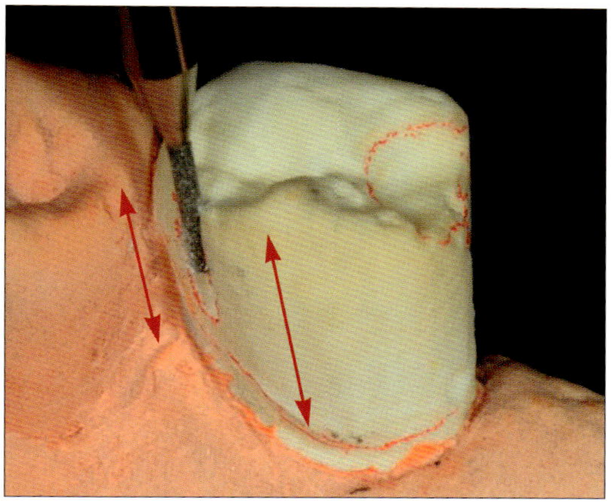

그림 5-1-14. Mesial vertical groove를 형성하고 있다. Distal groove와 평행하게 형성하도록 노력을 해야 한다. 서로 교합면측에서 보아 둔각을 이루게 되면 retainer의 삽입이 어렵게 되므로 서로 교합면측에서 예각을 이루거나 평행을 이루도록 형성해야 한다.

이 case에서는 제2 소구치에 lingual axial wall, mesial vertical groove(그림 5-1-15), 그리고 distal vertical groove, distal occlusal rest seat, distal axial wall(그림 5-1-16)을 형성하였고, 제2 대구치에 lingual, buccal and mesial axial wall, occlusal rest, 그리고 lingual and buccal occlusal stopper를 부가적으로 형성하였다(그림 5-1-17~18).

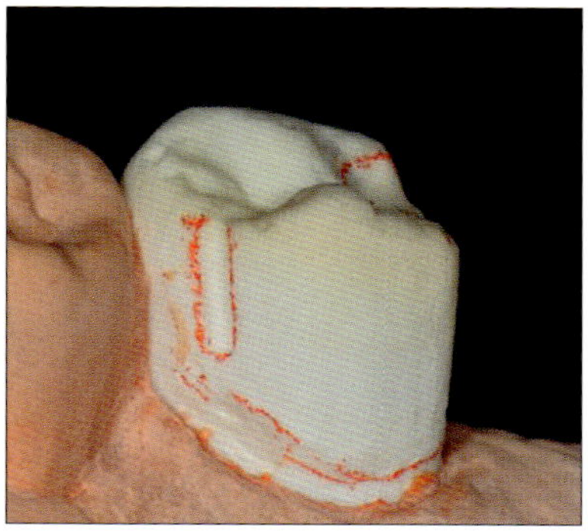

그림 5-1-15.
Mesio-lingual view of lower 2nd. premolar

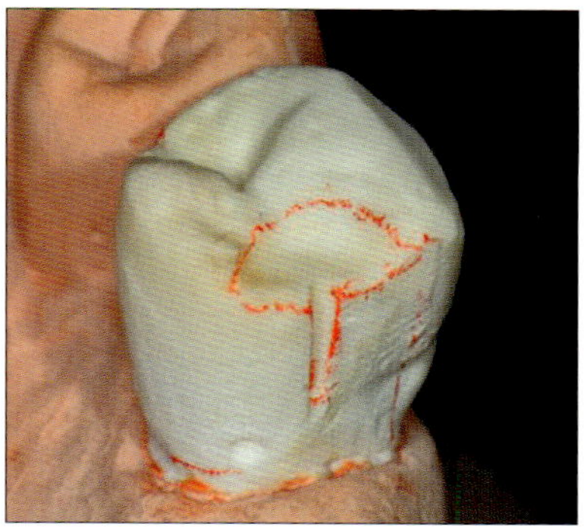

그림 5-1-16.
Distal view of lower 2nd. premolar

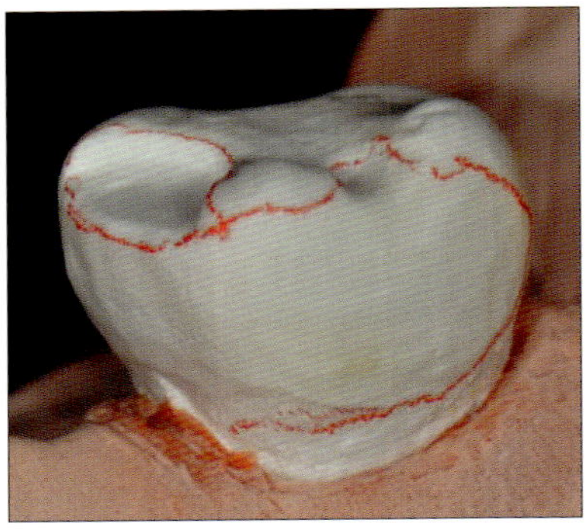

그림 5-1-17.
Lingual view of Lower 2nd molar

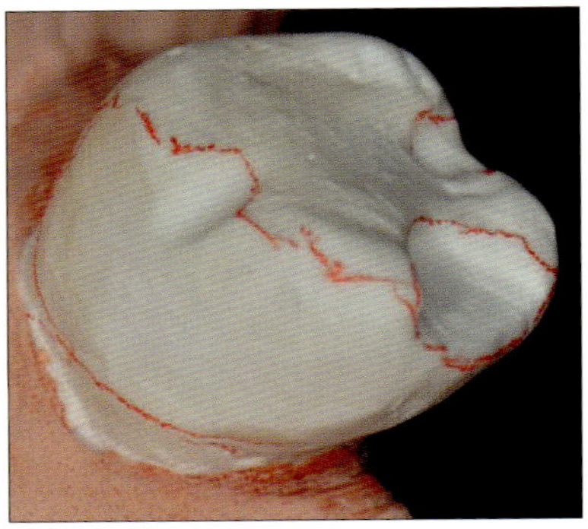

그림 5-1-18.
Buccal view of Lower 2nd molar

지금까지의 일련의 치아 형성 과정을 통해 완성된 AO bridge(그림 6-1-19~20)를 CAD/CAM 복제 모형에 장착시킨 그림(그림 5-1-21~24)에서 화살표 방향은 각 부분의 삽입 방향을 표시하고 있다.

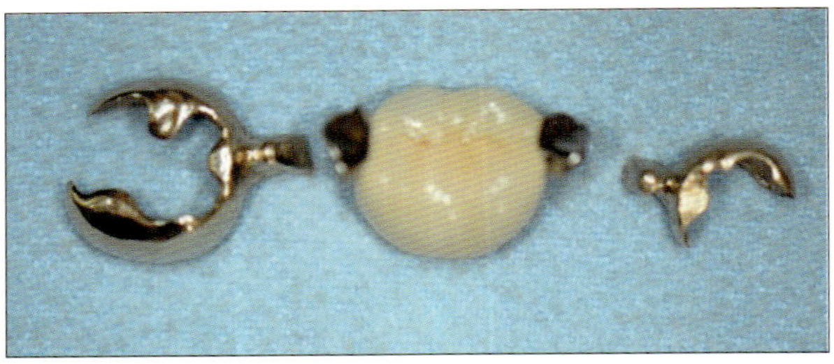

그림 5-1-19. 완성된 AO bridge를 위에서 본 사진

그림 5-1-20. 완성된 AO bridge를 밑면에서 본 사진

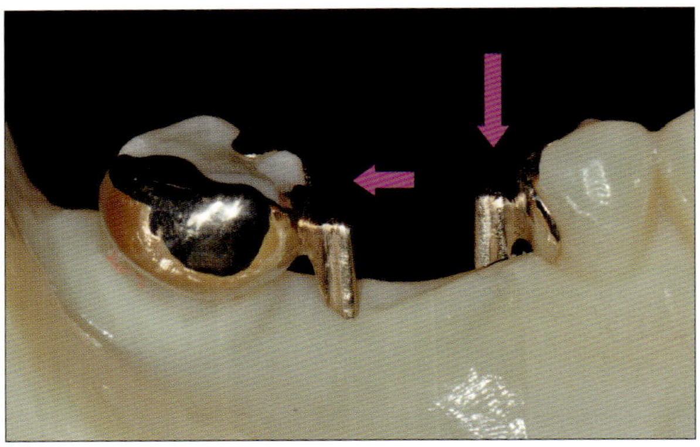

그림 5-1-21. Retainer가 장착된 협측 사진

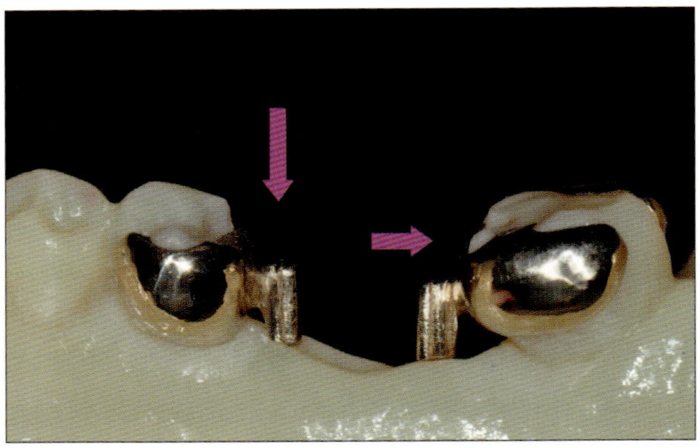

그림 5-1-22. Retainer가 장착된 설측 사진

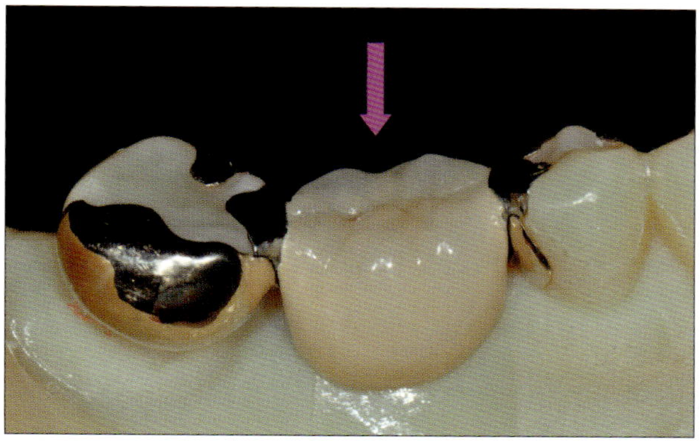

그림 5-1-23. Pontic이 setting된 협측 사진

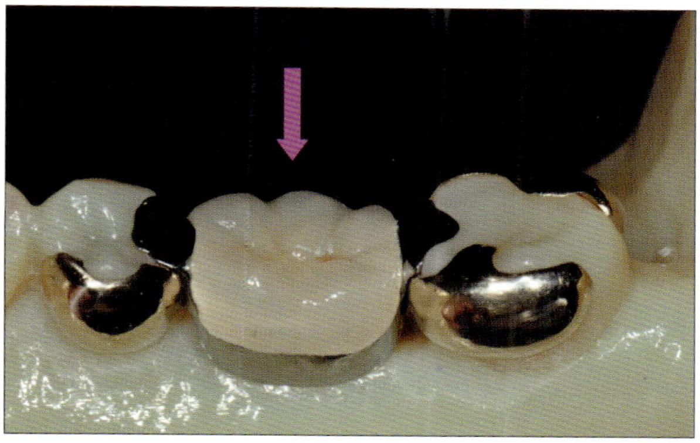

그림 5-1-24. Pontic이 setting된 설측 사진

대구치의 근심이동으로 심하게 tilting된 임상 case를 살펴보도록 하자.

만 57세의 여성 환자이다. 45, 46번 치아가 missing되어 있고 47번 치아가 심하게 근심 경사되어 open bite를 보인다(그림 5-1-25). 대합되는 치아는 14~16번까지 3 unit PFM bridge가 되어 있다.

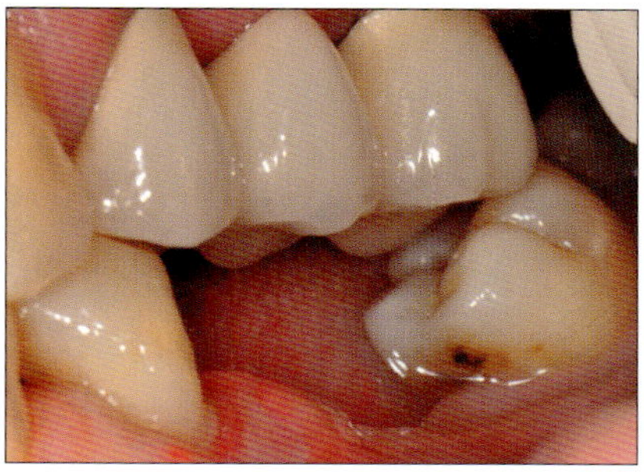

그림 5-1-25. 시술 전 협측 사진(mirror view)

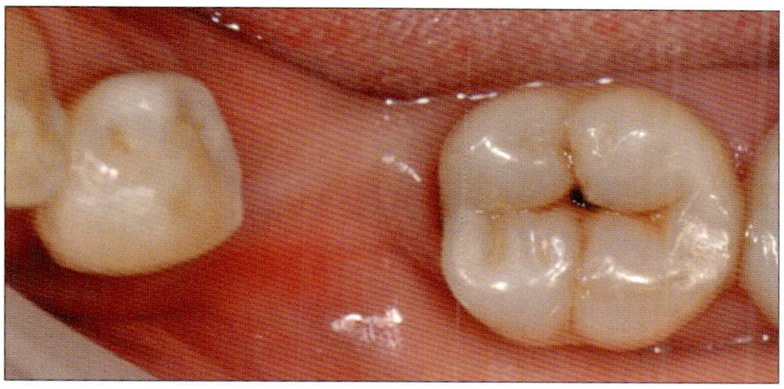

그림 5-1-26. 시술 전 교합면 사진(mirror view)

그림 5-1-25, 그림 5-1-26을 보면 47번 치아의 mesial and occlusal surface에 caries가 있다. Retainer의 피착부에 있는 caries는 치아 형성 시에 함께 제거해야 한다. 만약 dentin층까지 연장된 caries가 있다면 인상 채득(Impression taking) 전에 resin filling 해야 한다(그림 5-1-27). 노출된 dentin layer는 IDS (Immediate Dentin Sealing)를 하고, resin filling 해두는 것이 시술 후 sensitivity를 방지하고, 이후 보철물 접착시의 과정을 단순하게 해 줄 것이다.

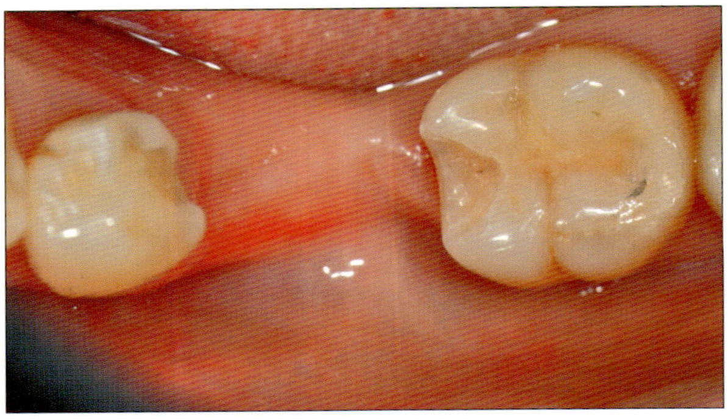

그림 5-1-27. Caries 제거 및 충전은 치아 형성과 동시에 하는 것을 권장한다. Retainer 하방에 caries를 남겨 놓는 것은 보철물의 실패를 가져올 것이고, 보철물 장착과 동시에 caries를 제거하고, dental cement로 채우고 retainer를 접착하면 cement의 중합 수축으로 인한 post-operative sensitivity의 원인이 되기도 한다.

제2 소구치에는 mesial and distal surface에 각각 rest seat과 vertical groove를 형성하였다. Mesial rest seat은 distal rest seat에 비해 얕지만, 명확한 vertical groove가 형성되어 있다(그림 5-1-28).

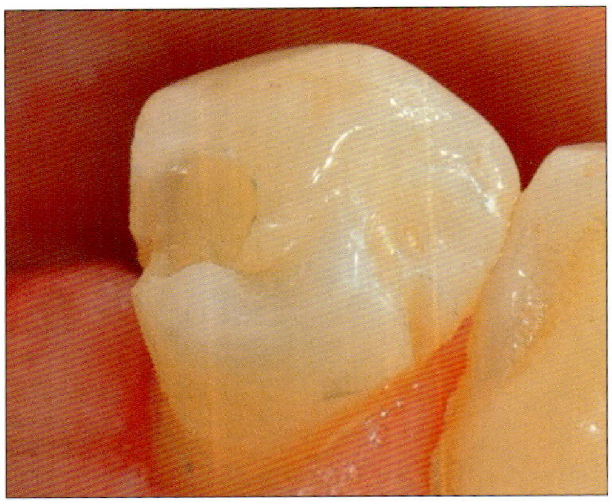

그림 5-1-28. 제2 소구치 치아형성

제2 대구치에는 occlusal rest seat with bevel을 형성하였다(그림 5-1-29).

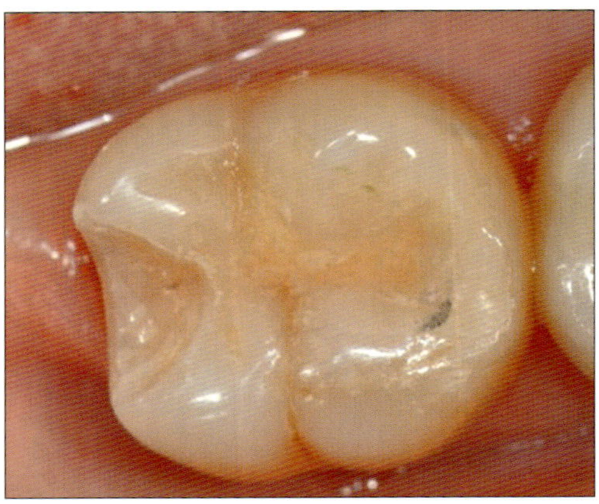

그림 5-1-29. Occlusal rest seat with bevel

Caries를 제거하고, 상아질을 IDS technique으로 sealing한 후 resin filling하였다. AO bridge를 위한 치아형성은 그 후에 하는 것이 원칙이다. Mesial shift로 open bite이 되어 버린 경우라 교합면의 일부를 피개시켜 교합을 회복시켜 줄 계획을 세운 이런 환자의 경우에는 보다 얇은 rest seat도 가능하다. 기공실에서는 master model(그림 5-1-30)에서 metal retainer를 제작하게 되는데, die는 특별한 경우가 아니면 제작하지 않는다. 일련의 기공 과정이 그림 5-1-31~36까지 순서 대로 간략히 기술되어 있다.

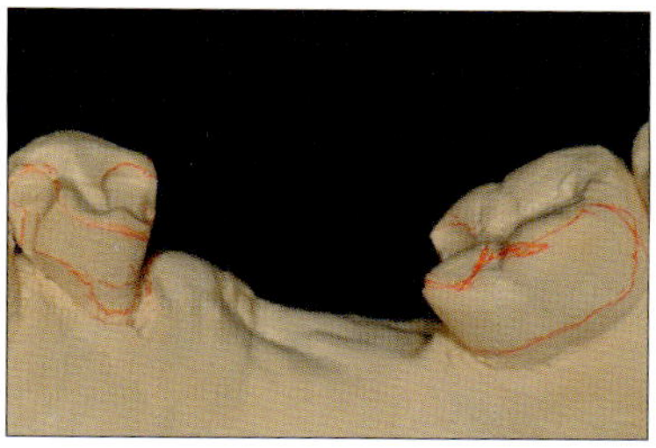

그림 5-1-30. Master model

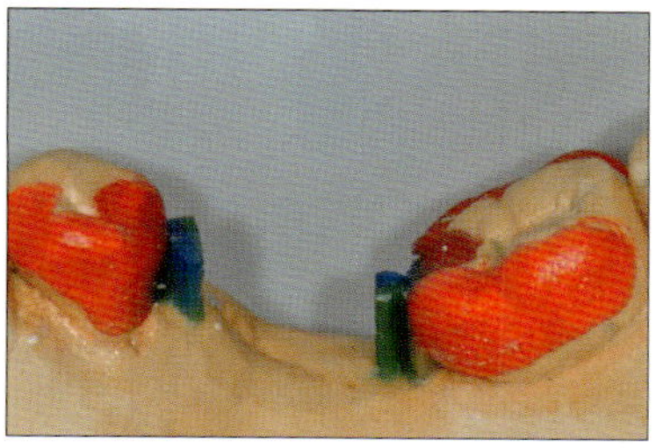

그림 5-1-31. Wax-pattern 제작그림

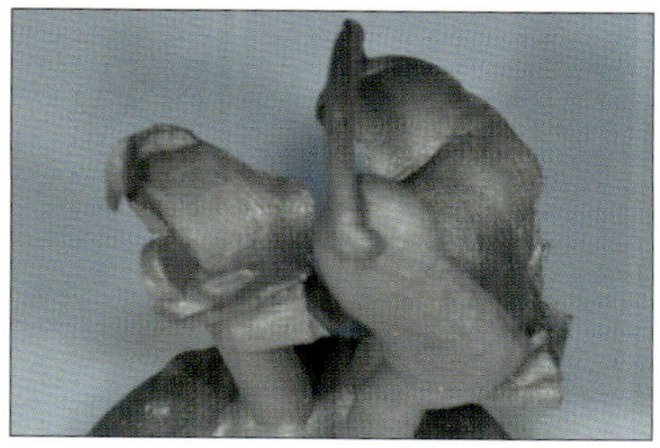

그림 5-1-32. Casting body

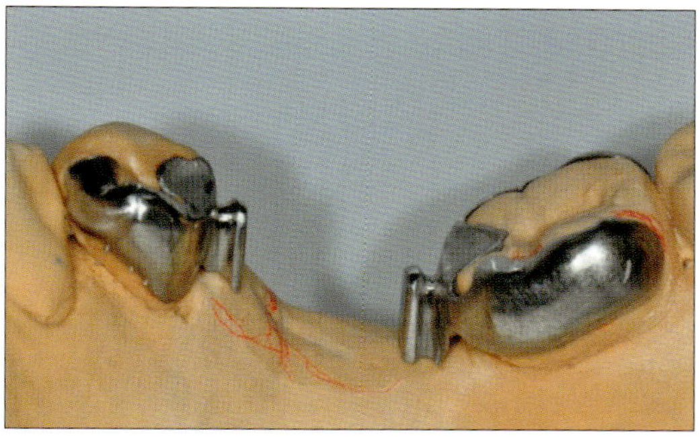

그림 5-1-33. Master model에 적합

그림 5-1-34. Pontic의 제작

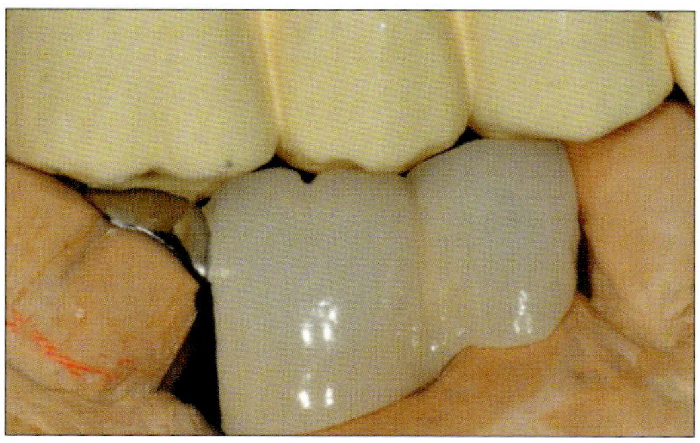

그림 5-1-35. 완성된 pontic

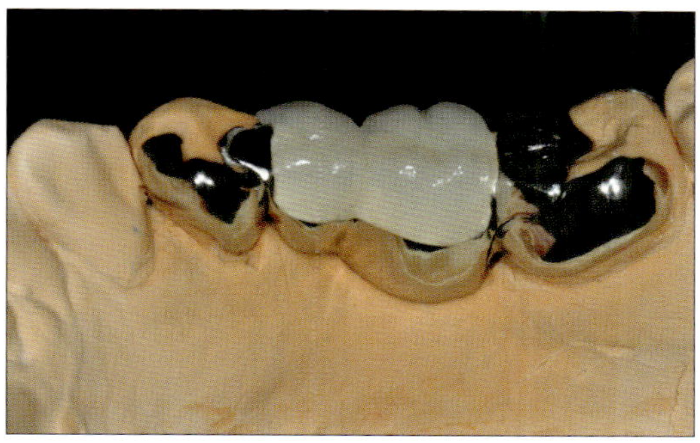

그림 5-1-36. 완성된 AO bridge

Pontic만 model 위에 올려 놓아 본 사진(그림 5-1-35)을 보면 open bite을 이루던 대구치의 교합면을 pontic의 occlusal rest를 연장시켜 대합치와 occlusal contact 되도록 하였음을 알 수 있다. 반면에 제2 대구치의 retainer의 occlusal rest를 연장하여 교합면을 형성해 줄 수도 있을 것이다. 교합면으로 연장된 금속 부분을 견고하게만 할 수 있다면 어느 것으로든 문제는 없을 거라 사료된다. 제작된 AO bridge를 환자의 구강 내에서 adapt하고 cementation하게 되는데, cementation하기 전에 30㎛ Rocatec soft (3M ESPE)로 blasting 하였다(그림 5-1-37).

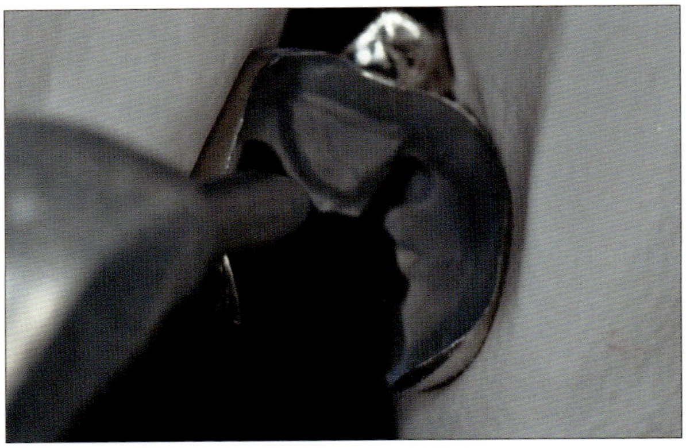

그림 5-1-37. Blasting with 30㎛ Rocatec Soft
Rocatec soft는 1cm거리에서 metal surface에 수직으로 15초 동안 분사시키는데, 표면이 암회색으로 변하게 된다. 일단 blasting 후에는 금속 처리면이 오염되지 않도록 주의하여 ESPE-Sil을 표면에 도포하고, 30초간 적용시킨다.

양측 지대치에 retainer를 먼저 cementation하고, pontic을 setting하는데, retainer의 cement가 경화하기 전에 pontic이 retainer에 장착되어 있어야 cement의 중합수축(polymerization shrinkage)에 따른 retainer와 pontic의 부적합을 방지할 수 있다. Pontic을 임시접착할 경우라면 water soluble vaseline으로 pontic의 female part를 채우고 retainer의 cement가 충분히 경화할 때까지 기다린 후 pontic을 분리시켜야 하며, pontic을 retainer와 동시에 접착하려 할 때 "working time of resin cement"의 부족으로 일어날 수 있는 접착 실패를 줄이는 데 도움이 된다. 또한 retainers의 잔존 시멘트가 보다 명확히 제거되었음을 확인할 수 있는 이점을 제공하기도 한다.

Pontic의 임시접착 시에는 female part에는 margin 부위에만 임시접착제를 발라야 한다.

임시접착제라도 가득 채워 setting하면, female part와 male part는 precision attatchment 처럼 temporary cement의 접착력만으로도 분리하기 어려울 수도 있다.

구강 내의 지대치에 장착된 사진(그림 5-1-38~39)에서 "retainers의 레진 시멘트가 working time 내에 있는 동안 pontic은 반드시 male part와 결합되어 있어야 한다"는 사실을 명심해야 한다.

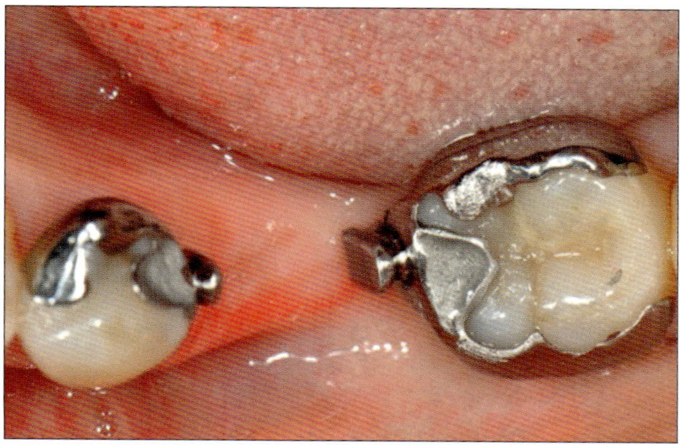

그림 5-1-38. Retainer가 먼저 장착되었다.

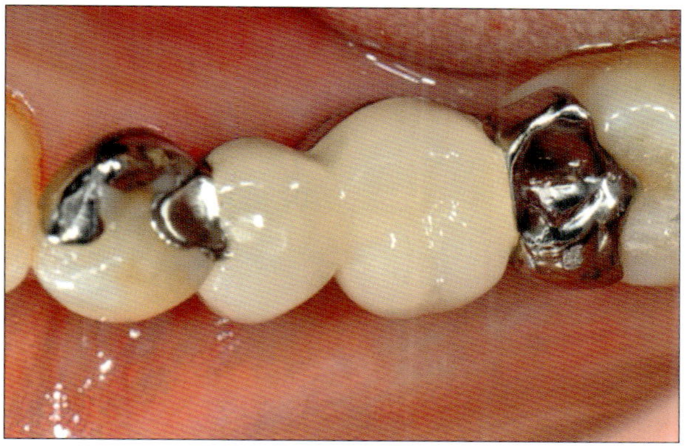

그림 5-1-39. Pontic을 결합시켰다.

Molar abutment의 tilting으로 무치악 부위가 매우 좁아진 case(그림 5-1-40~41)를 살펴 보자.

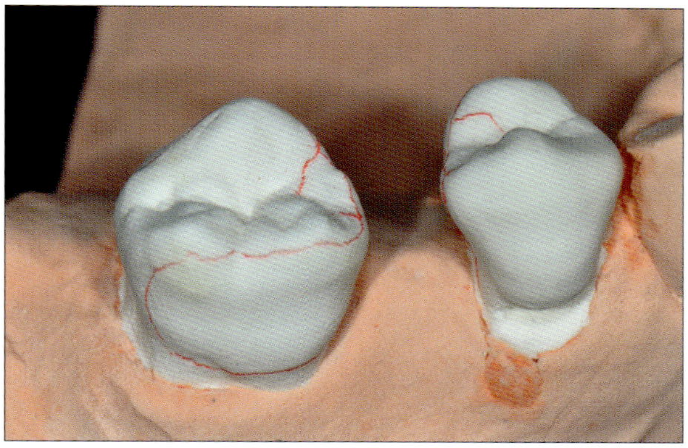

그림 5-1-40. 시술 전 모델 (협면)

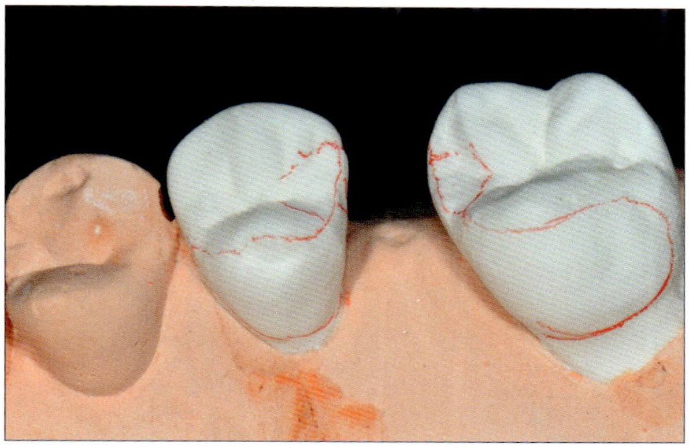

그림 5-1-41. 시술 전 모델 (설면)

양측 지대치를 동시에 보면 서로 기울어진 정도가 심하지만, AO bridge르는 해결이 용이하다.

각각의 삽입로가 경사로(대부분 치아 장축 방향)에 따라 각기 다른 방향으로 설정된다는 점을 반복해서 강조해 두는 바이다. Pontic을 위한 space가 이렇게 좁을 경우에는 male part의 위치를 바꾸어 줌으로써 간단히 해결할 수 있는 것이다. AO bridge가 pontic을 지대장치(retainer)와 key & keyway 방식을 응용한 male part와 female part를 통해 연결시키는 점은 변함이 없으나, pontic의 연결 방향을 수평적으로, 혹은 대각선 방향, 혹은 수직적이지만 양측 지대치에서 male part의 위치를 달리하는 것 등 여러 방법으로 형성하여 줄 수 있는 것이다.

디자인에 따라 치아를 형성하였고(그림 5-1-42~43), 3D Printer로 printing한 복제모형 상에서 AO bridge를 제작하였다(그림 5-1-44~45).

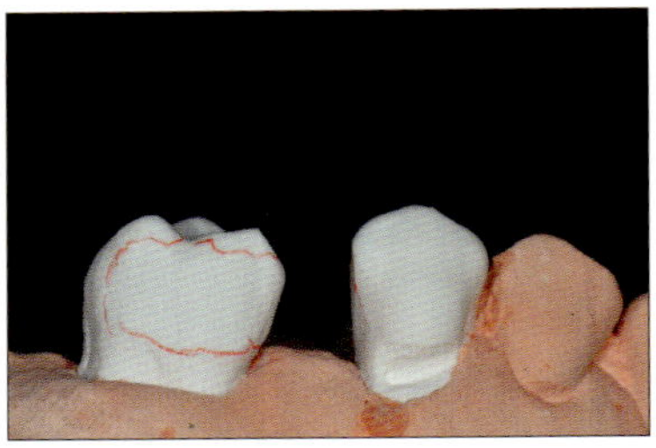

그림 5-1-42. 치아형성 후 (협면)

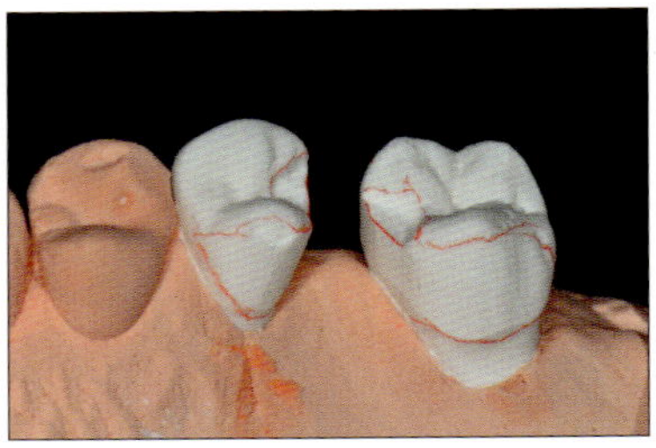

그림 5-1-43. 치아형성 후 (설면)

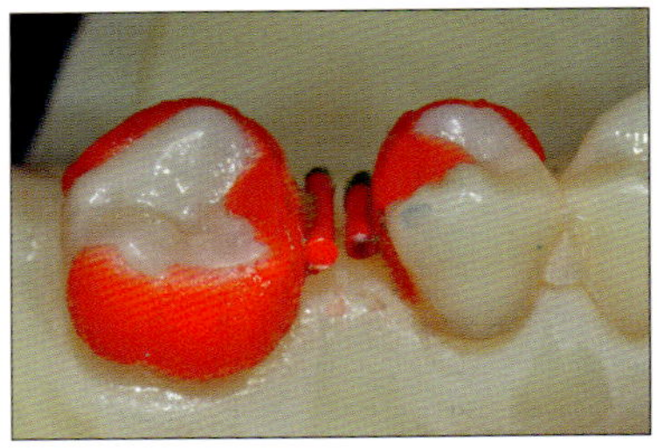

그림 5-1-44. 수평 방향으로 제작된 male part는 pontic space가 좁은 case에서 적용된다.

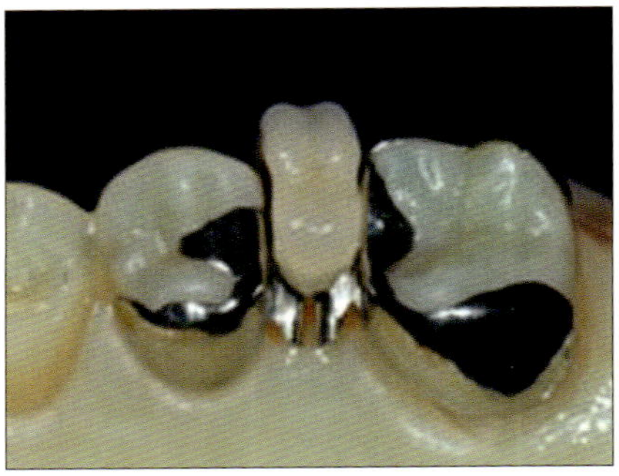

그림 5-1-45. 수평으로 장착 중인 pontic
이 케이스에서는 male part를 수평으로 부착해서 pontic의 장착 방향을 협측에서 설측으로 설정했다. 이런 경우에는 pontic에 occlusal rest를 부착할 수 없게 되므로 수직적 교합력에 저항하는 pontic의 구조가 감소하게 되지만 좁은 pontic space에 따른 교합력의 감소도 동반하므로 임상적 적용에 무리는 없을 것이다.

이렇게 협측에서 설측으로 밀어 넣는 느낌으로 장착하게 되는 pontic의 cementation 시에는 협측 연장이 부족한 소구치 부위의 retainer가 설측으로 displace 되지 않도록 유의하여야 한다. 구강 내 지대치에 시접할 때 소구치 유지부의 유지력을 확인해야 하며, 접착 시에 finger pressure를 소구치 유지부의 설측에 가하면서 조심스레 pontic을 밀어 넣어야 한다.

2. AO Bridge with Rotated and/or Crowded Abutment

임상에서 흔히 우리를 dillema에 빠지게 하는 case 중에는 하악 전치부의 crowded abutment가 있다. Gingival recession(치은퇴축)이 동반되어 있다면 더욱 그러하다(그림 5-2-1). PFM을 이용해 수복시키고자 할 때 근관치료는 거의 필수적이며, abutment 강화를 위해 post 하더라도, 구강 내 기능시에 발생하는 교합력을 이기지 못하고 파절 되어 오는 경우가 많다.

임플란트 시술을 하려 해도 space가 좁아 fixture를 수용하지 못하는 경우도 있고, Gingival line을 인접치와 맞춰 주기가 곤란한 경우도 많다. 이러한 문제점을 해결하는데 AO bridge는 새로운 solution을 제공해준다(그림 5-2-2, 그림 5-2-3).

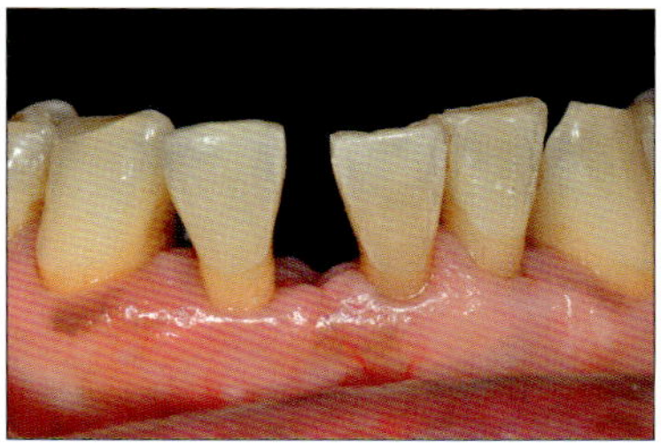

그림 5-2-1. 시술 전 구강

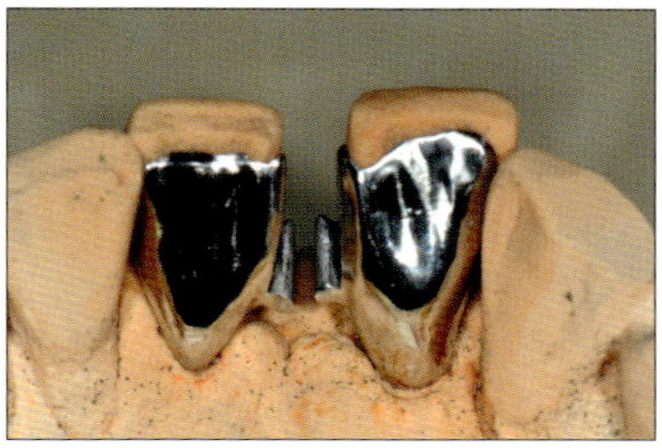

그림 5-2-2. AO bridge Co-Cr Retainers

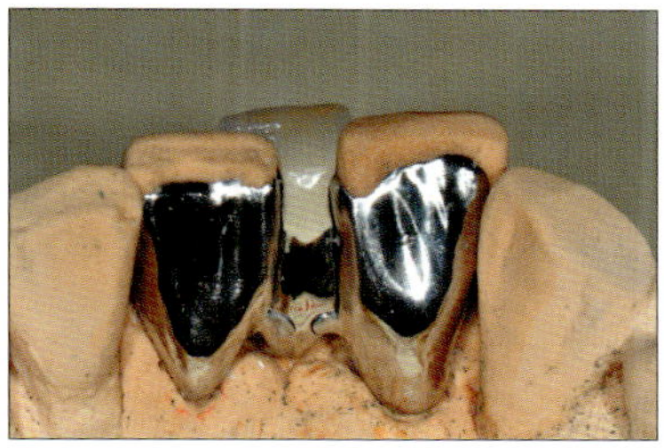

그림 5-2-3. AO bridge 설면. Pontic이 overlap되어 있다.

하악 두 개의 중절치가 missing된 65세 남자 환자의 case를 살펴보도록 하겠다.

시술 전 사진(그림 5-2-4)을 보면 2개의 pontic을 수용하기에는 좁은 alveolar ridge와 mild rotated lateral incisors가 문제가 되는 case임을 알 수 있다(그림 5- 2-5).

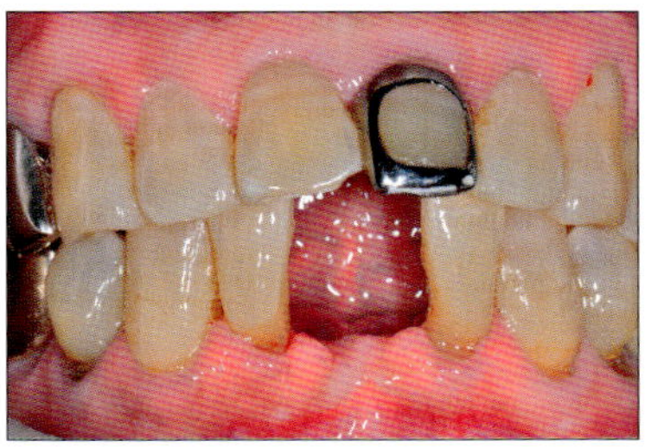

그림 5-2-4. 시술 전 구강

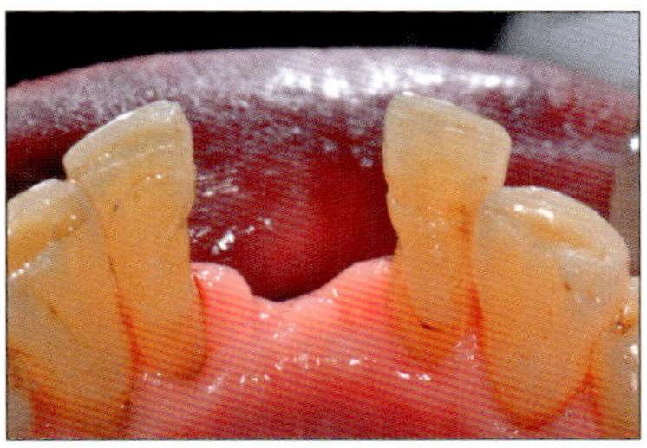

그림 5-2-5. 시술 전 설면 사진

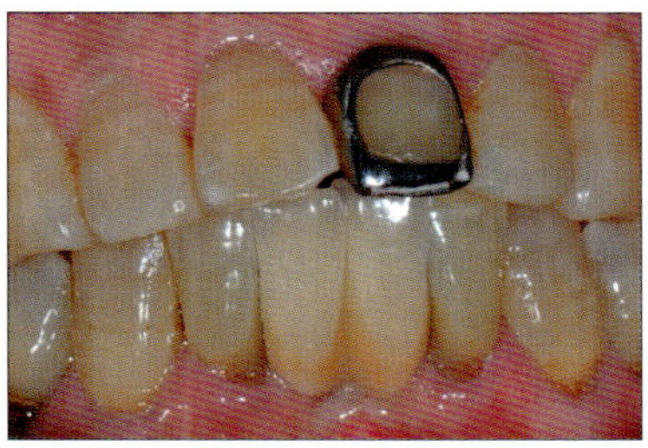

그림 5-2-6. 시술 후 사진

설면사진(그림 5-2-5)을 보면 지대치로 쓰일 양측의 측절치가 전방으로 돌출되어 pontic space가 좁아져 있고, gingival recession도 가지고 있음을 알 수 있다. Full veneer crown은 근관 치료 없이 불가능해 보이고 예후도 좋지 않을 것으로 판단되며, Adhesion Bridge나 Maryland Bridge는 가능하겠지만 설측에서 장착하는 보철물이므로 좁은 pontic space를 해결하기 힘들 것이다. 환자의 치아 배열 형태로 보아 발치 전 하악 중절치들은 crowded

Chapter 5

teeth였을 것이다. 이런 점들을 고려해 보면 AO bridge가 현 상황에서의 최선의 해결책임을 알 수 있을 것이다.

그림 5-2-6은 AO bridge로 수복시켜 준 시술 후 사진이다. Study model에서 피개할 retainer의 outline을 결정하고, mesial and lingual vertical groove의 위치를 각 지대치에 설정한다(그림 5-2-7). 이 case는 임상치관(length of clinical crown)이 길어 금속피착면이 크므로 강한 접착력을 기대할 수 있을 것이다. Groove는 가능한한 마모된 치질 부분을 피해 법랑질 위에 형성하도록 하였다(그림 5-2-8~9). Mesial and distal grooves를 연결하지 않고, 유지부의 vertical stop 역할을 위해 mesio-lingual line angle을 포함하는 ㄱ字 모양의 mesial vertical groove를 형성하였다(그림 5-2-8; 흰색화살표).

전치부 vertical groove 형성 시에 각 지대치에 있어서 근 · 원심 groove의 방향이 평행하거나 평행을 맞추기 힘들더라도 절단측에서 보아 서로 예각을 이루게 하면 retainer의 삽입은 가능하다. 만약 서로 둔각을 이루게 형성해 주면 retainer는 장착되지 않게 된다. 너무 심한 八자 형태의 groove를 형성하면 삽입이 불가능할 수도 있음을 주의해야 한다.

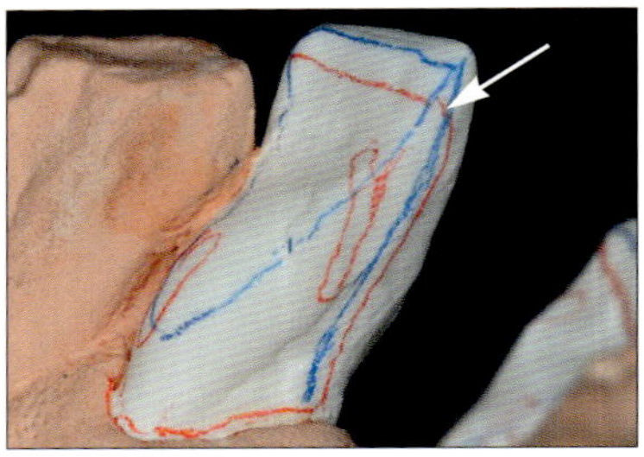

그림 5-2-7. Design sketch

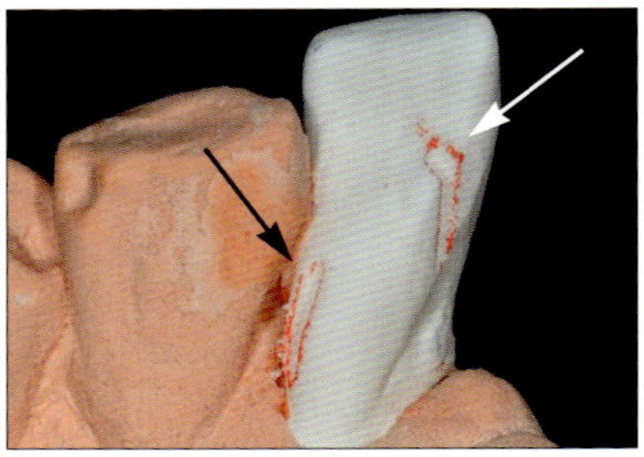

그림 5-2-8. Grooves of No.32

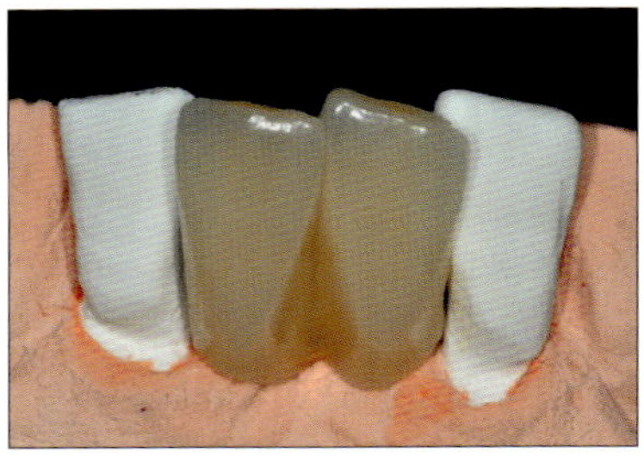

그림 5-2-9. Overlapped pontic

Distal groove는 一字모양으로 주었는데, 유지부의 rotational movement에 저항할 것이다(그림 5-2-8; 검은색 화살표). 그림 5-2-7에서 blue 근심면의 최대풍유부를 표시한 blue line 보다 labially 위치한 retainer의 순측 경계가 보인다(그림 5-2-7; 흰색 화살표). Retainer가 blue line을 순측으로 넘어 가면 유지부의 금속 부분이 순측에서 노출된다는 것을 의미하는데, Pontic을 overlapping(그림 5-2-9) 시킬 수 있는 케이스에서는 심미적 문제를 초래하지 않는다. 이는 심미성에 악영향이 없는 한 최대 피착면을 제공하는 유지부 설계의 원칙 중의 하나인 것이다. Retainer를 구강 내 try-in 할 때 치질과의 긴밀한 적합성(그림 5-2-10)을 check하고, male part를 가볍게 잡고 흔들어 보아 쉽게 빠지는지, rotational movement가 있는지 등을 살펴 보아야 한다. Male part를 순측에서 설측으로 밀었을 때 유지부가 쉽게 이탈해서는 안 된다(그림 5-2-11). 그림 5-2-12는 이러한 과정을 통해 완성된 AO bridge의 술 후 사진이다.

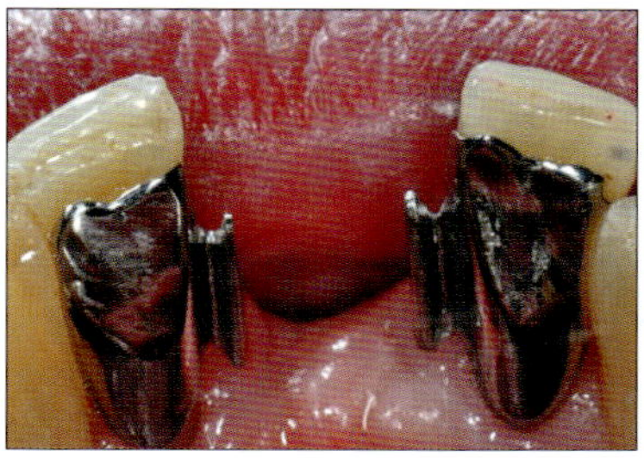

그림 5-2-10. Retainer가 장착된 구강 내 설면 사진

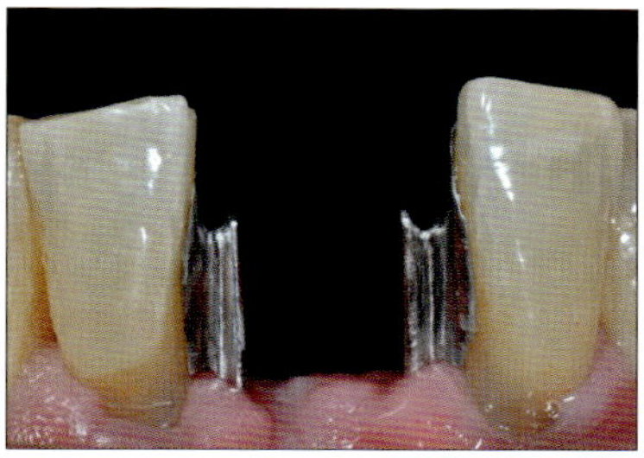

그림 5-2-11. 유지부 순면

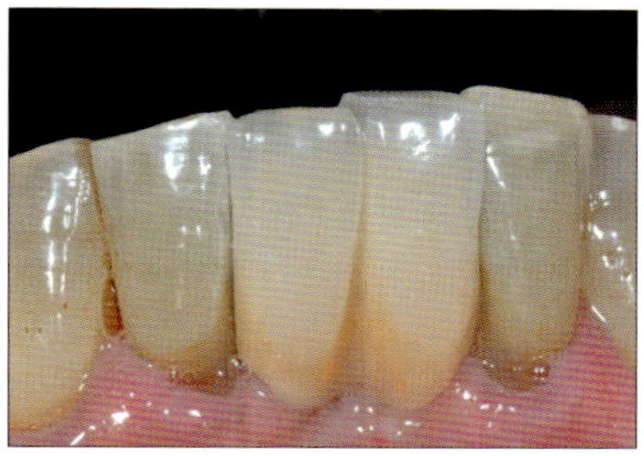

그림 5-2-12. 완성된 AO bridge

이와 같이 pontic을 overlap 시켜 metal이 노출되는 것을 피하고, 자연스러운 보철물의 외관을 유도할 수 있는 case가 많다. 그림 5-2-13~15는 상악 전치부의 case를 보여준다. Overlapped pontic은 AO bridge의 설측 이탈을 방지해 주는 역할도 하게 될 것이다.

설측 방향에서만 장착할 수 있는 다른 형태의 RBFPD에서는 불가능한 보철물 제작 방법이고, pontic의 장착 방향이 자유롭고 3-pieces 보철물인 AO bridge에서 가능하다 할 것이다.

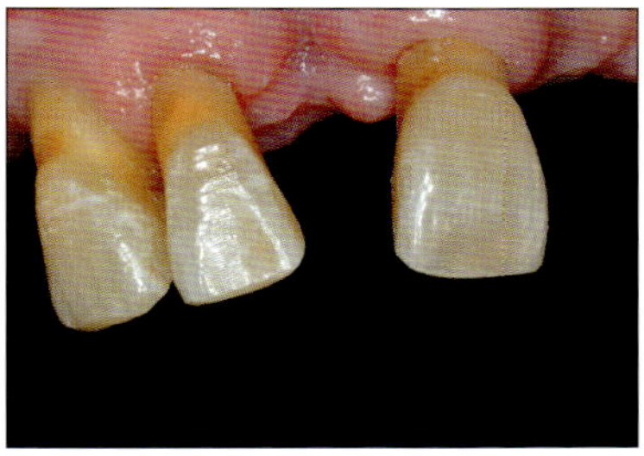

그림 5-2-13. 시술 전 사진

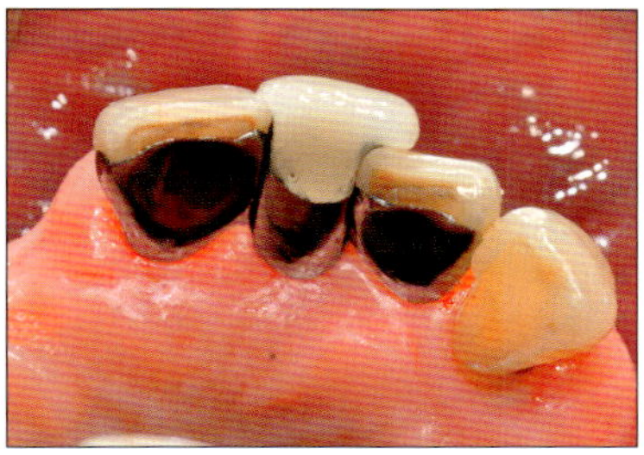

그림 5-2-14. 시술 후 설면

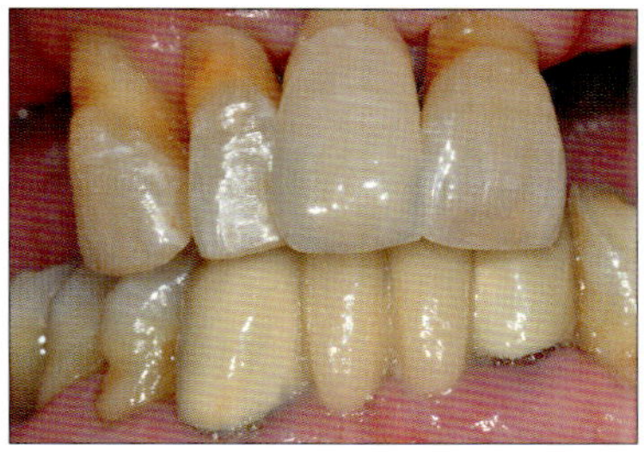

그림 5-2-15. 시술 후 순면

3. Combined with Crown

AO bridge는 여러 다른 형태의 보철물과 함께 사용되어 질 수 있다. 환자의 구강 내에 존재하는 보철물의 일부를 남겨 두고 AO bridge와 혼용할 수도 있고, crown이 장착되어 있는 치아의 인접치가 새로이 결손 되었을 때 Implant 하기 어려운 문제가 있거나 하여 bridge로 하고자 할 때, 새로운 abutment의 광범위한 치질 삭제를 피하고 싶을 때 역시 대안이 될 수 있다.

① Food impaction(식편압입)과 tooth mobility를 주소(chief complaint)로 내원한 60세 여자환자의 case를 살펴보도록 하겠다. 상악 제2 대구치에 금관이 되어 있고, 제1 대구치와의 사이에 2㎜정도의 space가 있다(그림 5-3-1). 제2 대구치는 Mob(+)의 소견을 보였다. 제2 대구치의 금관을 제거하고 새로운 금관을 제작하기로 하고, 제1 대구치와의 넓어진 space는 AO bridge의 retainer를 이용하여 공간 폐쇄와 splint를 하기로 하였다(그림 5-3-2~3).

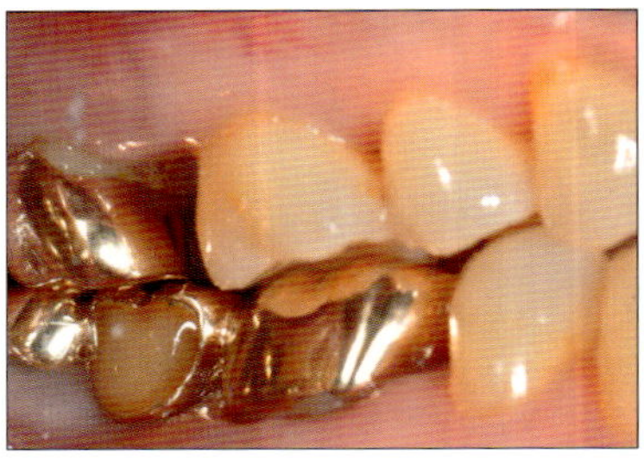

그림 5-3-1. 초진 시 사진

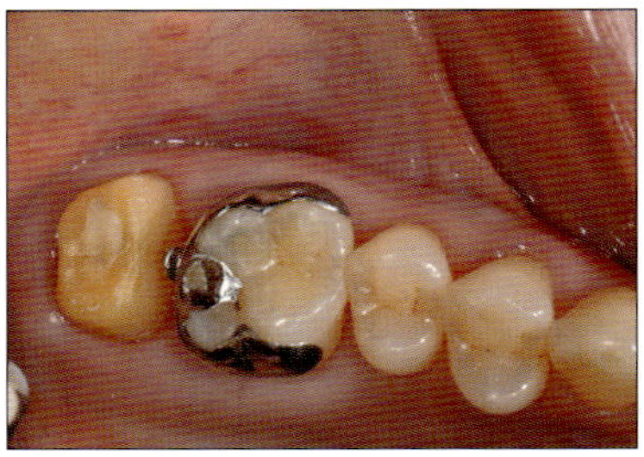

그림 5-3-2. AO retainer

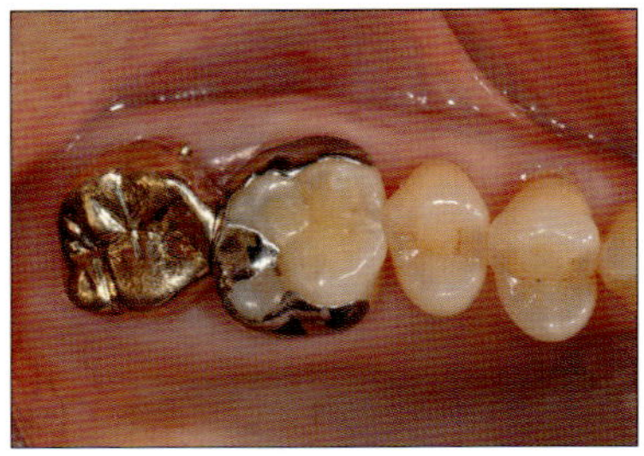

그림 5-3-3. crown과 결합

이 케이스에서 26번의 원심면에 male part를 부여하고 27번 gold crown의 근심면에 female part를 부여하여 연결하였는데, food impaction을 방지하고, 동요치에 대한 splint 효과를 기대한 것이었다.

한편으로는 제2 대구치의 측방 교합 간섭을 배제하고, 제1 대구치에만 group function을 부여하는 정도로 교합을 설정하고, 26번에 male part 없는 retainer만을 설계하는 것도 좋지 않았을까 하는 생각도 든다.

② 44번(하악 우측 제1 소구치)-45번(하악 우측 제2 소구치)가 PFM crown이었는데, 치근단 농양으로 44번을 발치한 case이다(그림 5-3-4). 33번 하악 우측 견치의 PFM을 위한 치질 삭제에 반대하여 AO retainer와 병행하여 수복하기로 했다. 45번 치아의 old crown 제거와 AO retainer를 위한 치아형성을 한 후(그림 5-3-5), 2-piece로 bridge를 제작하였다(그림 5-3-6).

Canine의 retainer를 위한 치아형성은 mesial and distal groove와 두 groove를 연결하는 transverse groove, 그리고 lingual axial wall (그림 5-3-5)이었다. Groove의 깊이는 0.4㎜ 정도이다.

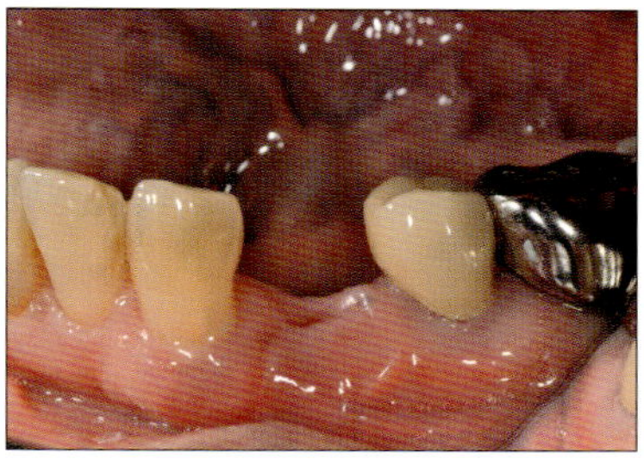
그림 5-3-4. 시술 전

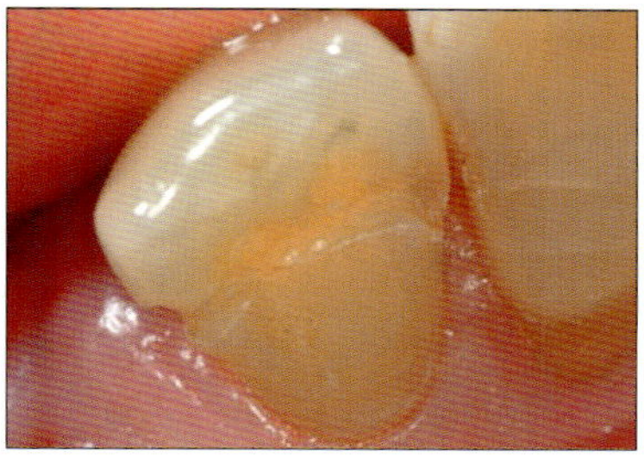
그림 5-3-5. 치아형성

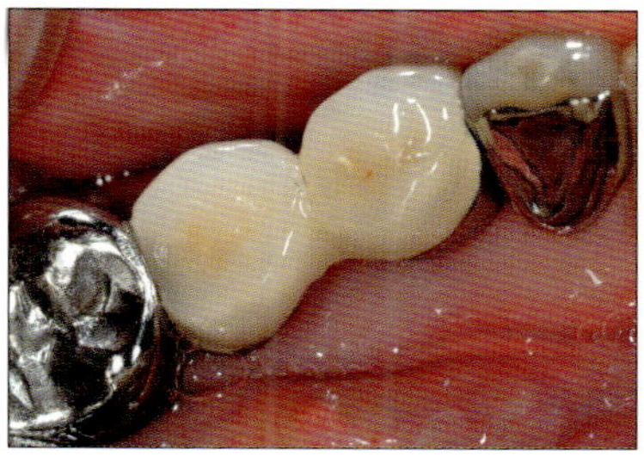
그림 5-3-6. 완성된 AO bridge

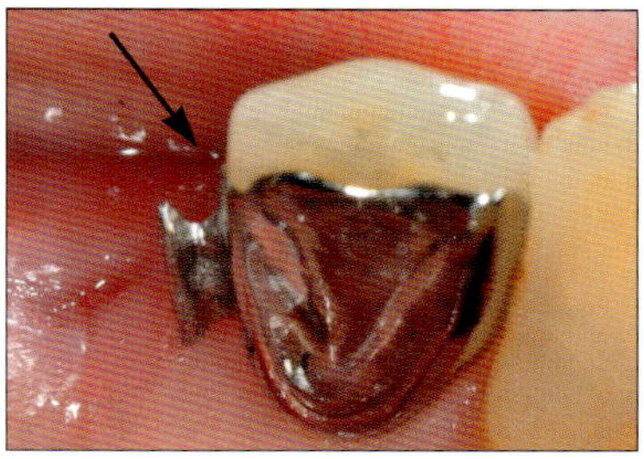
그림 5-3-7. AO retainer

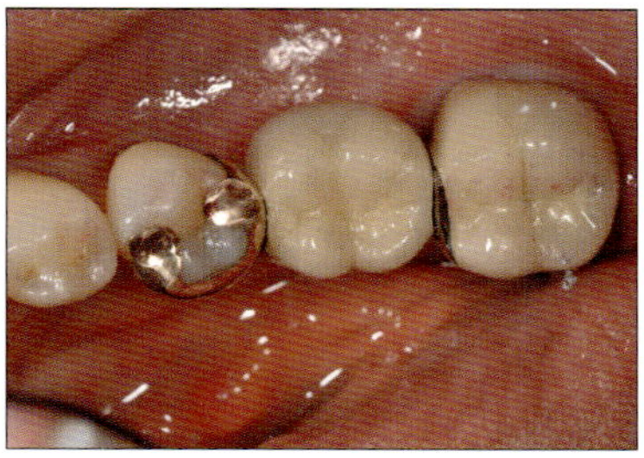
그림 5-3-8. Gold retainer

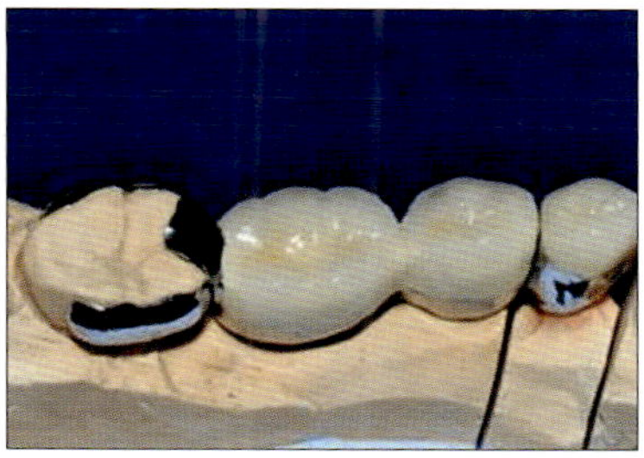
그림 5-3-9. Co-Cr alloy retainer

그림 5-3-7에서 화살표 방향으로 밀었을 때 retainer가 이탈하지 않아야 유지력이 충분한 것이다. 이런 확인 과정은 AO bridge를 시술할 때 항상 거쳐야 하는 시술 과정의 일부로 여겨야 한다. Crown과 병용하여 사용할 때에는 임시접착 과정을 거치는 것이 좋다. Temporary cementation 기간 동안 full crown 부분의 임시접착제는 intact한 반면 AO retainer 부분의 임시접착제만 leakage 되었다면, AO retainer의 유지력이 부족하다고 여겨야 한다. 크라운과 병용하여 사용할 때도 3-pieces bridge로 할 수 있다. 그림 5-3-8은 type Ⅵ gold를 사용한 경우이고, 그림 5-3-9는 Co-Cr Alloy를 사용한 case이다. 3-unit 이상의 구치부 bridge에서는 gold alloy를 사용하지 않는 것을 원칙으로 한다. 구치부에서 gold alloy의 사용은 pontic space가 정상 치아 보다 좁은 경우에만 한 한다고 기억해 주기 바란다.

Pontic size가 거의 정상적일 때는 Co-Cr alloy 혹은 Ni-Cr alloy를 사용해야 한다. 그림 5-3-8의 경우에 pontic의 침하현상이 염려되는 것이다(chapter 3. 그림 3-16~17 참고).

③ 기존의 long span bridge를 제거하고 new bridge를 할 수 없는 경우라면 기존의 브리지를 치아 형성하여 AO bridge를 위한 retainer의 abutment로 사용할 수도 있다.

상악6전치의 long span bridge가 partial denture의 abutment로 사용되고 있고, 지대치로 사용되던 제1 소구치가 상실된 case(그림 5-3-10)를 보자.

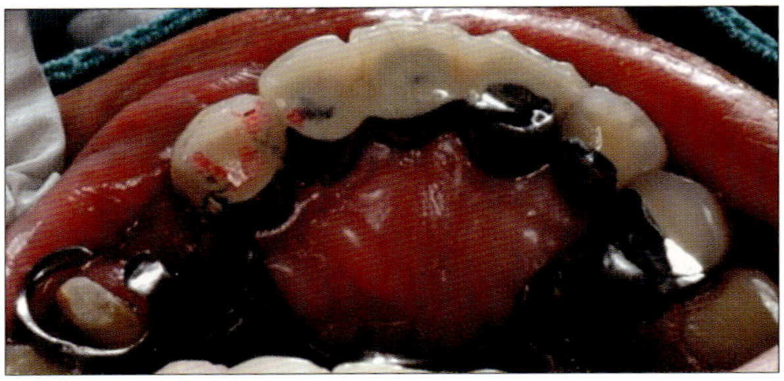

그림 5-3-10. PD 지대치로 쓰이던 제1 소구치가 apical lesion으로 발치되었다. 상실된 1개의 치아를 회복시키기 위해, 6전치 브리지를 제거하기 원하지 않는 환자의 요청으로 23번 견치의 PFM에 AO retainer를 사용하기로 했다.

25번 제2 소구치에는 PFM surveyed crown을 23번 견치에는 AO retainer를 위한 치아 형성을 하였다(그림 5-3-11). PFM의 metal면이 노출되도록 groove를 형성했는데, 그 과정에서 얇은 porcelain부위가 떨어져 나갔다. 교합접촉이 되지 않는 axial wall을 0.3㎜ 정도 삭제했다. Retainer의 axial wall의 gold 두께를 0.5㎜ 이상 부여하기 위해서이다(그림 5-3-12). 이렇게 PFM이나 metal/gold crown 위에 retainer를 장착해야 할 경우 crown의 perforation으로 치질이 노출될 수도 있는 문제점에 직면하게 되는데, 미리 환자에게 주지(notice)시켜야 할 것이다. 만약 perforation으로 dentin이 노출되면 IDS(즉시 상아질 봉쇄술) 해 주고, perforation 경계부위의 metal에 묻은 dentin adhesive는 bur로 제거해 주는 것이 좋다. 이때 friction grip에 끼운 diamond bur가 유용하다.

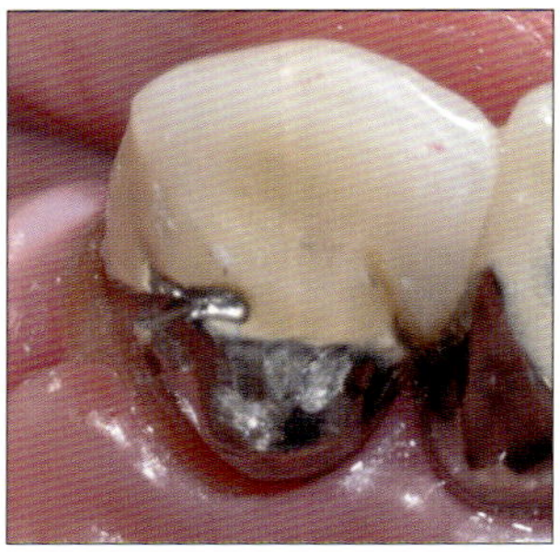

그림 5-3-11. PFM 위의 치아형성

그림 5-3-11, 그림 5-3-12에서 mesial vertical groove가 약한 점이 아쉽다. Crown 위에 장착하는 retainer는 접착에 최선을 다해야 한다. Retainer의 내면 뿐 아니라 피착될 crown의 표면에도 pen-blaster를 이용하여 50㎛ 산화알루미늄으로 blasting 처리를 하였다.

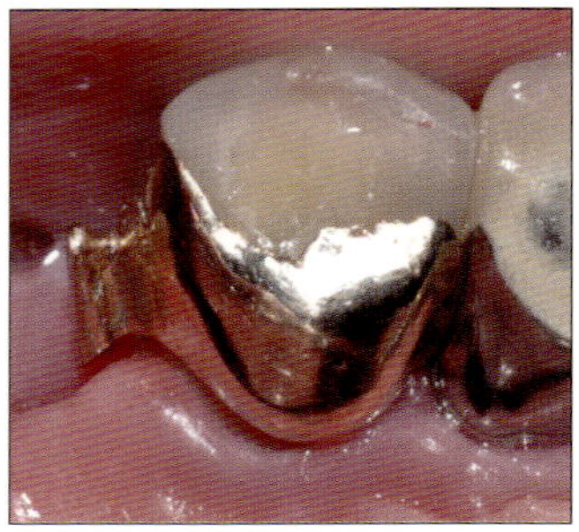

그림 5-3-12. PFM 위의 retainer

AO retainer 부위에 partial denture의 minor connector가 놓여지지 않게 partial denture를 trim 했다(그림 5-3-13). 만약 retainer의 유지구(groove)가 명확했다면 PD(국소의치)의 support를 담당할 수도 있을 것이라는 아쉬움도 있고, PD의 abutment로 쓰이는 이러한 경우 gold alloy retainer 보다는 Co-Cr 이나 Ni-Cr alloy가 더 유리했을 거라는 생각을 하게 된다.

완성된 AO bridge(그림 5-3-14, 5-3-15)는 1년 정도 경과되었는데 아직 기능적으로 사용되고 있으며, 매 3개월마다 recall check 하고 있다.

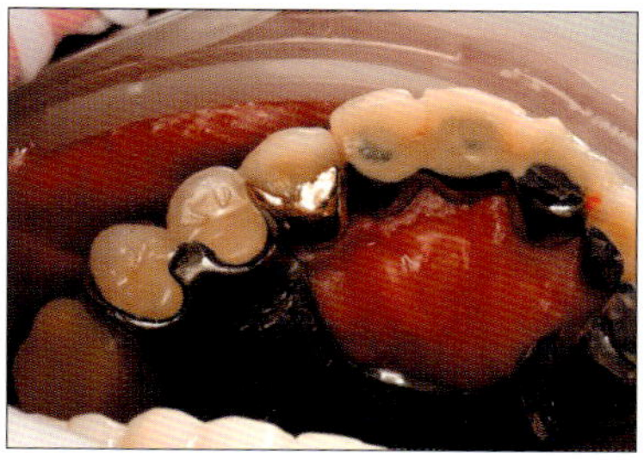

그림 5-3-13. PD의 minor connector를 trim했다.

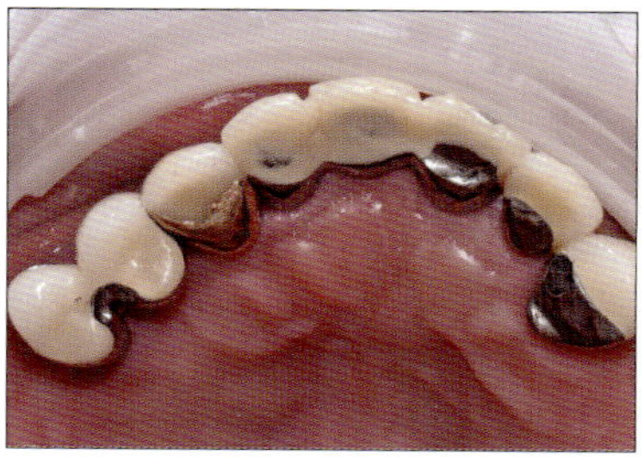

그림 5-3-14. 완성된 AO bridge

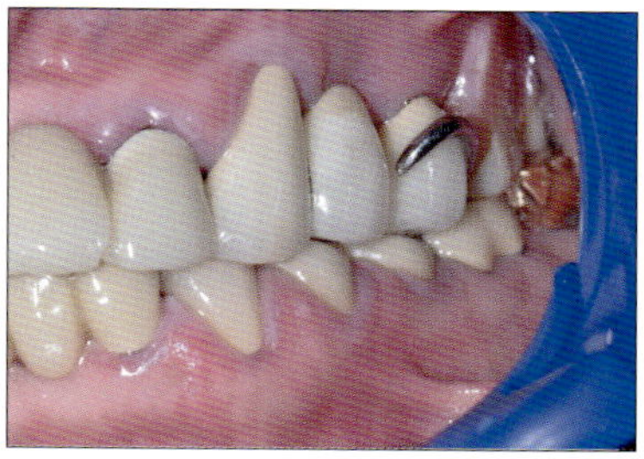

그림 5-3-15. 술후 협면사진

④ 다음은 controversial case 중의 하나인 implant와 natural tooth abutment와의 연결이다. 추가적인 implant 시술을 할 수 없는 상황 아래서 임플란트의 인접치가 상실된 경우, cantilever bridge를 계획할 수도 있겠고, 논쟁거리이긴 하나 임플란트와 semi-rigid connection을 이용한 브리지를 할 수도 있을 것이다. 그림 5-3-16은 임프란트 시술 후 14년 경과된 환자이다. 경제적인 이유로 하악 제2대구치 부위에만 임플란트 1개를 시술하고 제2소구치와 key and keyway로 연결한 bridge가 탈락되어 재내원 했다. 보철물의 손상이 없고 지대치도 건전하여 다시 접착하기로 했다(그림 5-3-17~18). 자연치와 연결했지만 14년 동안 기능했었다.

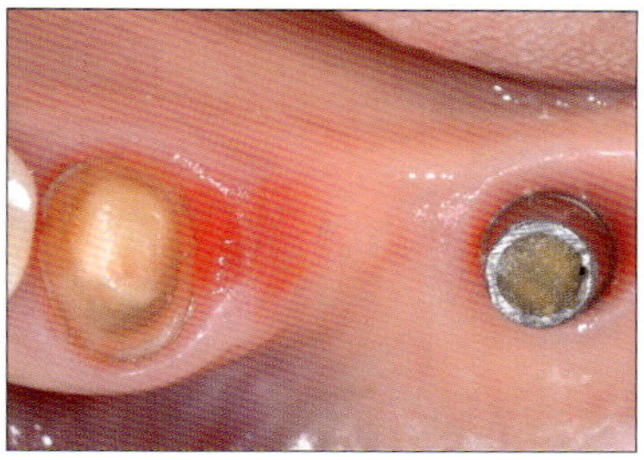

그림 5-3-16. 탈락된 사진

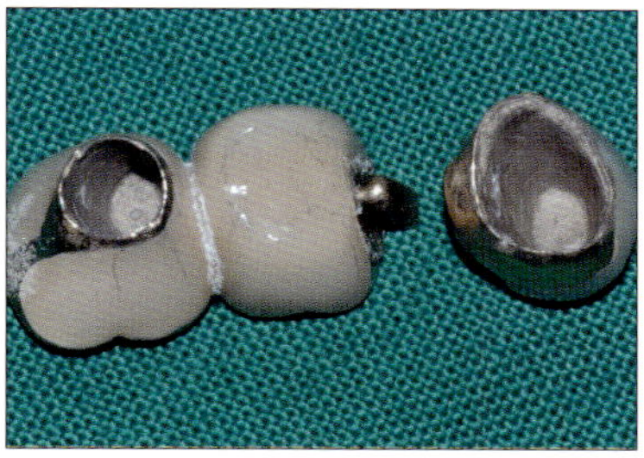

그림 5-3-17. rocatec 처리

그림 5-3-18. 재장착

그림 5-3-19은 제1 대구치 부위에 임플란트를 시술하고 single crown으로 하였는데, splinted 2-unit bridge 중 제2 소구치를 발치하게 되어 제1 소구치 자연치 abutment와 제1대구치의 임플란트 abutment가 잔존된 case인데, 제2 소구치 부위의 임플란트 시술을 할 수 없는 처지라서 자연치와 임플란트를 연결하는 브리지로 하기로 했다. 위처럼 Attachment로 semi-rigid connecting 하려면 임플란트의 crown을 제거하고 새로운 crown을 해야 하지만, AO retainer를 이용하면 기존의 crown을 제거하지 않아도 되는 것이다(그림 5-3-20). 완성된 AO retainer를 장착했지만 크라운 외형은 overcontour 되어 있지 않다. 이 케이스에서 2 pieces AO bridge로 제작하였는데 최선의 디자인은 pontic을 분리시킨 3 pieces AO bridge라 사료된다.

Chapter 5

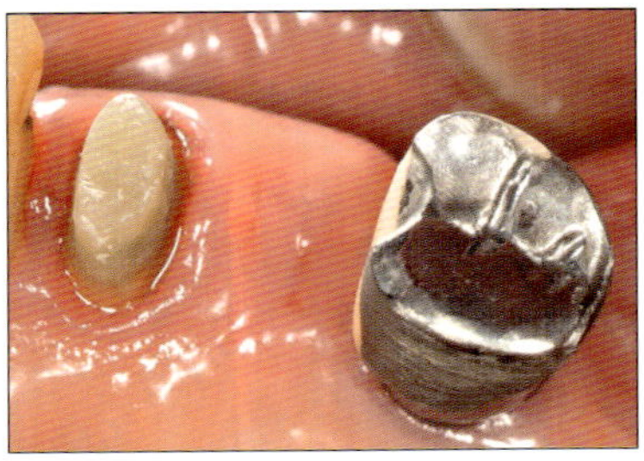

그림 5-3-19. AO retainer를 위한 치아형성

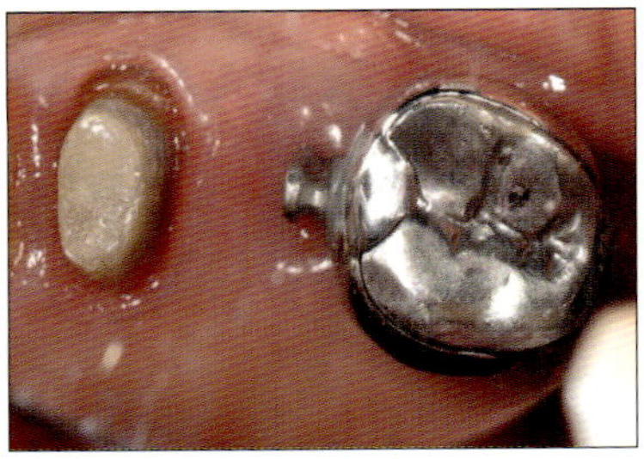

그림 5-3-20. AO retainer

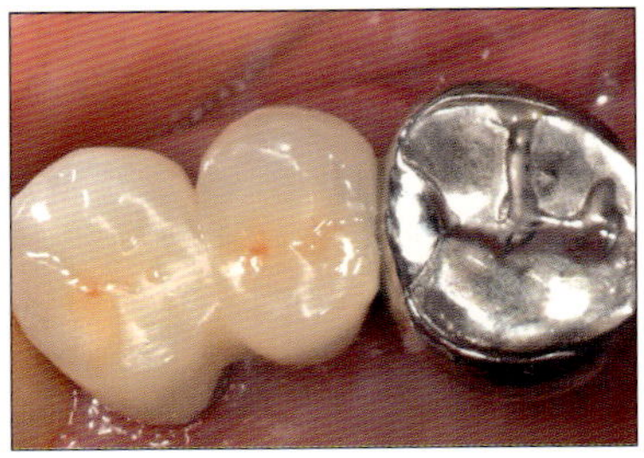

그림 5-3-21. 완성된 사진

⑤ 여러 이유로 Implant 시술을 할 수 없는 환자에 있어서 지대치 중 하나의 치아가 이미 crown이 되어 있는 경우에 기존 크라운과 병용하여 AO retainer를 이용하여 최소 침습적 개념으로 접근할 수 있다(그림 5-3-22). 이런 경우에 있어서 후방 지대치의 치조골 지지가 충분하다면 2-pieces bridge로 제작해도 좋다. 양측 지대치의 path of insertion을 일치시킬 필요없이 각 지대치의 Axis에 따른 최소 삭제가 가능하다는 것이 장점이 될 것이다.

그림 5-3-23에서 처럼 제3 대구치의 정출(extrusion)로 인해 삽입로의 일치가 힘들다. AO retainer를 이용해 해결하였는데, 이렇게 제3 대구치가 정출되어 있는 경우에는 하악의 후방운동을 제한할 수 있으므로 lock-in-mandible을 방지할 수 있는 교합형태를 부여해야 하고, 보다 세심한 교합조정을 행해야 할 것이다.

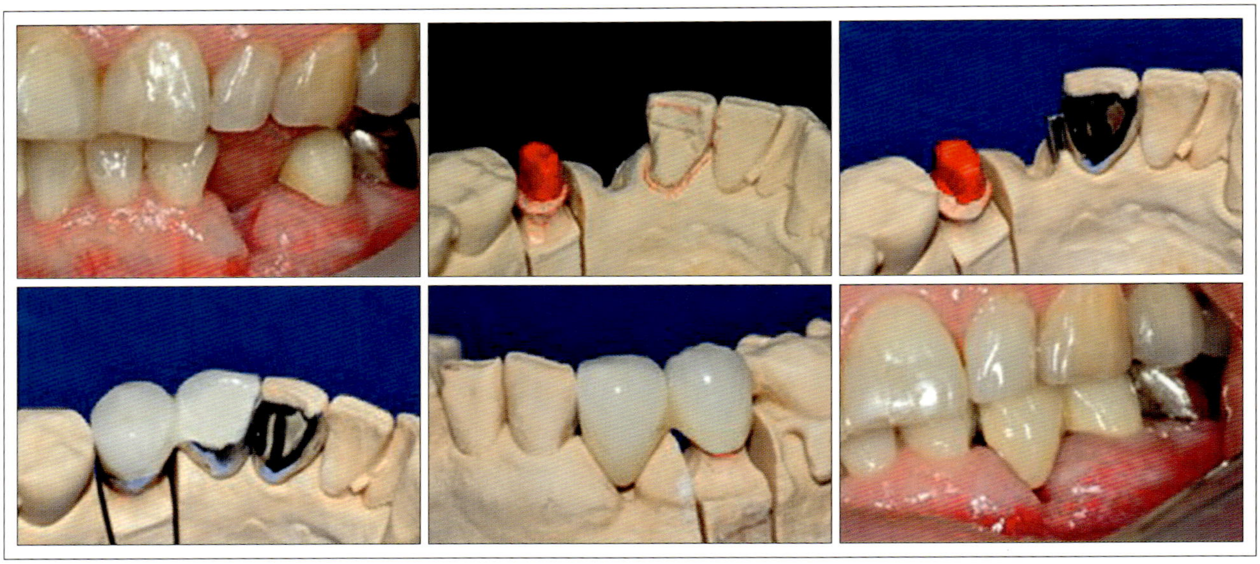

그림 5-3-22. 치조골의 소실이 심한 case인데 이민 관계로 급하게 보철물을 수복해야 했다. 새로운 지대치에는 PFM을 위한 치아형성에 반대했던 환자의 case이다.

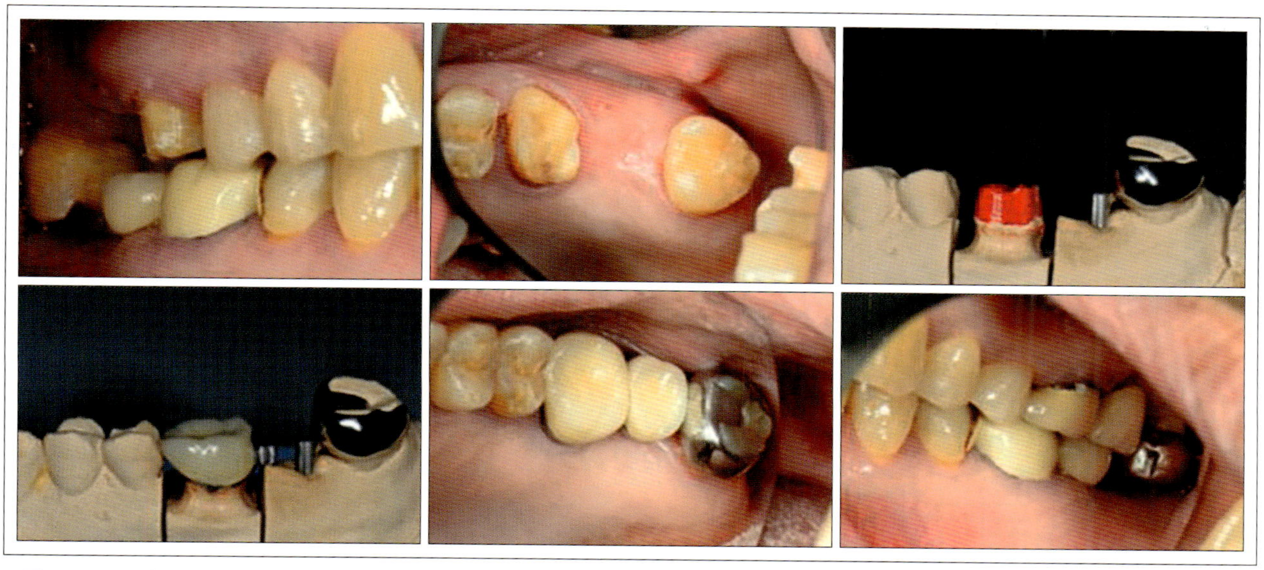

그림 5-3-23. 제3 대구치를 AO retainer로 사용한 case 예. 이런 case에서는 하악의 후방운동 시에 interfere가 없도록 보다 세심한 교합조정이 필요하다.

4. Pier abutment의 사용

Pier abutment(중간 지대치)를 nonrigid connection으로 5-unit bridge 시술 시 기존의 full veneered crown을 이용할 경우 그림 5-4-1에서 보듯 제2 소구치의 distal에 female을, 제2 대구치에 부착된 제1 대구치 pontic에 male을 부착하여 연결하게 되는데, 하중을 받으면 견치에 가해지는 응력은 약간 감소하는 반면, 중간 지대치의 원심 지지골과 후방 대구치의 근심 지지골, 특히 치경부 지지골에 높은 응력 증가가 관찰된다. 상부 보철물에는 attachment 부위에 높은 응력 집중이 가해지므로 연결 부위는 충분한 강도가 있어야 한다고 알려져 있다.

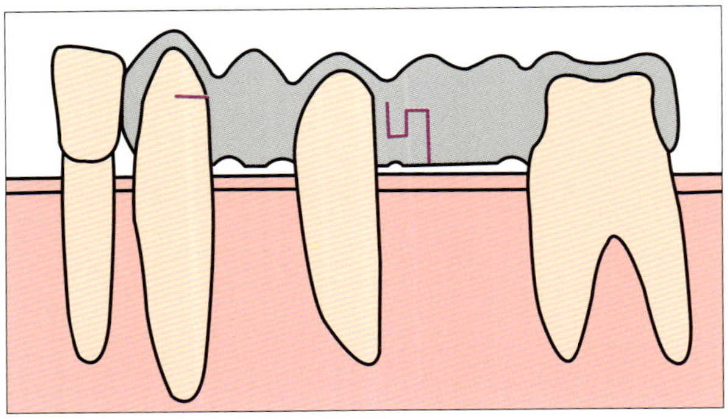

그림 5-4-1. Pier abutment가 사용된 5-unit FPD의 모식도. 중간지대치인 제2 소구치의 원심면과 최후방 대구치의 근심면에 높은 응력이 집중된다.

상악의 pier abutment를 이용해 AO bridge로 수복해 준 case를 살펴보자(그림 5-4-2).

AO bridge의 경우에는 pier abutment인 제2 소구치의 근 · 원심면에 2개의 attachment가 부착되어 있으므로 원심면에 stress가 집중되지는 않을 것이다. 견치에 있어서의 stress 감소효과는 얻을 수 있고, 후방에 있는 제3 대구치의 stress 분포는 full veneered crown과 동일하게 작용할 것이다. 후방 치아의 근심면에 stress가 집중될 것이므로 후방 치아의 치조골 지지 여부가 중요할 것이다. 이 케이스에서 제3 대구치의 지지골은 충분하다 판단되었고, 대합치가 없어 거의 full crown과 유사한 피개가 가능하였다(그림 5-4-3~4).

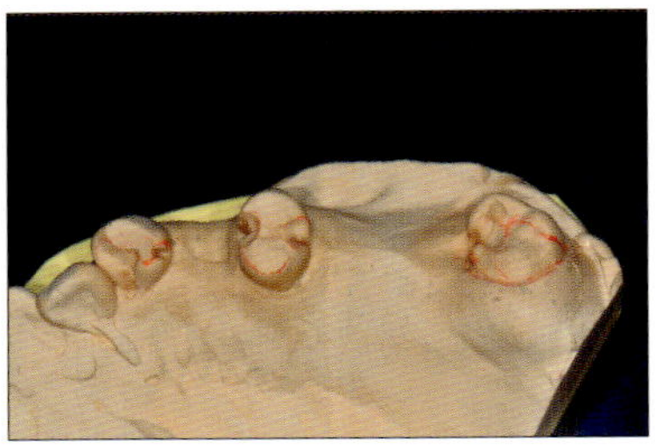

그림 5-4-2. 치아형성한 master model

그림 5-4-3. AO retainers

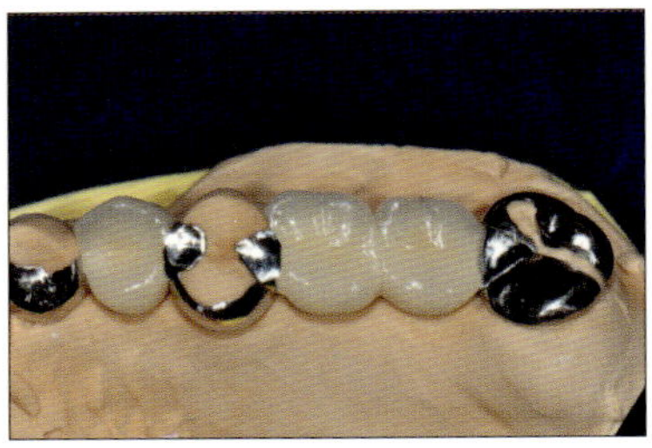

그림 5-4-4. 완성된 AO bridge

그림 5-4-5는 대합치가 partial denture이고 환자의 요구에 의해 type Ⅵ gold alloy로 제작한 케이스인데, 그림 5-4-4와 같이 Co-Cr based alloy가 더 유리할 것이라 생각된다. 일반적으로 구치부에서 Pontic space가 좁은 경우가 아니라면 Ni-Cr/Co-Cr based alloy로 제작하는 것을 원칙으로 하고 있다.

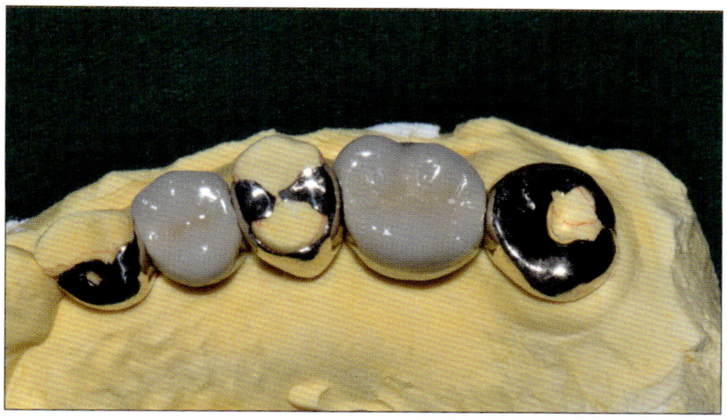

그림 5-4-5. Gold alloy로 제작한 경우인데 이 케이스에서 pontic에 rest를 형성해 주어야 했다. 초기의 케이스들에서의 많은 실패는 pontic의 sinking에 관련되어 나타났었다.

5. Various cases

이번에는 우리가 임상에서 만나게 되는 다양한 case들 중에서 AO bridge로 시술한 case를 살펴 보겠다. 상악 전치부의 보철물의 심미성은 중요한 요소이다. Metal coping이 있는 PFM의 경우 치은의 black line은 종종 우리를 당혹하게 한다(그림 5-5-1).

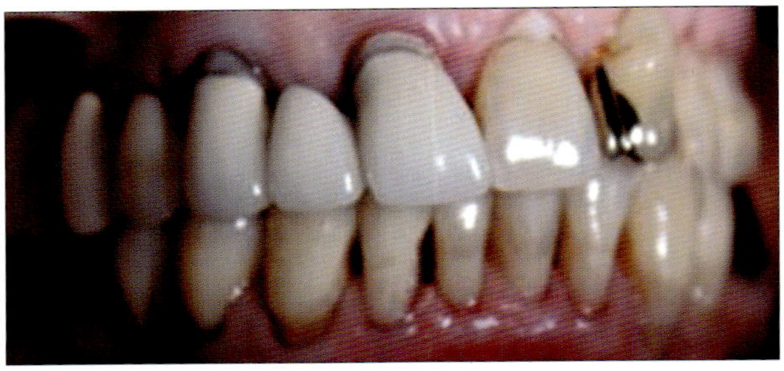

그림 5-5-1. 전반적 치은 퇴축과 함께 치은의 black line이 보인다. 이 상황에서 PFM bridge를 제거하고 새로운 PFM을 시술할 경우 치아 삭제양은 더욱 증가될 것이다.

치은 퇴축이 동반된 경우라도 AO Bridge라면 치질의 최소 삭제가 가능하며 치은의 black line은 형성되지 않는다(그림 5-5-2~7). 그림 5-5-3의 retainers는 typeⅣ gold alloy이고, 그림 5-5-6의 유지부는 Cr-Co based alloy다. 전치부에서는 typeⅣ gold alloy라도 충분한 rigidity를 제공할 수 있다.

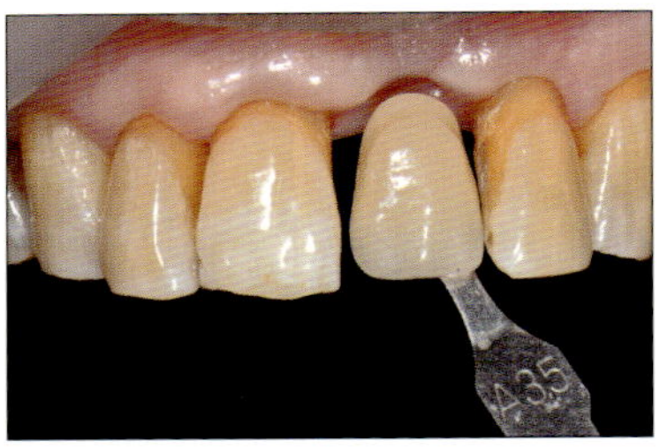

그림 5-5-2. Shade matching

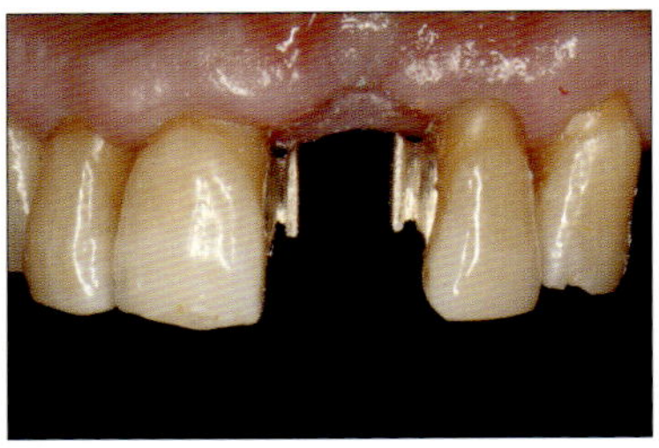

그림 5-5-3. AO retainers

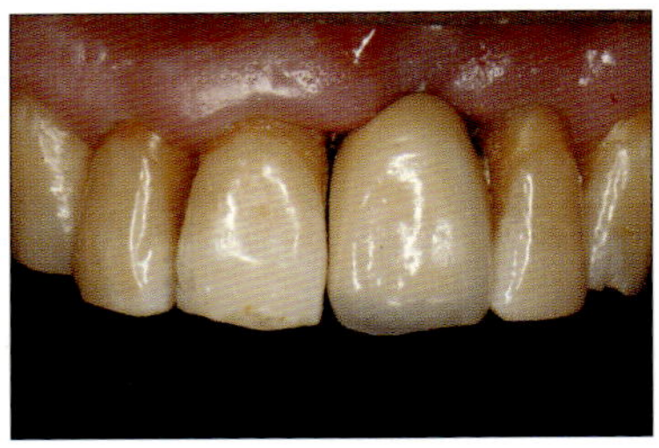

그림 5-5-4. 시술 후

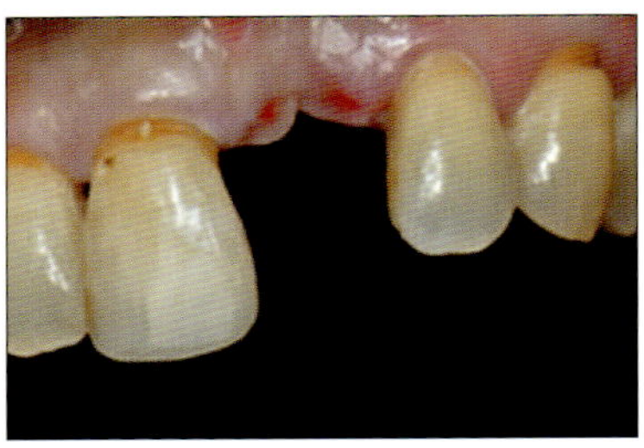

그림 5-5-5. 시술 전

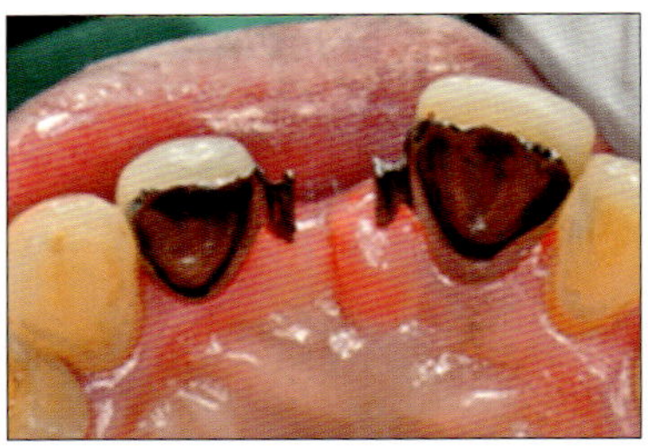

그림 5-5-6. AO retainers

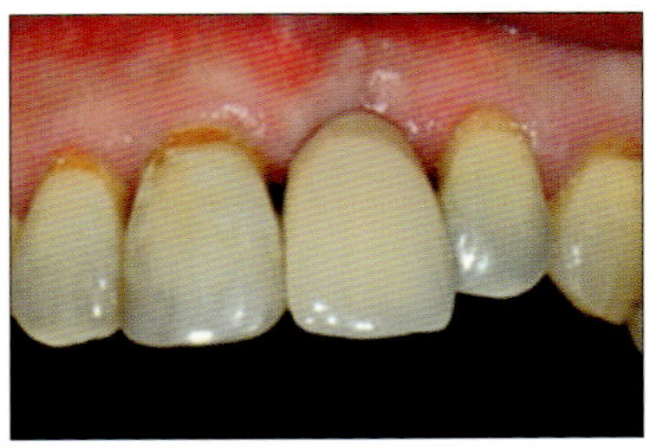

그림 5-5-7. 시술 후

아래 사진(그림 5-5-5~10)은 상악 좌측 소구치부의 선천성 결손으로 생긴 좌측 측절치와 좌측 견치 사이의 space를 보상하기 위해 AO bridge를 이용한 case이다.

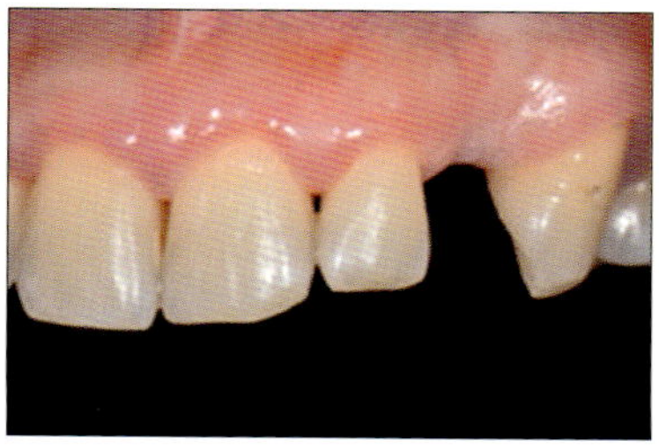
그림 5-5-8. 시술 전

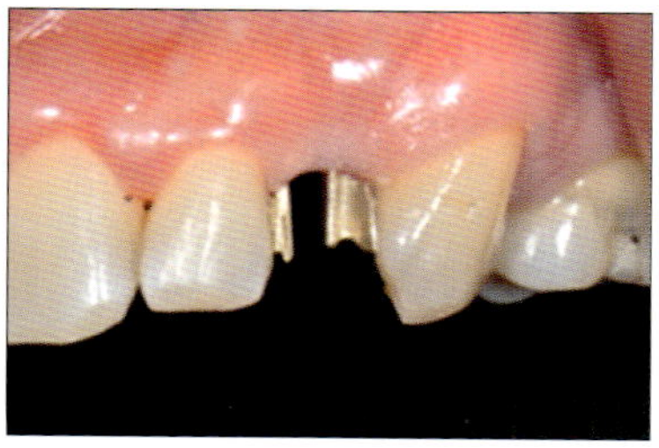
그림 5-5-9. AO retainers

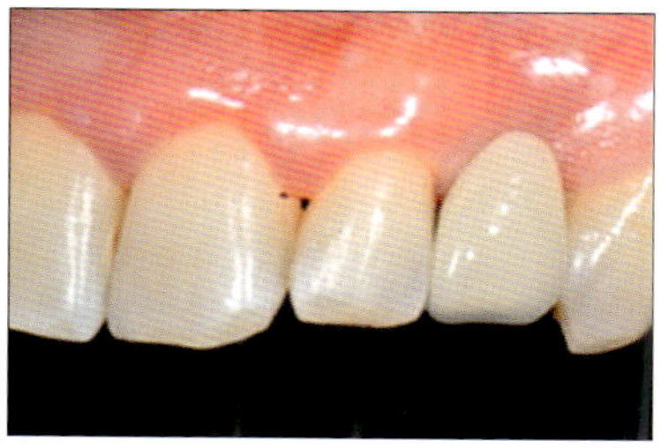
그림 5-5-10.시술 후

Deep overbite을 가진 40대 남자 환자의 경우다. 좌측 중절치=좌측 견치의 3-unit PFM bridge가 파절되어 root rest만 남은 상태로 내원 했는데, 임플란트 시술에 대한 거부감도 있었고 치아를 5년 만에 파절에 이르게 한 PFM 시술에도 강한 거부감이 있었다(그림 5-5-11).

우측 중절치의 설면은 0.5㎜ 삭제하고 vertical groove를 주었고, 좌측 제1 소구치의 설측교두를 1㎜ 삭제하여 typeⅥ gold alloy로 피개하도록 설계하였다. Pontic은 NI-Cr based PFM이다(그림 5-5-12~13). 그림 5-5-14는 시술 후의 모습이다.

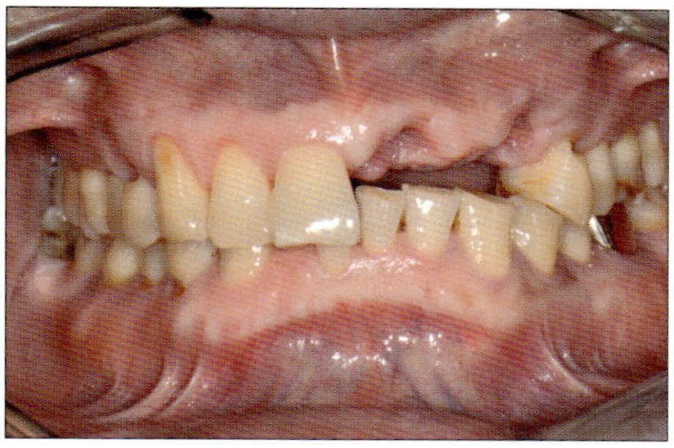
그림 5-5-11. 시술 전

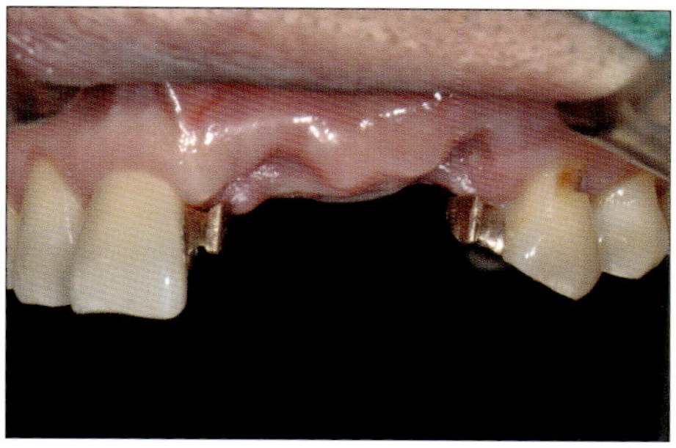
그림 5-5-12. AO retainers

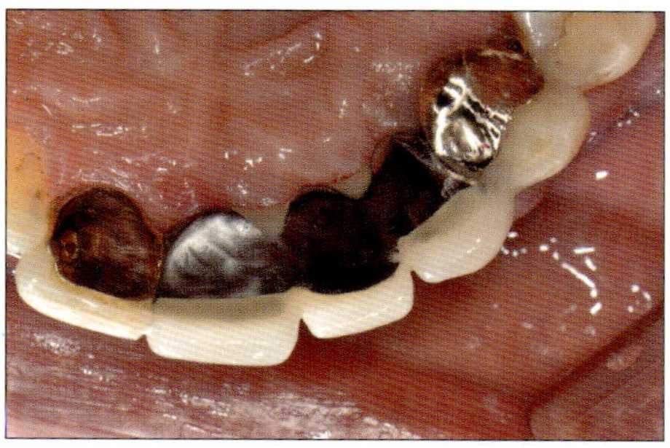
그림 5-5-13. 시술 후 설면

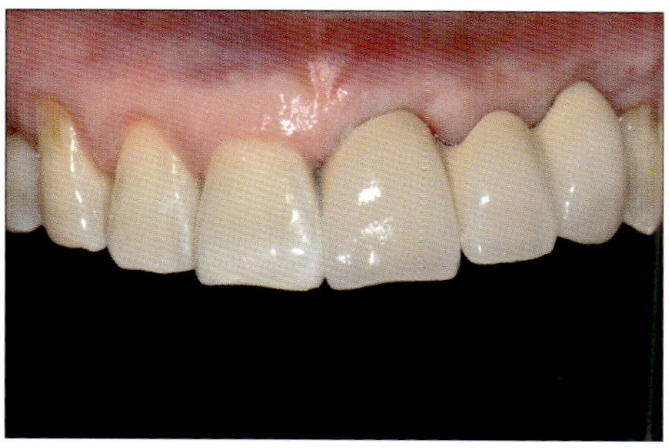
그림 5-5-14. 시술 후 순면, 상악 좌측 제1 소구치의 buccal surface의 abrasion 부위는 resin filling 하였다.

그림 5-5-15~20은 "moderate chronic periodontitis with mobility"를 가진 환자의 case이다. Mob(++)인 우측 측절치는 발치하였다. Mob(+) 동요도가 있는 하악 좌측 중절치와 좌측 측절치를 "splinting with composite resin" 하고, 좌측 중절치에서 우측 견치까지 4-unit AO bridge를 이용해 수복시켰다. 동요도가 있는 치아를 retainer를 이용해서 splinting 하는 것 보다는 하나의 지대치에 retainer를 부착하고 인접 치아와 지대치의 자연치질을 이용해 splinting하는 것이 failure의 확인이 용이하며 재시술 하는 경우 간편해 진다.

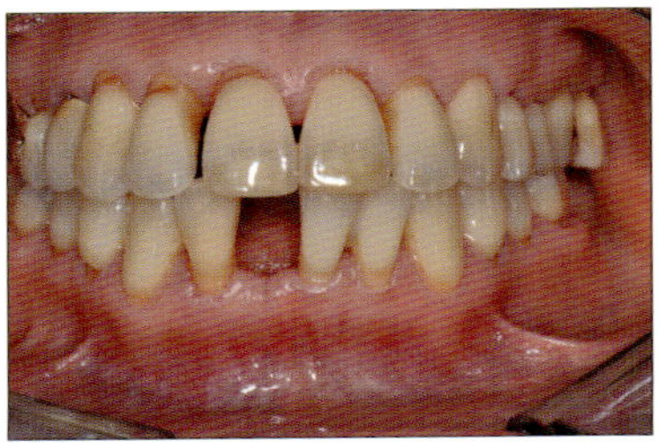
그림 5-5-15. 시술 전

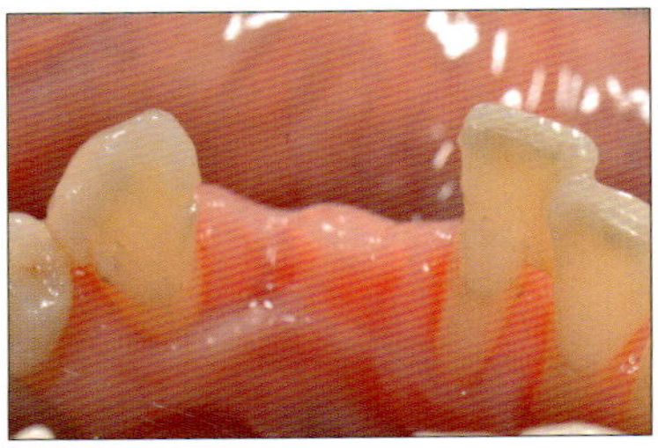
그림 5-5-16. 하악 우측 측절치 발치 후

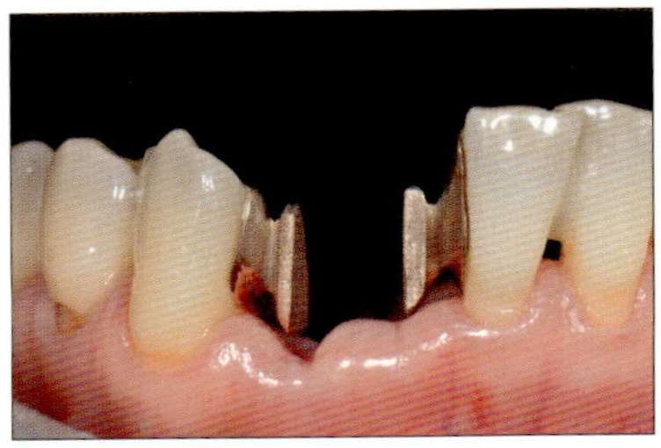
그림 5-5-17. Retainers 순면

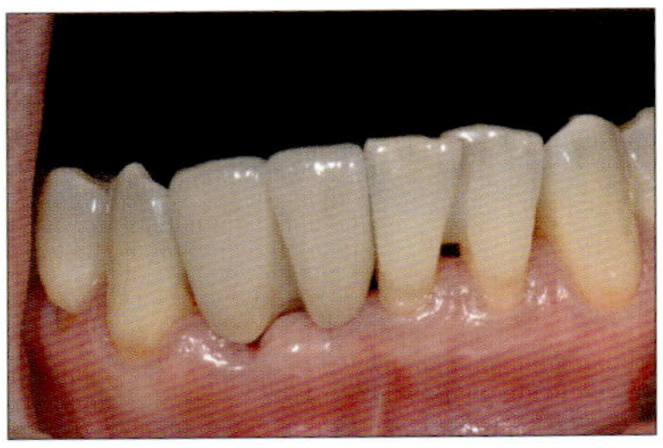
그림 5-5-18. 시술 후 순면

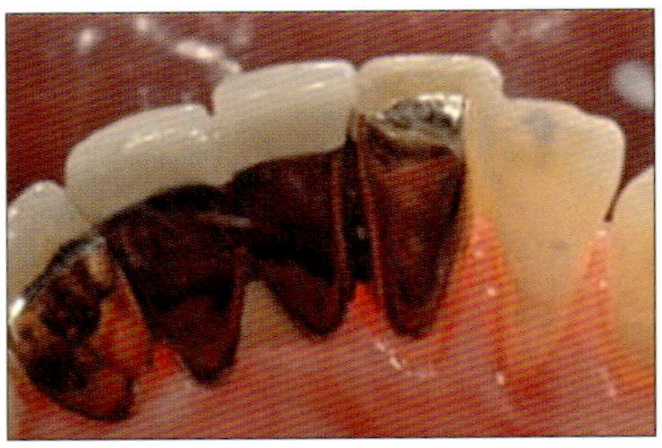
그림 5-5-19. 시술 후 설면

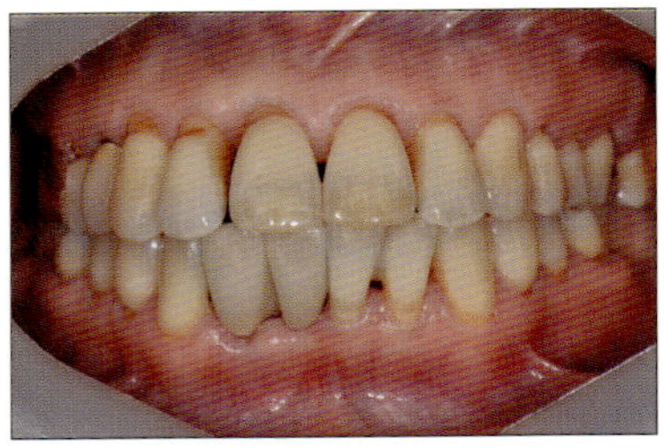
그림 5-5-20. 시술 후 전면

초기의 구치부의 AO bridge 디자인은 retainer에만 occlusal rest를 부착하였다(그림 5-5-21~22). Retainer의 male part만으로 pontic에 가해지는 교합력에 저항하기에는 부족한 경우도 있어 pontic의 침하현상이 나타났고, 이를 해결하고자 rest seat을 0.6㎜~0.8㎜이상 형성하여 retainer와는 별도로 pontic에도 occlusal rest를 부착하기에 이르렀다(그림 5-5-23~29).

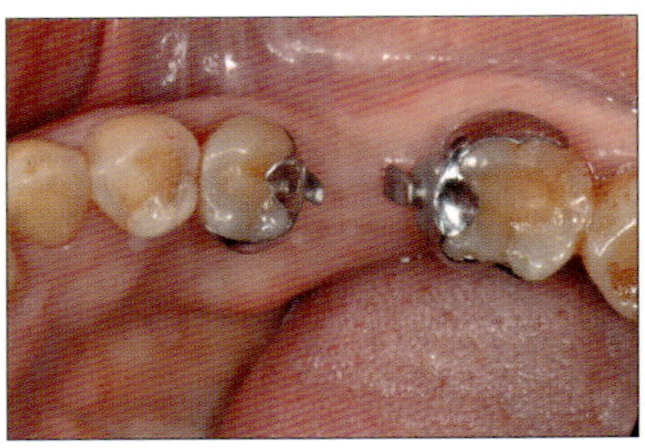
그림 5-5-21. 초기의 유지부에만 부여된 rest

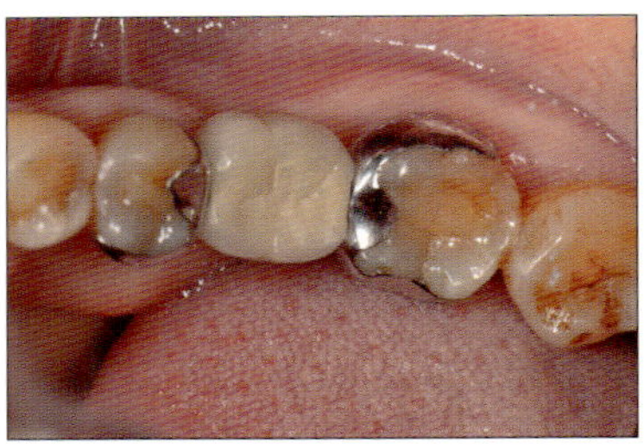
그림 5-5-22. Pontic without a rest

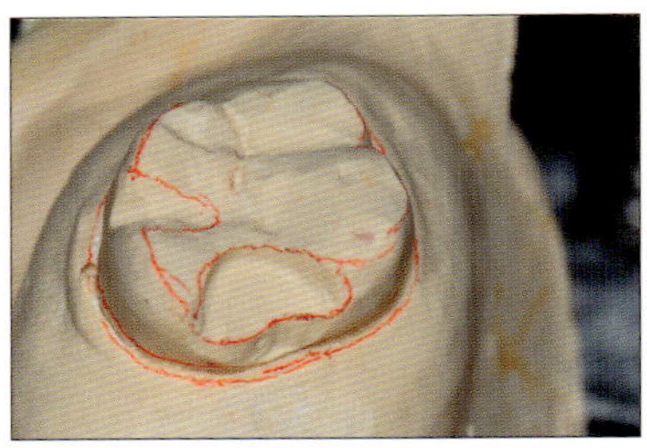
그림 5-5-23. 유지부와 pontic에 2중으로 rest를 주기위해 깊어진 rest seat 형성

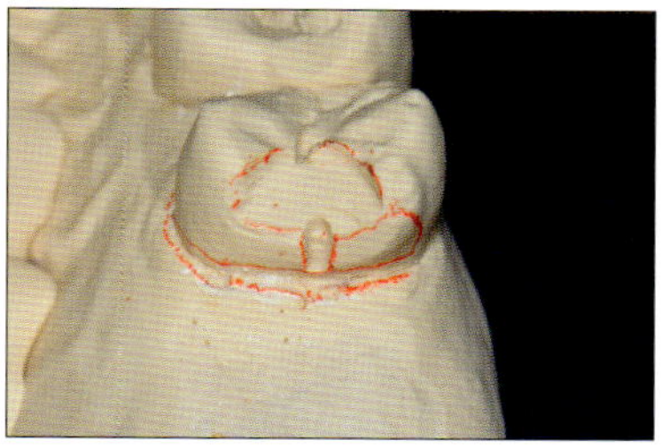

그림 5-5-24. Rest seat을 넓게 형성

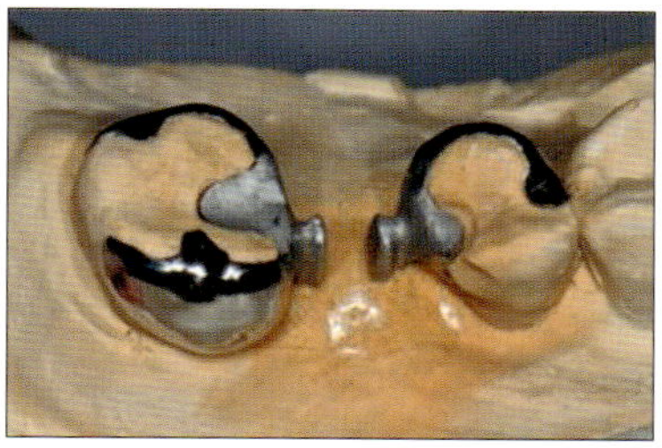

그림 5-5-25.Retainer의 rest는 sand blasting만 되어있다.

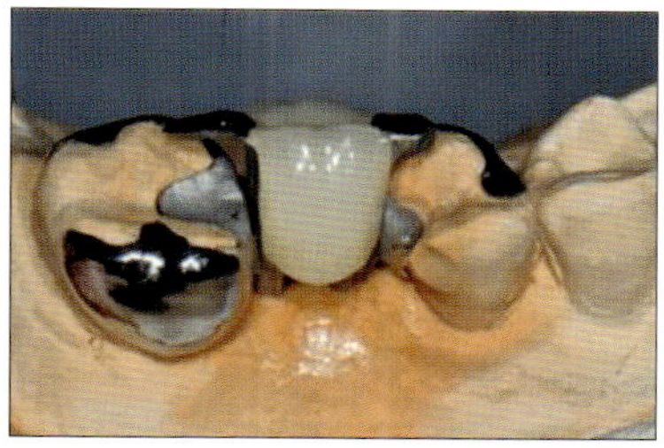

그림 5-5-26. Pontic with a rest

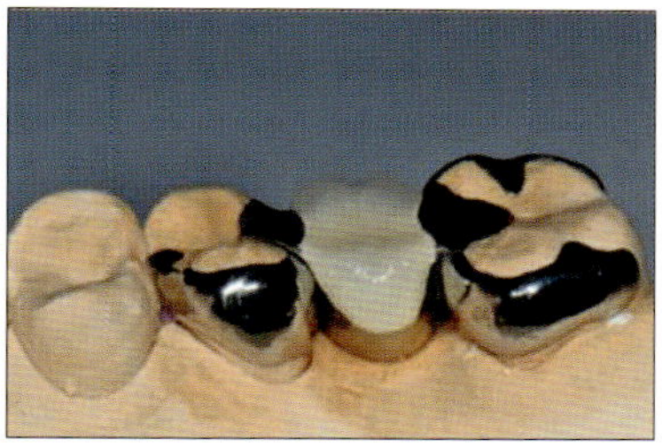

그림 5-5-27. 완성된 AO bridge의 설측 모습. Pontic의 rest 표면은 polished 된 상태

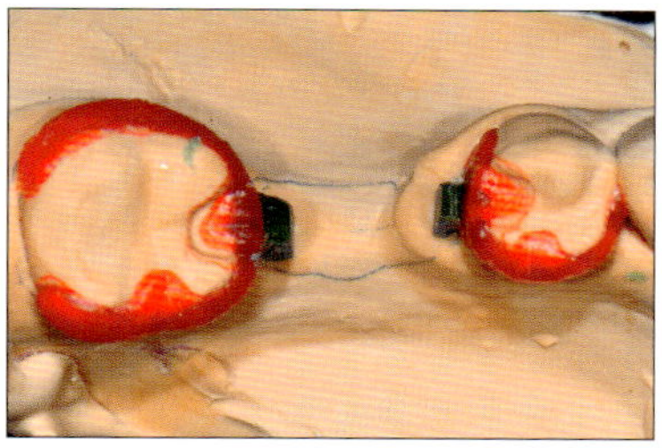

그림 5-5-28. 유지부를 위한 wax pattern

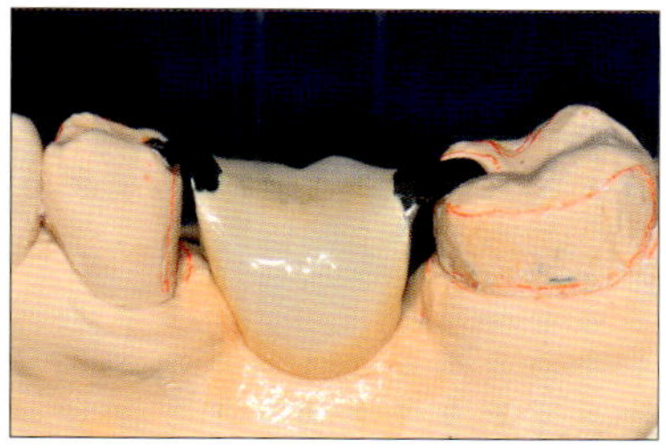

그림 5-5-29. 유지부 없이 pontic만으로도 재위치 된다.

그림 5-5-25~28에서 처럼 금속유지부의 일부가 rest seat을 피개하고, 금속유지부 rest 위를 pontic의 rest가 피개하는 형태로 제작하고 있다. 대구치의 marginal ridge의 enamel thickness는 1.5㎜, 소구치의 marginal ridge의 enamel thickness는 0.9㎜ 내외라고 알려져 있다. 교모가 진행된 치아에서는 dentin layer까지 침범할 수도 있을 것이나, 과경화된 상아질이 대부분이므로 치아형성 시에 국소마취 없이 진행하면 환자가 느끼는 sensativity만으로도 치아 형성의 깊이는 충분히 조절 가능할 것이다. Gold based alloy를 선택해야만 하는 경우에는 1㎜ 이상 충분한 depth를 부여하는 것이 좋겠다.

구치부에서 모든 pontic에 rest를 부착할 수 있는 것은 아니다. Pontic space가 좁아 pontic을 수평적으로 장착해야 하는 경우는 pontic에 rest를 부여할 수 없게 된다(그림 5-1-42~45). Pontic space가 좁은 경우는 pontic에 가해지는 교합력도 줄어들게 되므로 pontic의 침하 현상은 감소하게 될 것이다. 전치부와 구치부가 함께 지대치로 사용되는 경우 구치부에만 pontic with rest를 부여할 수 있다(그림 5-5-30~32). Pontic의 rest seat으로서의 retainer의 rest들은 다양한 형태를 가질 수 있는데 그 목적은 pontic의 rest가 적절한 강도를 가져야 한다는 데 있다(그림 5-5-33~35; arrow).

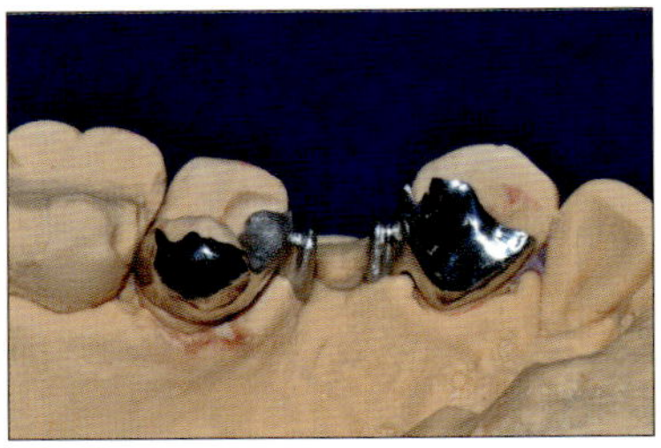

그림 5-5-30. Retainers

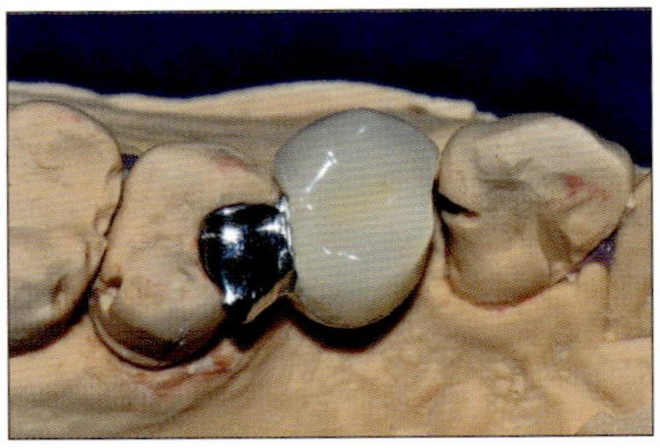

그림 5-5-31. Pontic

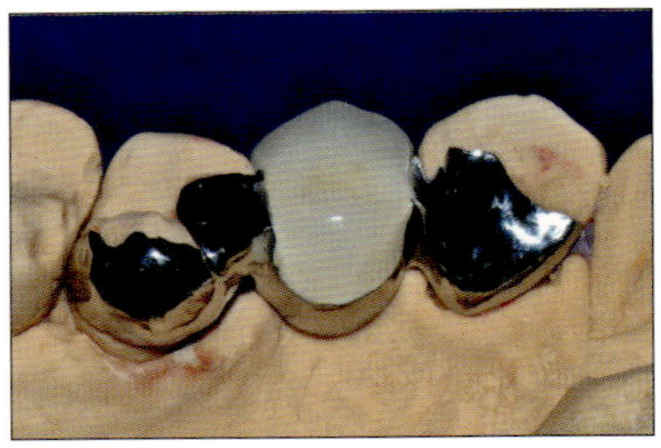

그림 5-5-32. AO bridge

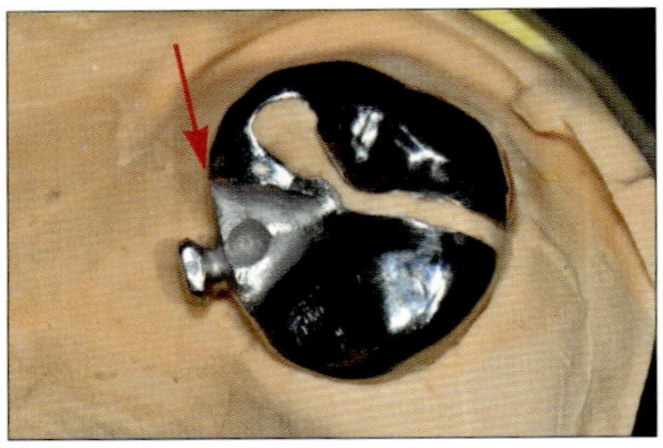

그림 5-5-33. Pontic의 rest seat

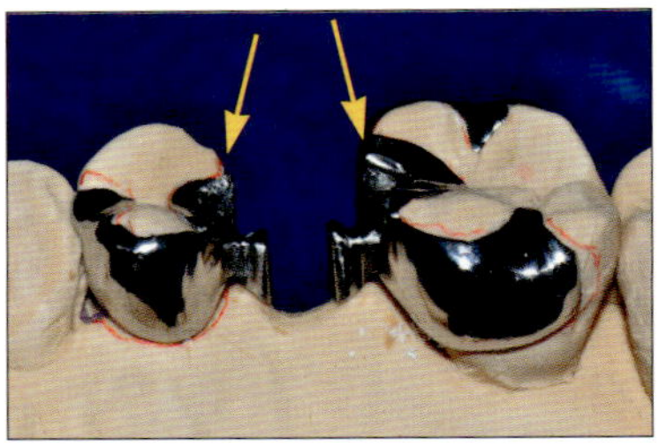

그림 5-5-34. Pontic의 rest seat

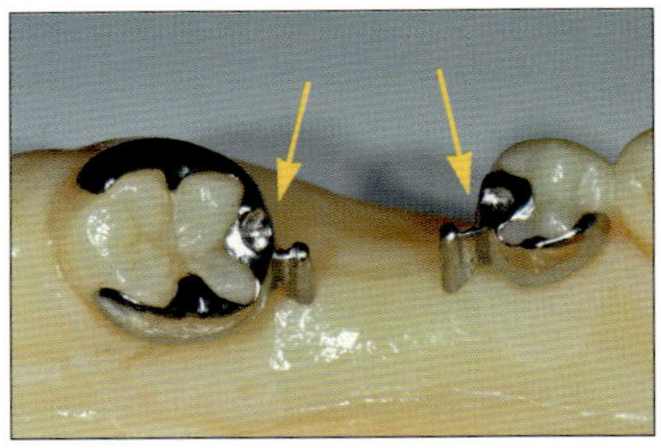

그림 5-5-35. Pontic의 rest seat

Creuger 등의 meta-analysis에서 Maryland type의 보철물의 4년 생존율이 74%라 결론지었는데, 이는 초기의 perforated retainers를 이용한 레진접착성 보철물까지 포함시킨 결과라 여겨진다. 최근의 개선된 치아 형성 technique을 적용한 케이스에서는 대부분 90%를 넘는 생존율이 보고되어 왔다. 그러나 conventional fixed bridge의 10년~14년 생존율이 70% 이상인 보고들을 감안하면, 최소침습적 개념의 bridges의 당면 과제는 meta-analysis에서 10년 이상의 생존율이 70% 이상 되도록 시술할 수 있는 technique과 근거가 얻어져야 할 것이라고 사료된다. 치질의 보존을 최대로 하면서 기능적이고, 견고한 보철물을 제작하기 위한 노력의 일환으로 AO bridge도 발전할 것이라 믿는다. 치질의 보존을 위해 생존율을 희생시킬 수는 없으므로, 약간의 상아질층으로의 침범은 허용할 수 있는 문제라 생각된다. 축벽의 삭제량은 부족해도 약간의 over-contour를 야기하고, 임상적으로 큰 문제는 아니지만 구치부 rest seat의 depth는 삭제한 만큼만 얻어지는 경우가 대부분이라 최소한 소구치에서 0.6㎜, 대구치에서 0.8㎜ 이상의 depth가 확보되어야 하며, 이는 AO bridge의 생존율에 직접적인 영향을 준다.

Chapter 6

Overcoming The Failure Cases

Within 30 months, 23 out of 147 cases failed.

Chapter 6. Overcoming The Failure Cases

30개월 동안 시술한 AO bridge와 RBFPD의 통계는 다음과 같다.

128명의 환자에서 147 units를 시술했는데, typeⅥ gold alloy로 113 units을, Co-Cr alloy로 34 units를 시술했고 이 중 abutment에 301개의 retainer가 사용되었고 수복한 pontic의 수는 201개 였다. 이들 중 23 units가 fail했는데, 모두 gold alloy로 제작한 case였고 6개월 후부터 24개월 만에 제거/탈락했다. 6개월 후 2 cases는 시술 후 탈락이 아닌 다른 이유로 제거 후 다시 시술한 경우이고, 접착의 실패로 탈락한 케이스는 19 units였으며, 2 units는 retainer가 파절되었었다. Co-Cr alloy로 제작하기 시작한 12개월 동안 34증례에서 탈락한 case는 없었다. 실패의 양상 및 후속 처치를 간략히 살펴보겠다(표 6-1).

표 6-1.

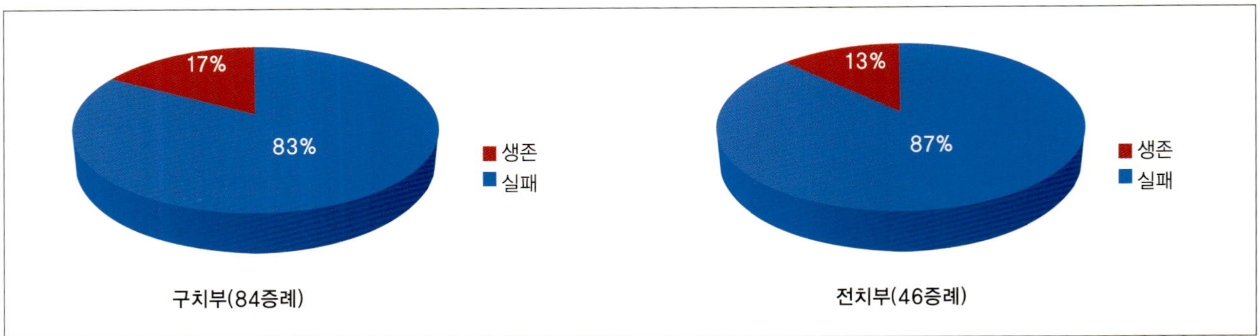

전치부 보다 구치부에서 실패가 많았는데, 탈락의 원인 중 교합력에 대한 저항력의 부족이 중요한 요소로 작용했다고 보여진다. 구치부 실패는 모두 17증례였고, 실패한 증례에서 29개의 retainer와 14개의 pontic이 사용되었는데, 2개의 retainer들은 2차 우식이 진행되어 full veneered crown으로 변경하여 crown과 혼용하여 재시술 하였다. 27개의 구치부 retainers들은 Co-Cr based alloy로 변경하여 AO bridge로 재시술하였다.

전치부 실패는 6증례였고, 모두 23개의 retainer와 12개의 pontic이 사용되었는데, 2개의 retainer들은 2차 우식으로 full veneered crown으로 재시술 하였다. 6증례 중 4증례가 2개 이상의 지대치를 splint한 retainers에서 발생되었다, splint된 retainer의 말단부를 절단시키는 것으로 보철물의 탈락이 없음을 확인한 증례가 세 case였으며 retainer를 제거한 부위는 resin filling으로 대체하였다. Splint한 1증례는 retainer가 파절되어 있었다. 전체 147 증례에서 splinted retainer를 사용한 증례는 모두 16증례였는데, 이 중 전치/구치부를 합하여 7증례가 실패하여 41%의 실패률을 보였다. 이러한 사실로 미루어 보아 지대치의 개수를 증가시켜 약한 지대치를 보강하려는 것은 위험하며, metal의 rigidity가 typeⅥ gold 보다 강한 Co-Cr based alloy가 유리함을 알 수 있었다.

구치부에서 cantilever type으로 모두 8증례가 사용되었는데, 이 중 4증례가 실패하여 50%의 실패률을 보여 이 또한 신중한 접근이 필요할 것이라 사료된다.

상악과 하악을 나누어 살펴보면(표 6-2,3) 전치부에서 상악의 실패율이 하악보다 2배 가량 높게 나왔는데 상악에서는 전치부 유도로(anterior guidance)에 따른 교합력의 적절한 분산이 하악보다 어려운 문제를 제공하는 것이 한 가지 원인으로 작용했을 것으로 추정해 본다.

하악 구치부에서는 44증례 중 8증례가 실패하여 18.2%의 실패율을 보였고, 상악 구치부에서 57증례 9증례가 실패하여 중 15.8%의 실패율을 보여 하악 구치부에서 다소 높은 실패율을 보였다. 상악 구치는 임상치관의 길이가 길고, dry field의 확보가 하악보다 유리한 점 등이 성공율에 기여 하였을 것이라 추정된다.

표 6-2.

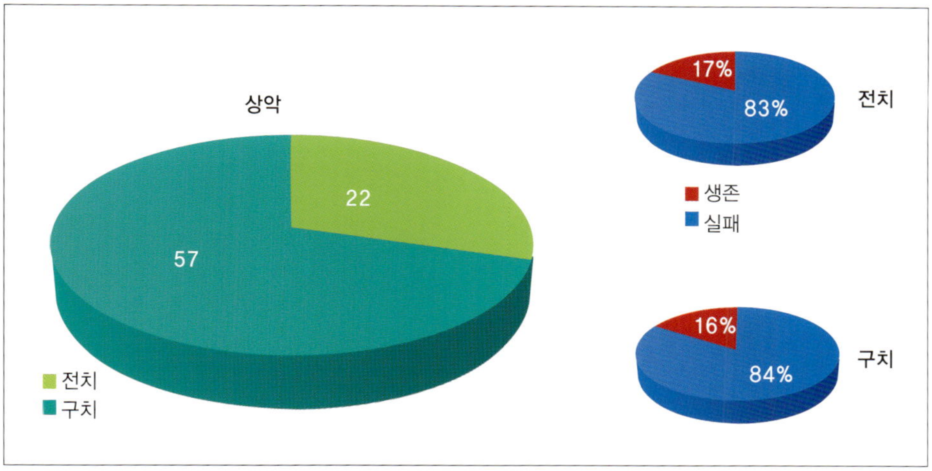

표 6-3.

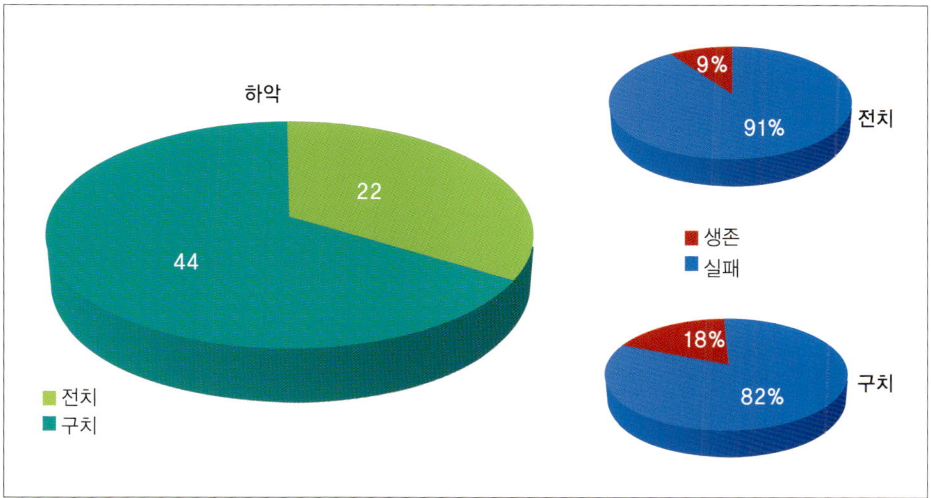

1) Failure of splinted anterior RBFPD

Missing on lower incisor with teeth moblity를 주소(chief complaint)로 내원한 70세 여자 환자의 case이다. 31번이 상실되어 있고, 32번, 41번 teeth에 Mob(++)인 상태였다. 지대치를 splinting하여 강화할 목적으로 33번과 42번 치아를 지대치에 포함시켜 5-unit modified RBFPD utilizing tooth undercut(이하 Mod- RBFPD)를 이용해 수복하였다. 시술 후 6개월 후 42번 치아의 설면에 food impaction이 심하다는 주소로 재내원했다(그림 6-1). 42번 측절치의 retainer와 치질의 분리와 42번 치아의 cavity 형성이 보인다.

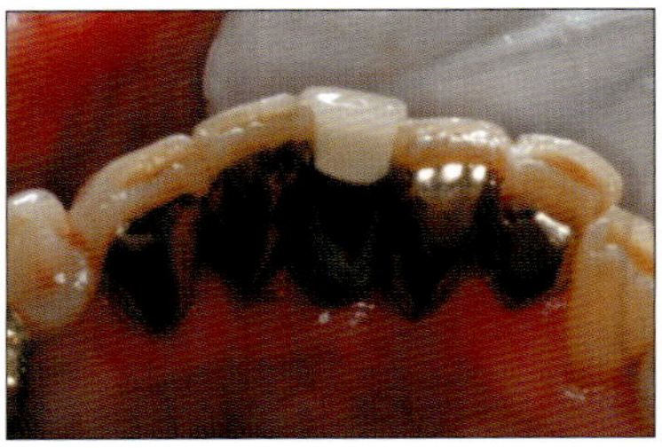

그림 6-1. 시술 6개월 후 재내원

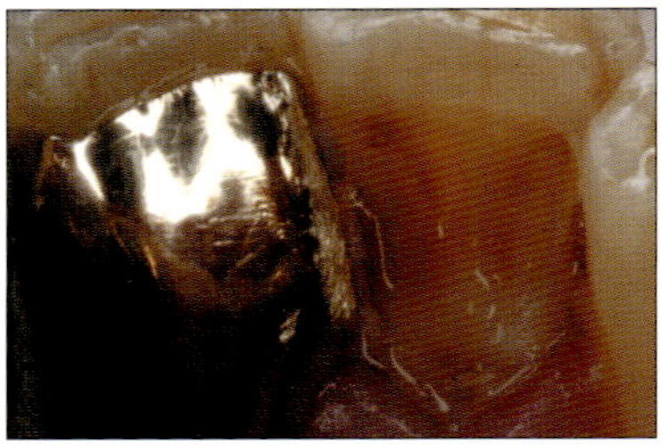

그림 6-2. 42번의 유지부 제거

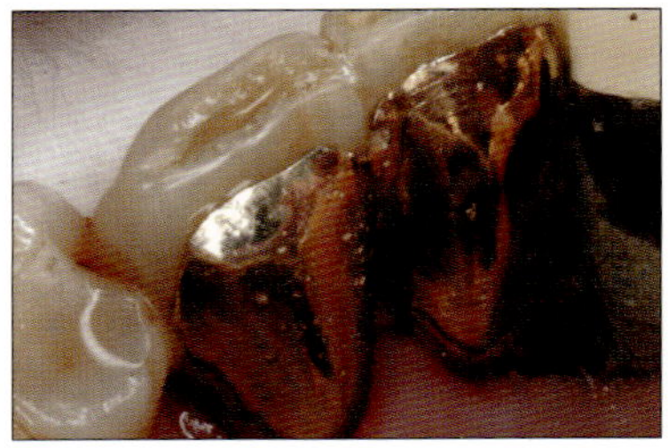

그림 6-3. 32번, 33번의 유지부

먼저 42번 치아의 유지부를 cutting하고 우식(caries) 부위를 제거하였다(그림 6-2). 41번의 유지부와 spint한 33번, 32번의 retainer의 접착 상태는 견고하였고(그림 6-3) 이 상태의 bridge만으로도 얼마간은 유지될 수 있는 상태로 판단되어 42번 설면을 resin-filling하여 지켜보기로 하였다(그림 6-4). Resin filling 후 8개월 후의 재내원 시(그림 6-5)에도 Mod-RBFPD는 유지되고있다.

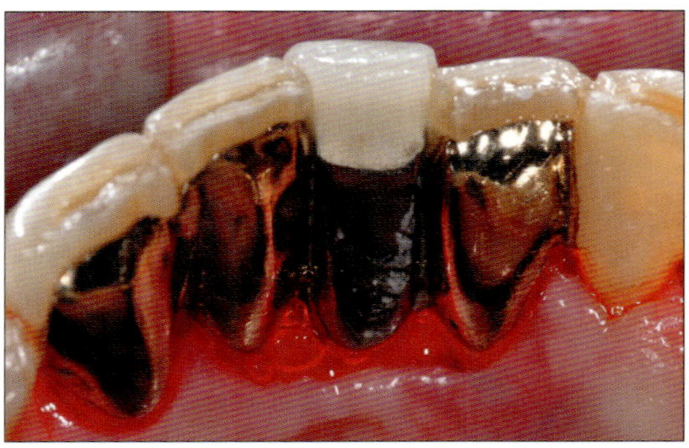

그림 6-4. 42번을 레진충전하고 지켜보기로 하였다.

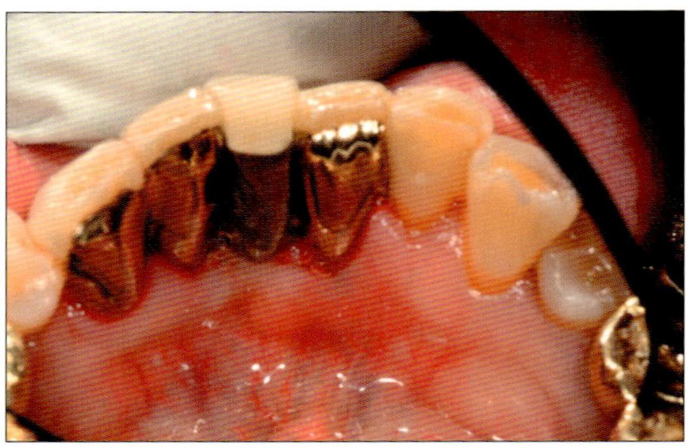

그림 6-5. 레진충전만 하고 4-unit bridge의 상태로 8개월 경과 후의 모습.

Mobility를 가진 치아를 AO bridge의 지대치로 사용하는 criteria를 명확히 결정하기 위해서 많은 연구가 필요할 것이지만, 환자의 치주적, 교합적 문제와 함께 환자의 사회/경제적 문제, 연령 등이 고려되어야 할 것이다. 그러나 지대치로 사용하기로 결정한 mobile tooth를 강화하기 위해 인접한 건전한 치아를 지대치로 포함하는 문제에는 더욱 신중해야 한다. 대부분의 경우, 지대치의 유지장치가 명확히 형성되었다 하더라도, 서로 다른 방향의 지대치들의 움직임은 더욱 빠른 실패를 야기시키기 때문이다. 치아는 28~108㎛의 movement range를 가지는데, Arch segment에 따라 독립적으로 움직인다. 서로 다른 방향의 움직임은 alloy-resin bond의 특정 부분에 stress를 집중시켜 cement의 microleakage를 초래할 수 있다. 단 2개의 retainer를 가지는 보철물의 성공률이 87.8%인데 반해 2개 이상의 retainer를 가진 RBFPD의 성공률이 56.3%에 불과하다는 Chang H-K, Zidan 등의 보고는 많은 시사점이 있는 것이다.

2) Failure of modified RBFPD utilizing tooth undercut on premolar area

상악 우측 제1 소구치가 상실되어 Mod-RBFPD로 수복시켰던 53세 여자환자의 case를 살펴 보자. Bridge 수복 후 1년 6개월 뒤 저작 시에 hypersensitivity를 호소하였는데, canine의 retainer 계면에 caries가 발생되어 있었다(그림 6-6). Canine의 retainer는 이미 지대치와 분리되어 있었으나, 제2 소구치의 retainer는 완전히 이탈되지는 않은 stuck failure 상태였다. 제2 소구치의 Retainer와 pontic을 연결부를 cutting 하였다(그림 6-7).

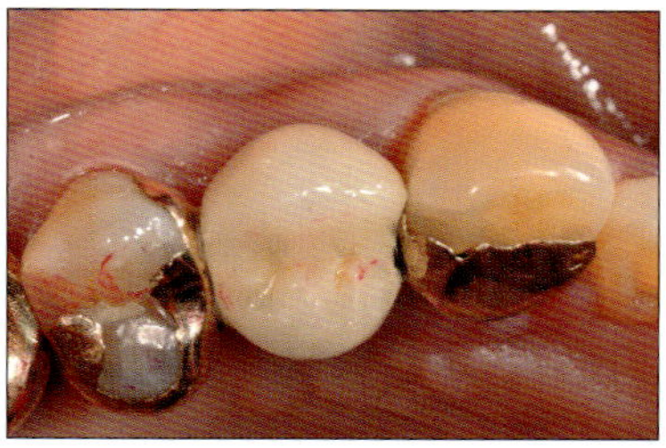

그림 6-6. Mod-RBFPD 술 후 1년8개월 경과

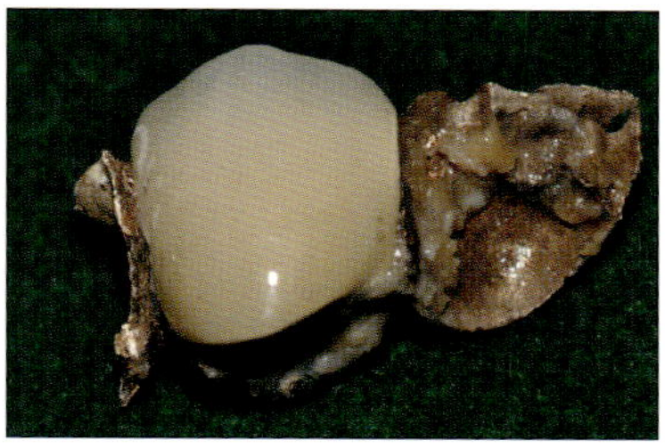

그림 6-7. cutting된 브리지. 레진시멘트는 모두 소실되어 있다.

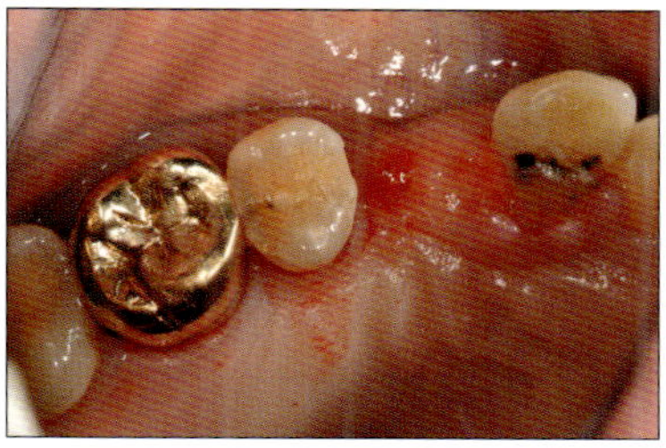

그림 6-8. 견치의 급성 진행성 우식 소견

Cutting된 금속피착부를 보면 레진시멘트의 microleakage로 인한 adhesive failure로 추정된다.

Canine(犬齒)의 transverse groove 형성부에는 acute progressive caries의 소견을 보였다(그림 6-8). 견치의 우식부를 제거하고 resin filiing 하여 AO bridge를 위한 치아형성을 하였다. 견치의 유지력 부족으로 인한 cement의 미세파절이 탈락의 주원인으로 추정되어 근/원심 groove를 0.4㎜ TR122ff bur로 명확히 주고 횡구로 연결하였다. 제2 소구치의 근심 vertical groove를 추가하여 형성하였다(그림 6-9).

유지부의 견고성을 위해 Co-Cr Alloy를 사용하여 제작하였고, 접착 전에 Rocatec Soft로 금속피착면 처리를 하였다(그림 6-10). 재시술한 지 6개월 경과되었고 6개월 recall check에서 특이한 증상 없이 잘 기능하고 있다(그림 6-11~12).

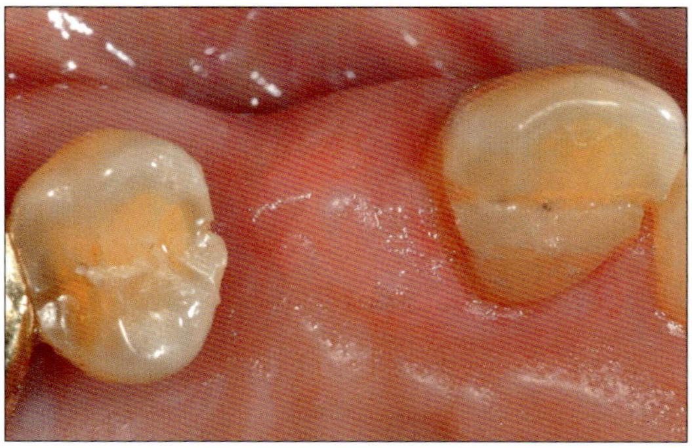

그림 6-9. AO bridge를 위한 치아형성

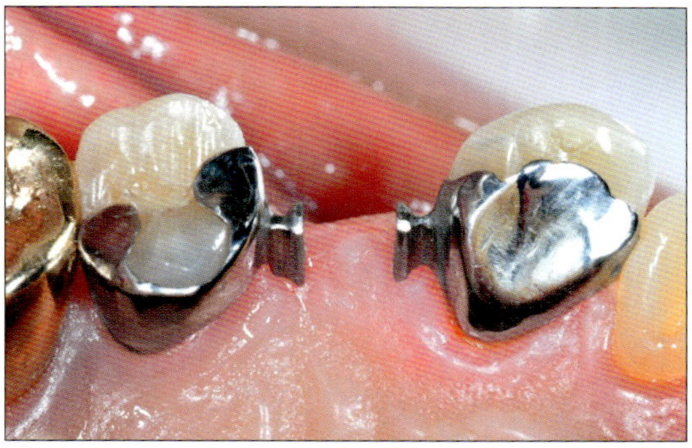

그림 6-10. Co-Cr Alloy retainer가 장착된 지대치

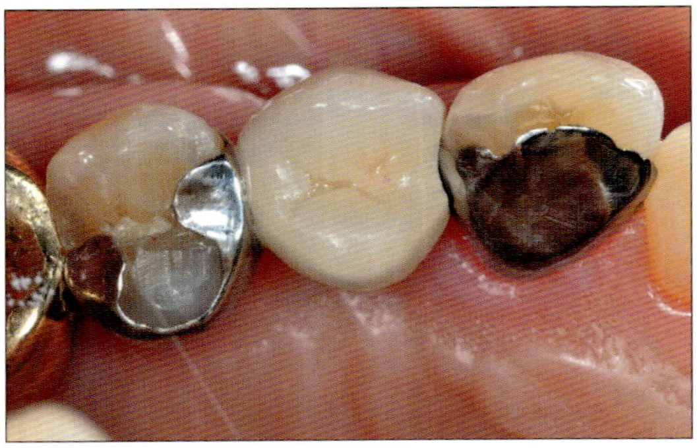

그림 6-11. Pontic 결합 후 완성된 AO bridge(설면 사진)

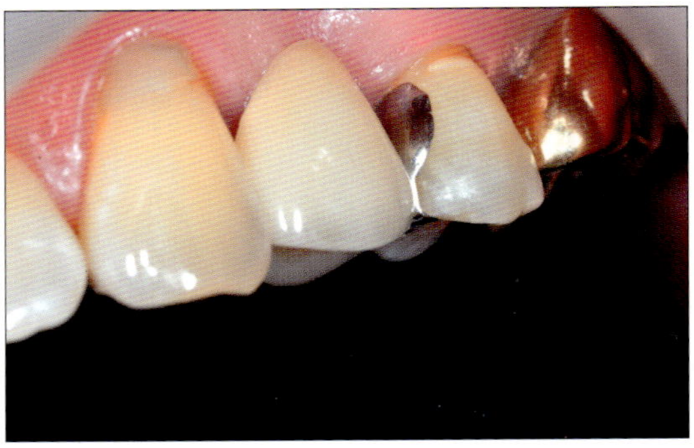

그림 6-12. 재시술 후 6개월 후의 순면 사진.

3) Failure with sinking of pontic in posterior area

(1) 하악 우측 제1 대구치가 상실된 65세 여자환자의 케이스를 살펴보도록 하겠다.

Mod-RBFPD를 이용해 수복한지 1년 9개월 경과되어 정기적 recall check appointment 때, 환자는 "잇몸이 가끔 붓고, 세게 씹으면 눌리는 느낌이 있으며 때로 입냄새가 나는 것 같다"고 했고, 외견상 보기에는 intact한 듯 보였다(그림 6-13). Buccal view에서 pontic 하방의 치은이 압박되고 있음이 보인다(그림 6-14; 화살표). Explorer로 retainer의 distal end 부위를 들어 올려보니, 제2 대구치의 유지부가 stuck failure(유지부와 치질 사이의 결합은 이미 파괴되었지만 전체 보철물이 지대치에서 이탈되지 않고 있는 상태)되어 있었다(그림 6-15). Retainer를 cutting한 후의 그림 6-16을 보면 pontic의 하방에 압흔(pressure spot area)이 뚜렷이 나타난다. 제2 대구치의 치질에는 cement이 붙어 있는 것으로 보아 금속과 레진시멘트 계면에서의 adhesive failure가 주된 요소임을 짐작할 수 있고, 제2 소구치의 설면 치은 상방에 caries가 진행되고 있음도 보인다(그림 6-17). 제거된 보철물의 금속피착면에 cement가 소실되어 있다는 것도 "adhesive failure between metal and resin cement" 양상을 설명해 주는 것이다(그림 6-18).

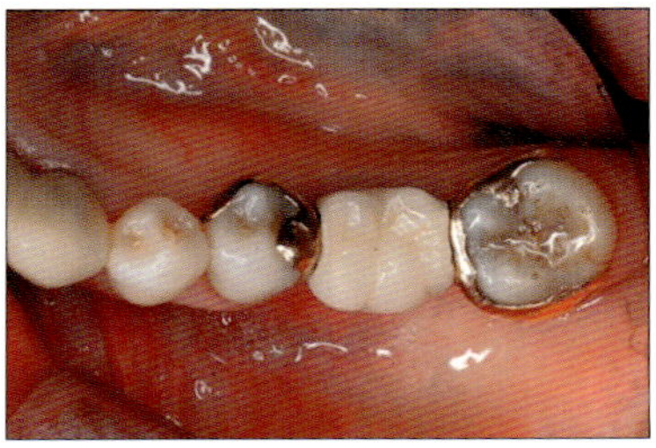

그림 6-13. Recall check. 전체적 외관은 정상적으로 보임

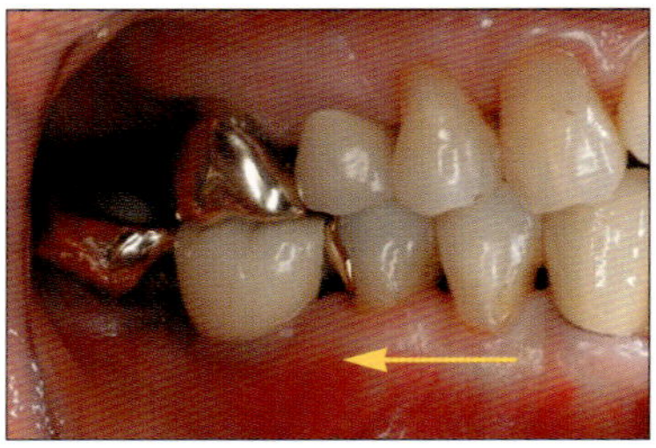

그림 6-14. 협면에서 보면 pontic 하방의 치은 압흔이 뚜렷하다. 치은 압흔은 "stuck failure"의 강력한 임상적 증거 중의 하나이다.

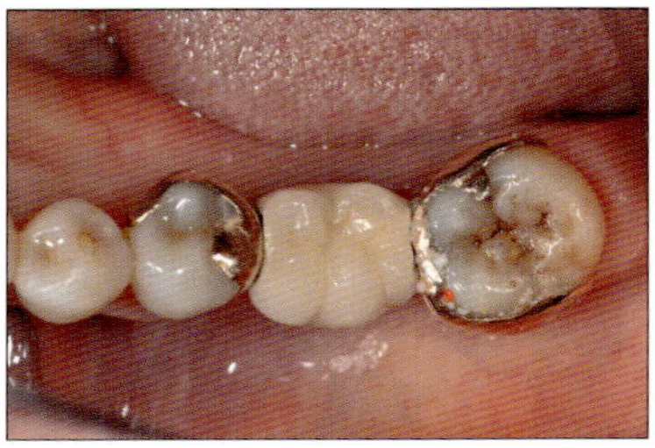

그림 6-15. Retainer에 dislodgment force를 가하면 retainer는 움직이게 되고 retainer와 치질 사이의 food debris가 나타난다.

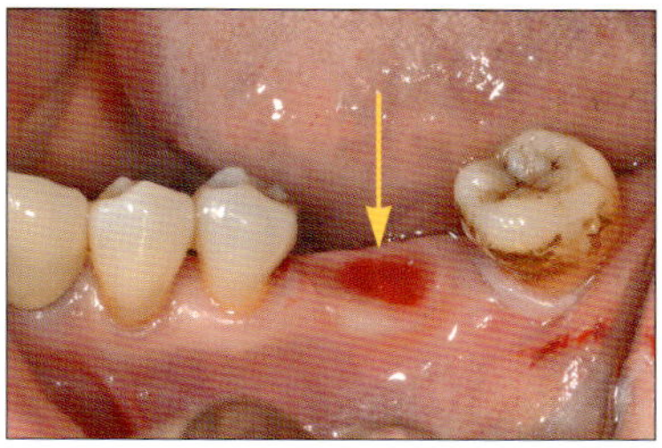

그림 6-16. Pontic에 의한 압흔이 뚜렷하고(화살표), 제2 대구치의 축벽에는 resin cement가 남아 있다.

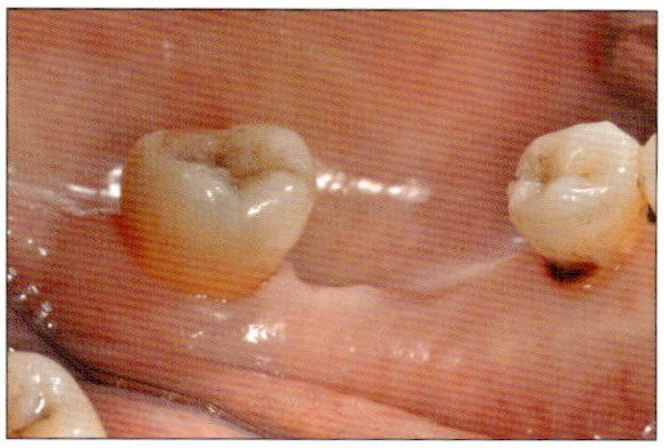

그림 6-17. 제2 소구치의 설면 치은부에 caries가 진행되고 있다.

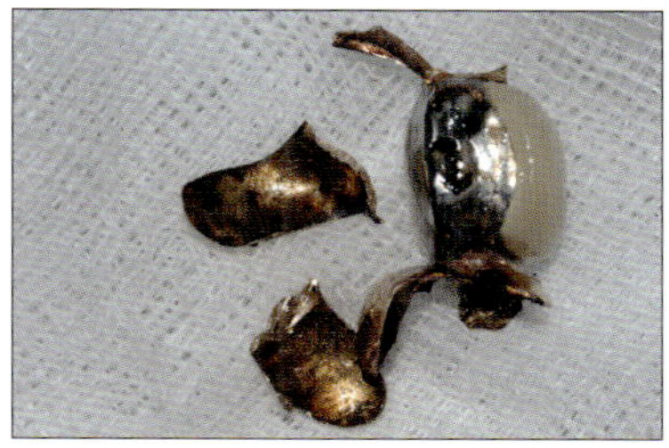

그림 6-18. Retainer를 cutting 해야만 보철물을 치아에서 빼낼 수 있다. 금속피착면에 레진시멘트는 없었다.

Pontic이 attachment의 일종인 male & female part 사이의 resin cement에 의해 retainer와 결합되어지는 3-pieces bridge는 고정성 전장관 브리지(full veneered fixed bridge)에 비해 훨씬 복잡한 힘의 전달 체계가 작용한다. 빛이 매질이 다른 물질을 통과할 때 굴절현상을 일으키듯 힘(force)도 metal과 resin이라는 다른 매질의 계면에서는 전달 방향이 달라지게 된다.

Semi-rigid connection을 가진 3-unit bridge가 rigid full veneer bridge에 비해 각 지대치에 전달되는 교합력이 감소되는 유리한 측면이 있는 동시에 retainer의 male and female part의 결합 부위가 fulcrum이 되어 제1종 law of leverage에 의한 moment of force가 발생되기도 한다(그림 6-19). 또한 금속의 굴곡 강도가 약해 금속의 휘어짐 현상이 일어나게 되면 fulcrum을 중심으로 거리가 먼 쪽의 유지부에 dislodgment force가 집중되어 탈락은 더욱 용이해 질 것이다. 이 원리를 케이스에 적용해 보면 그림 6-20에서 처럼 제2 대구치의 retainer에 dislodgment force가 작용하게 되고 제2 대구치의 유지부의 유지력에 따라 탈락의 요인으로 작용하게 될 것이다.

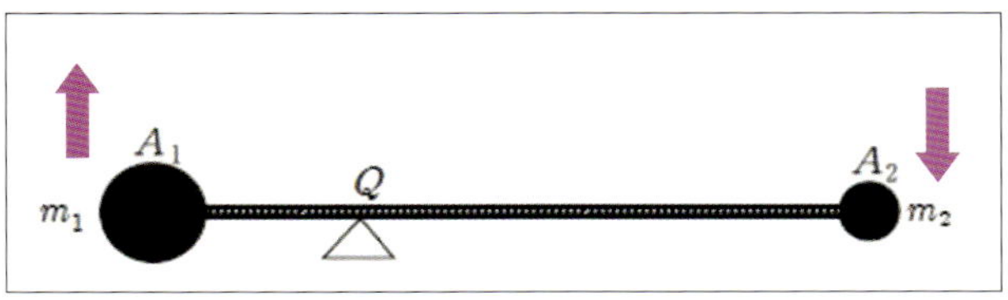

그림 6-19. Lever action
지지점(fulcrum)을 중심으로 거리(A)x모멘트(M)가 동일할 때 지렛대는 평형을 이룬다. 즉, A1 X M1=A2X M2

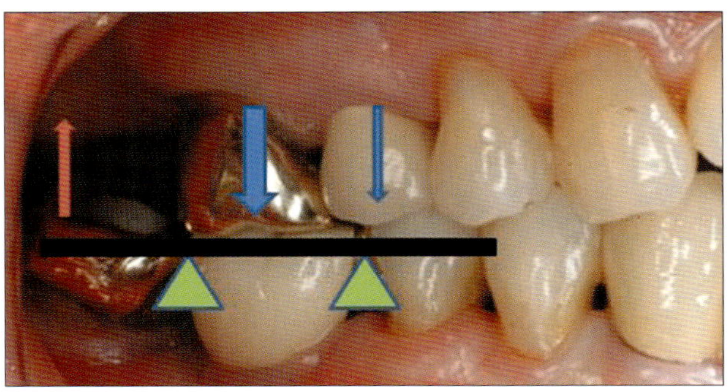

그림 6-20.
제1종 지렛대의 원리가 작용되는 케이스. Blue line은 보철물에 작용하는 교합력을, green triangle은 male and female part의 fulcrum을, red line은 제2대구치에 작용하는 dislodgment moment of force를 나타낸다. 이런 케이스에서는 제2대구치의 금속피착면의 접촉면적을 증가시키고, 주의 깊은 피착면 처리를 통해 shearbond strength를 증가시켜야 한다.

보철물을 제거하고 pontic의 침하로 인한 압흔(pressure spot)이 치유된 후(그림 6-21) AO bridge를 위한 치아형성을 하였는데, 우식 부위는 레진 충전 하였다(그림 6-22).

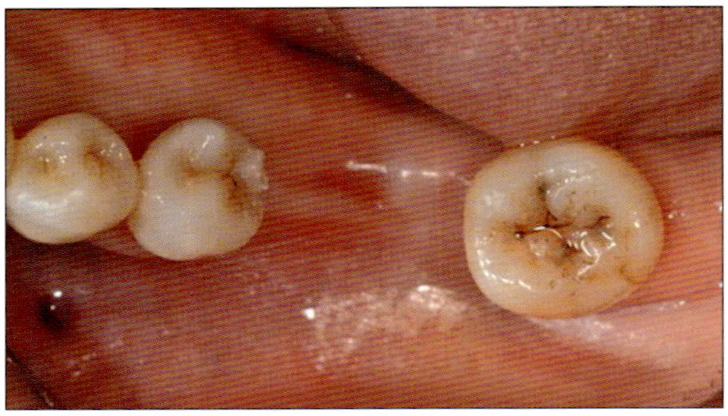

그림 6-21. Pontic 제거 1주일 후 압흔은 치유되었다.

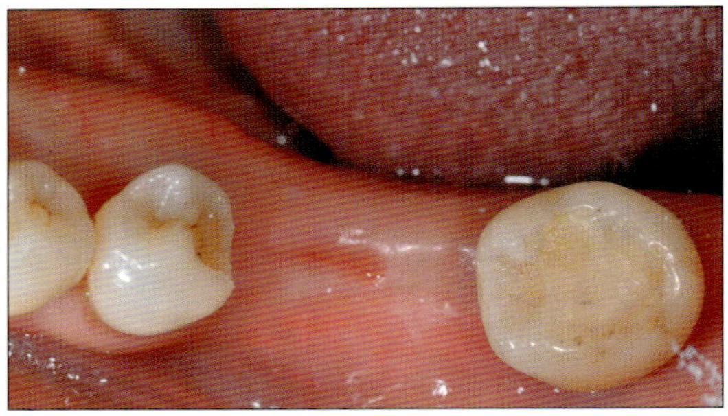

그림 6-22. 우식 부위의 레진 충전과 치아 형성이 완성된 사진

제2 소구치에는 distal groove와 occlusal rest seat을, 제2 대구치에는 occlusal rest seat을 형성하였고, retainer에 부여하는 occlusal rest와는 별도로 pontic의 sinking을 방지할 목적으로 ponic에 occlusal rest를 부여하기로 하였다(그림 6-23~24).

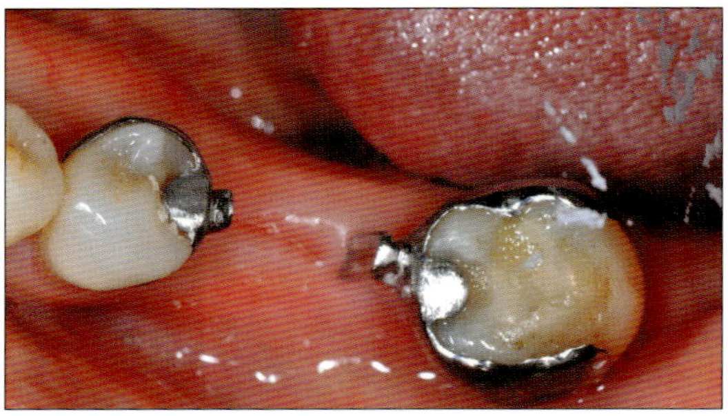

그림 6-23. 지대치의 occlusal rest seat의 일부를 retainer의 occlusal rest가 피개한다.

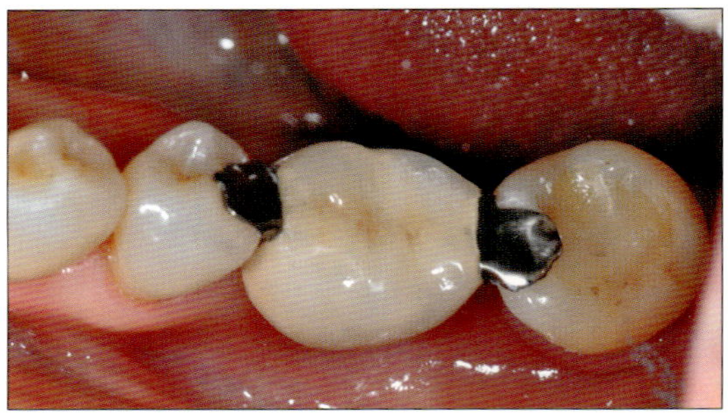

그림 6-24. Pontic의 rest는 치아형성된 rest seat의 변연(margin) 전체를 피개 하도록 디자인 하였다.

Retainer의 rest가 지대치의 rest seat 전체를 1/2 depth만큼 피개하는 디자인도 가능한데 이럴 경우 occlusal rest를 위한 치아형성의 depth는 최소 0.6㎜ 이상이며, 대구치를 위해서는 0.8㎜ 이상을 권한다. MIP(Maximum Intercuspal Position)에서 occlusal rest 위에 교합접촉(occlusal contact)이 오는 경우 rest의 파절을 방지하기 위해서는 충분한 금속의 두께가 필요한 것이다. Delivery appointment day에 Retainer만 M-Bond®로 접착시키고 pontic은 temporary cementation 하였다(그림 6-25). 1개월 후 pontic을 Maxem®으로 접착하였다.

그림 6-26은 시술 후 6개월 후의 사진이다.

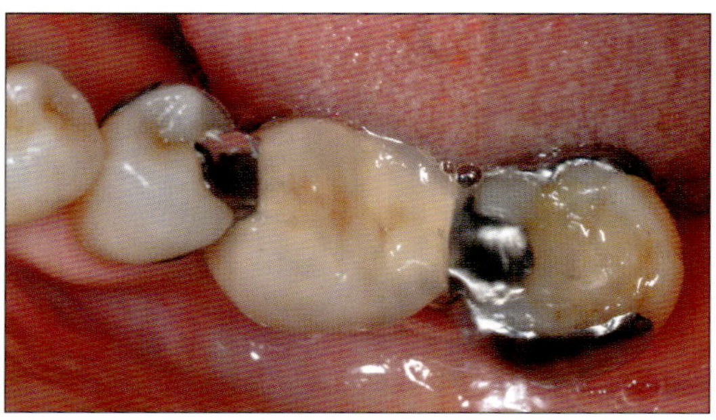

그림 6-25. 시술 직후의 모습

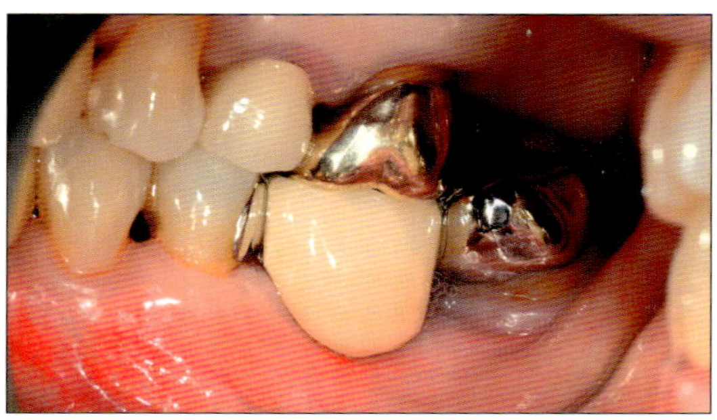

그림 6-26. 시술 6개월 후의 모습. Sinking of pontic 현상은 보이지 않았다.

(2) 상악 제2 소구치 상실 case이다.

50대 남자환자로 type Ⅵ gold alloy로 제작하였다.

시술 후 1년 6개월 후 저작 시의 sensitivity를 호소하며 재내원 하였다. 제1 대구치의 협면 유지부가 치질과 분리되어 stuck failure 되어 있음을 알 수 있었다(그림 6-27). 유지부의 모든 면이 치질과 분리되어 adhesion failure되어 있더라도 male part가 female part와 분리되지 않은 한 보철물을 지대치에서 빼낼 수가 없기 때문에 metal cutting bur 혹은 taperd diamond bur를 이용하여 절단하여야 지대치에서 유지부를 제거할 수 있다. 절단하는 부위는 아직 지대치에 접착되어 있는 유지부의 retainer의 male part를 절단한다는 느낌으로 하는 것이 좋다(그림 6-27; blue line 방향). 접착이 유지되어 있던 유지부가 pontic과 분리되고 나면 보철물의 나머지 부분은 쉽게 제거된다. 양쪽 유지부가 모두 접착 실패로 치질과 분리되어 있다면 작은 size의 유지부의 male part를 절단하는 것이 유리할 것이다.

그림 6-28에서처럼 제거된 금속 피착면은 제1 대구치에서 adhesive / cohesive failure가 혼재되어 보이며 제1 소구치에서는 접착 실패가 일어나지 않았음을 보였다. 제1 대구치는 2차 우식이 진행되고 있었고, pontic의 sinking으로 인한 pressure spot이 관찰되었다(그림 6-29).

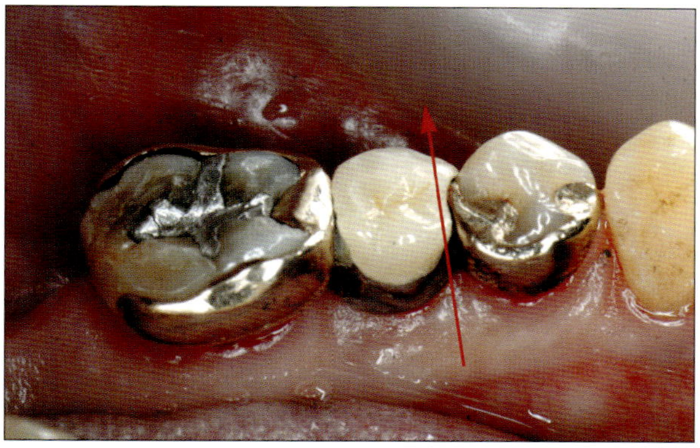

그림 6-27. 대구치 협면에 분리 양상이 보인다. Stuck failure된 보철물을 제거하기 위해, cutting bur는 건전한 유지부의 외측 경계부를 따라 지대치에 손상 가지 않게 유의하면서 진행한다. Male/female part의 결합부를 지난다는 느낌으로 시술하는 것이 편리하다.

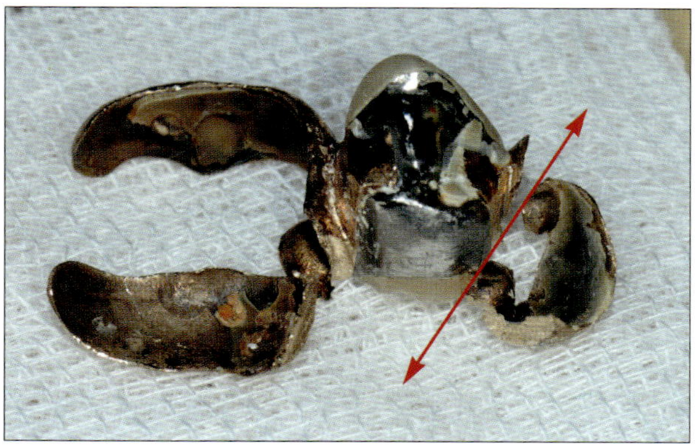

그림 6-28. 제1 소구치의 유지부와 pontic의 결합부(red line)만 절단되면 쉽게 빠져 나온다. 소그치 금속피착면에는 resin cement가 잔존하고 있고, 대구치 피착면에서는 부분적인 loss of cement가 보인다.

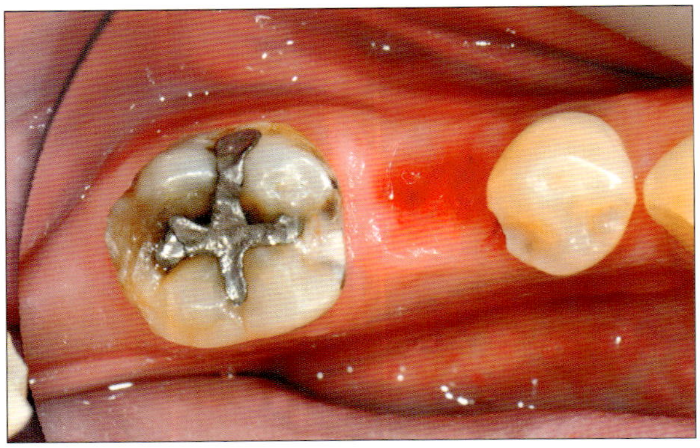

그림 6-29. 제1 대구치의 2차 우식과 pontic 하방의 pressure spot area가 보인다. Rest가 부착되지 않은 pontic과 gold alloy의 조합은 소구치 부위에서 조차 sinking of pontic 현상을 방지하지 못할 만큼 교합력에 대한 저항력이 약할 수도 있음에 유의 해야 한다.

우선 Amalgam filling을 제거하고 2차 우식을 포함하여 resin filling하고, pressure spot이 치유될 동안 기다렸다. Rest seat의 넓이와 depth를 증가시켜 유지부의 rest(그림 6-30)를 피개하도록 pontic에 rest를 design 하였는데(그림 6-31) 전체적으로 금속 피착 면적을 증가시켰고, 대구치의 교합면에 occlusal stopper도 부여하도록 하였다(그림 6-32). 그림 6-33~그림 6-34는 구강 내 시술 후의 사진이다. Co-Cr based alloy로 제작하였다.

그림 6-30. AO retainer

그림 6-31. Rest가 부착된 pontic

그림 6-32. 완성된 AO bridge

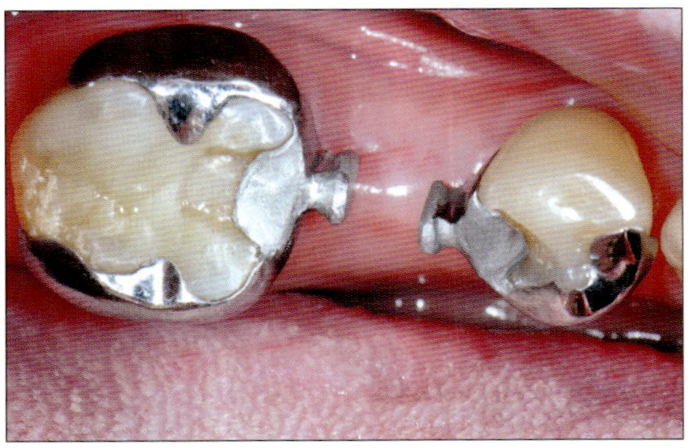

그림 6-33. Retainer가 rest seat의 일부를 피개하고 있다.

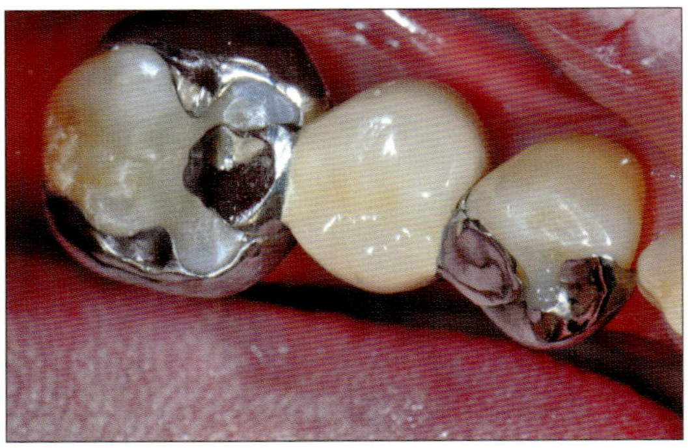

그림 6-34. 보다 넓어진 금속 피착면에 주목

Chapter 7

EPILOGUE (SUMMARY)
Unique Concept of AO Bridge

Unique Concept of AO Bridge

Axis Oriented Bridge

▲

Adhesion bridge에서의 최소 침습과 최대의 피착면 확보

+

RBFPD에서의 retention and resistance form의 형성

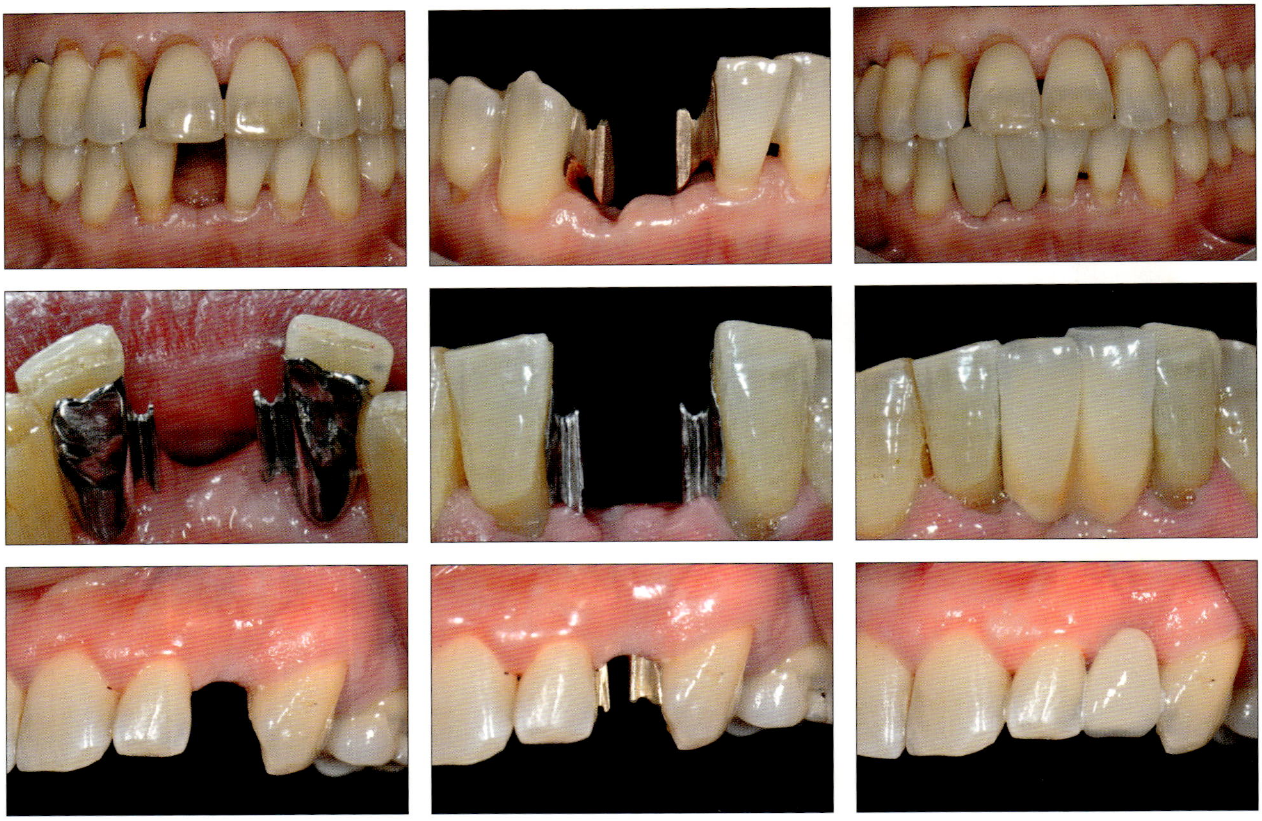

Axis Oriented Bridge

- Two abutments need not be parallel to each other
- Grooves on any one abutment should be parallel
- Allows easier abutment preparation

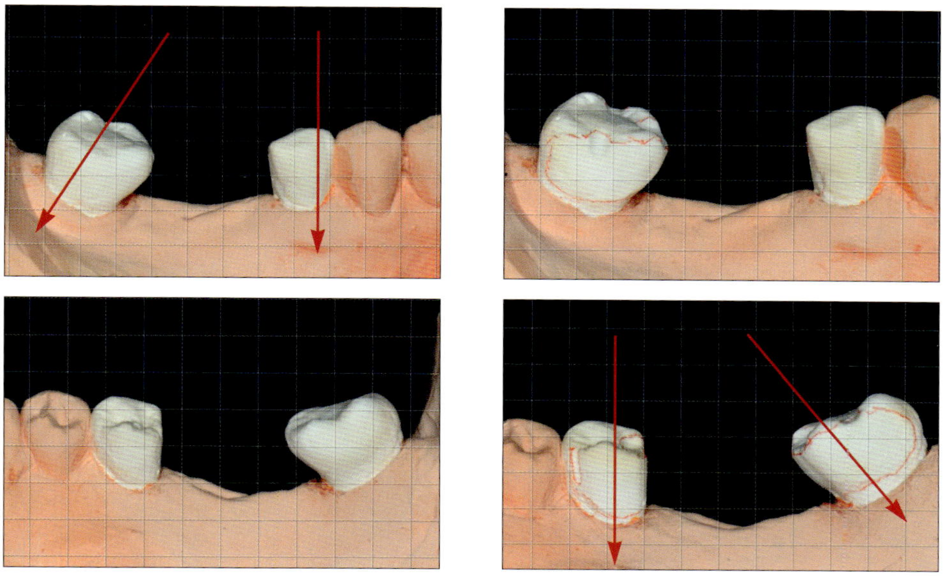

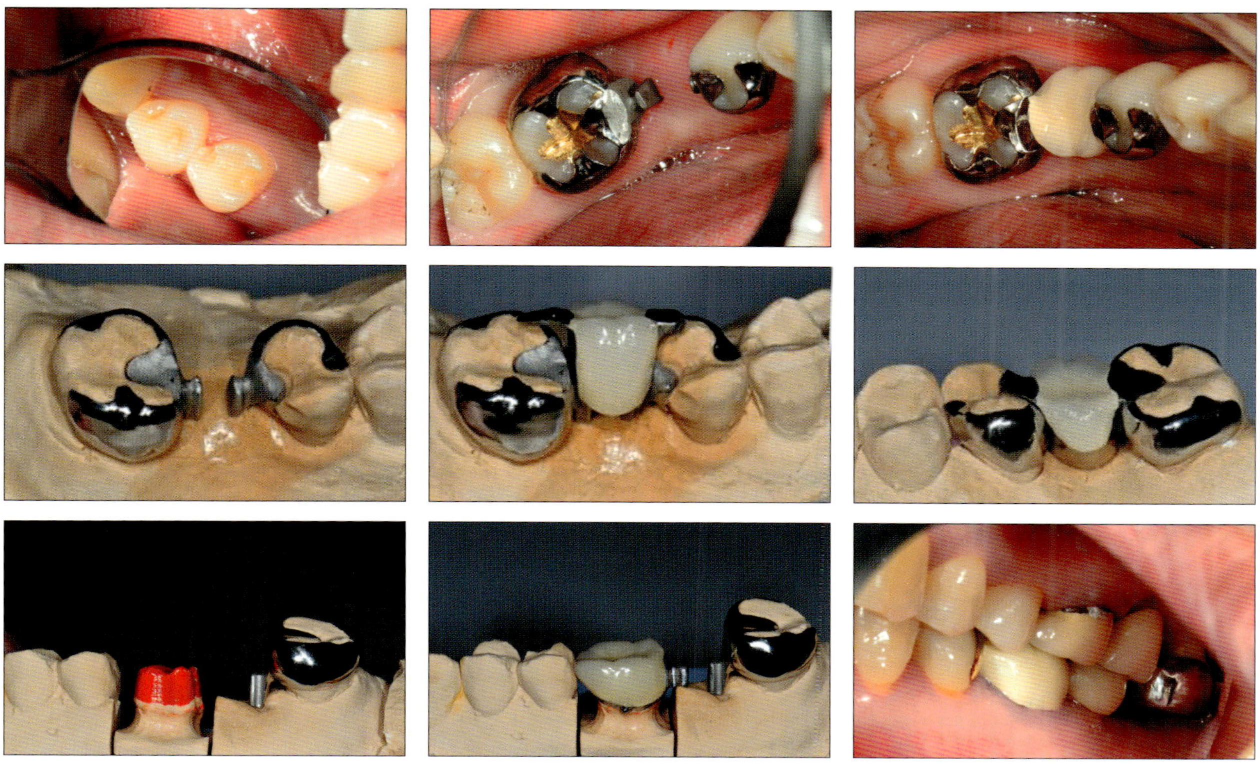

AO Bridge는 최소침습적 개념으로 접근해 온 Adhesion Bridge와 Maryland Bridge로 대표되는 Etched Cast Resin-bonded Removable Prostheses의 장점을 취하여 디자인 되었습니다.

AO Bridge의 가장 큰 특징은

1. 지대치 간의 경사도에 상관없이 각각의 치아 장축에 가깝게 preparation하여 삽입로를 설정하며(Axis-oriented reduction)
2. Grooves와 rest seats, 그리고 height of contour를 치은 측으로 내려 금속 피착면을 증가시켜 주기 위해 axial wall 형성(Minimal Intervention)
3. Pontic과 retainer를 분리/제작하여 구강 내에서 resin cement로 접착시켜 bridge를 완성한다는 점이다(composed of three set pieces).

1. Case Selection

지대치의 배열이 좋지 않거나 공간의 수정이 필요한 경우에 있어서 AO bridge는 그 장점을 드러낸다. 지대치의 인접 치아를 손상시키지 않고는 불가능하게 경사가 심한 지대치, pontic을 위한 공간이 협소하여 가공치의 해부학적 형태 회복이 다른 방법의 보철물에서 불가능한 경우에도 심미적 기능적으로 회복시킬 수 있다. AO bridge는 3-pieces prostheses이며 retainer와 pontic의 삽입로를 서로 다르게 설정할 수 있기 때문에 다양하게 디자인 할 수 있는 장점을 가진다. AO bridge은 RBFPD의 적응증을 넘어 일반적인 fixed bridge와 비교될 수 있고, 실제 fixed bridge에서 불가능한 케이스까지 회복할 수 있게 되었다. 지대치의 natural occlusion을 보존할 수 있다는 장점도 있다. 교합면의 해부학적 형태가 변화된 보철물은 지대치의 perio-ligament의 재배열을 초래하며, 적절치 못한 교합면 형태는 latrogenic trauma from occlusion을 초래하기도 할 것이다. AO bridge에 있어서는 pontic의 교합만 달라지므로 교합 문제를 더 악화시킬 가능성은 줄어들게 되는 것이다.

일반적으로 마취가 필요 없는 시술이라 노령화 사회로 인한 systemically compromised patients 뿐 아니라 치과 시술에 공포를 가진 환자에게도 유리한 술식이 될 것이다.

Advantages

1. 최소한의 치질 삭제
2. 치수 손상의 가능성 적음
3. 일반적으로 마취가 필요 없음(systemically compromised patient에게도 적용 가능)
4. 치은 연상의 삭제, 인상이 쉬움
5. 임시 수복물이 불필요
6. 치료시간이 짧음
7. 무치악 공간 수정이 자유로움
8. 자연치 교합면을 최대한 보존
9. Can preserve natural gingiva

Disadvantages

1. Relatively new technique
2. Need for more scientific study cases
3. Impossible re-cementation

Indications

1. General indication is similar to conventional fixed bridges
2. Allows combination with existing crowns

Absolute Indications

1. Severely inclined abutment
2. Severely rotated and/or crowded abutment
3. Very narrow spacing for pontic

Relative Contra-indications

1. Parafunctional habit
2. 긴 무치악 공간
3. Two or more free-end case
4. over Mob(++)
5. Short abutment (less than 4㎜)
6. Severely decayed tooth (can be combined with crown)

Absolute Contra-indication

지대치의 형태 수정이나 shade의 변화가 동반되어야 하는 보철물.

Adhesive Resin Prostheses(Adhesion bridge와 Resin-bonded Fixed Partial Denture를 통칭)의 보유율은 11개월인 경우 46%에서 11년 이상인 경우 93%까지 폭넓게 변화되었다. 25개의 임상조사에서 통계적 전망 분석을 행한 Creugers & Van' T Hof의 조사인데, longevity rate은 1년에서 89%, 2년에서 84%, 3년에서 80%, 그리고 4년 이상에서 74%의 보유율을 나타냈다.

Rammelsberg 등은 장축의 groove(parallel channel) 1개와 적어도 깊이 1㎜의 교합면 groove 1개를 형성한 결과, 6년 동안의 평가 기간 중 구치부에서 100%가 존속했는데, 이 결과는 최소한 형성된 치아에서 37%의 존속과 대조적인 것이었다.

Simon 등은 복수의 groove와 slot type의 rest seat을 부여, 형성된 구치부 고정성 bridge에서 95%의 유지를 달성했다. 이것은 groove와 denture type의 rest seat이 전혀 없는 구치부 보철물의 60%와 대조적이었다. Yamashita는 전치부에서 접착면적을 38㎟에서 158㎟로 증대하고, 금속피착면을 EZ-Oxisor로 처리했을 때 23개월의 관찰기간 동안 0%의 脫離率을 보였다고 하였고, 구치부에서 피착면의 접착면을 80㎟에서 182㎟로 넓히고, 50㎛의 산화알루미늄으로 blasting 후 EZ-Oxisor로 금속피착면을 처리했을 때 접착능력은 125kg(type p1)에서 597kg(type p3)로 증대되었고, 脫離율도 42.9%에서 0%로 감소되었다고 한다.

Chang 등은 2개의 이상의 retainer를 가진 RBFPD의 성공율 56.3%에 비해 2개의 retainer를 가진 보철물에서 87.8%의 높은 성공율을 보였다고 보고했다. 접착면적을 늘려 보철물의 수명을 연장하려는 idea로 지대치의 개수를 증가시키는 것은 오히려 보철물의 longevity를 감소시킨다는 점에 유의해야 한다. 치아는 28~108㎛ 범위의 tooth movement를 가지는데, segment of arch에서 다른 방향으로 움직이게 된다. 서로 다른 방향의 tooth movement는 alloy-resin bonding에 stress를 증폭시키게 되고 탈락의 원인으로 작용하게 될 것이다.

2. Abutment Preparation

Botelho는 레진 접착성 보철물의 성공은 금속골격과 레진 사이의 결합 상태에 가장 큰 영향을 받는다고 하였다. 이론적으로 금속과 레진 간에 360kg/㎠, enamel과 레진 간에 140kg/㎠의 결합력을 나타낸다고 한다. 그러나 실제 임상에서 레진 접착 보철물의 실패 양상을 보면 거의 금속과 레진과의 계면에서 일어나는 alloy-resin bonding의 failure이다. 구강 내의 환경이 실험실의 조건과 다르기 때문인데, 구강 내에 장착된 보철물은 ① 교합력에 의한 반복하중 ② 온도 변화에 의한 수축, 팽창의 피로축적 등에 의해 시간이 지날수록 결합력이 약해지기 마련이다. 레진과 금속의 경계부에서 강력한 수소결합재인 물분자(H_2O)가 금속과 레진과의 결합을 파괴시키면서 금속의 수화된 산화층과 새로운 수소결합을 형성한다. 그 결과 레진이 물분자들에 의해 금속에서 치환되고 경계부에 수분층이 생겨 결합이 약해진다고 한다. 구강 내 조건의 200일에 해당하는 반복하중과 thermocycling 했을 때 레진시멘트의 결합력은 약 20% 내외 감소한다는 보고도 있다. 레진시멘트의 접착력에만 의존하는 보철물은 시간이 지날수록 불리한 여건에 놓이게 되고, 이는 Retention & resistance form이 요구되는 근거가 된다.

치아 형성은 axial wall, occlusal rest seat and grooves의 순서로 행해지는데, 하나의 지대치에는 하나의 삽입로가 이루어 지도록 하며, 인접 지대치 간의 삽입로 일치는 필요하지 않다.

Axial wall prep은 치아 장축을 따라 최대의 금속 피착면 확보와 최소의 치질 삭제가 합일점을 이루는 선에서 삽입로에 따른 최대 풍융부의 치질을 삭제하는 것이며, rest seat prep은 retainer가 주로 수직적 교합력에 저항할 수 있도록 inlay cavity 형태로 형성해 주며, 2~4개의 형성이 필요하다. Retainer의 wrap-around 형태에 따라 occlusal stop과 대체/병행할 수 있다. Rigidity가 중요하며 bevel 형성은 추가적인 견고성을 제공할 것이다. 최소 0.6㎜의 depth가 요구된다. 대구치에서는 0.8㎜ 이상 형성하는 것이 좋다.

Groove는 수직적, 수평적 groove가 있는데 이는 retainer의 rotational movement를 방지하고, 유지력 증가에 도움을 주기 위해 설정되었다. 0.4㎜의 depth와 4㎜의 length를 가진 flat-end fissure bur가 유용하다. 그림 7-2-1~6은 전치부 지대치 형성의 일례이다.

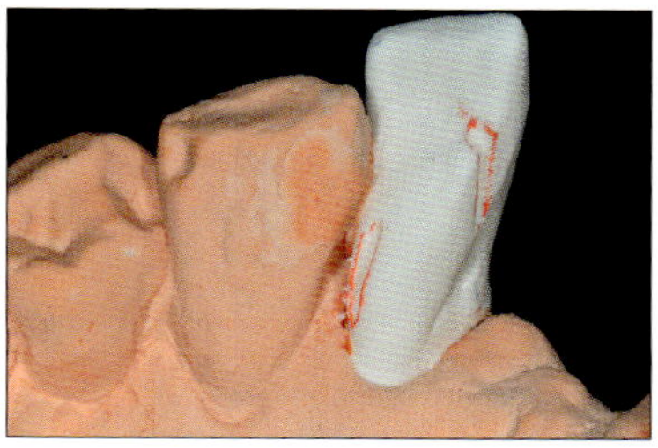

그림 7-2-1. 하악 전치

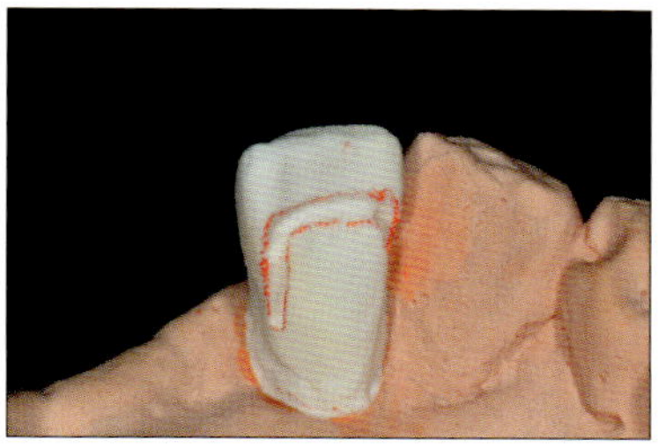

그림 7-2-2. 하악 전치

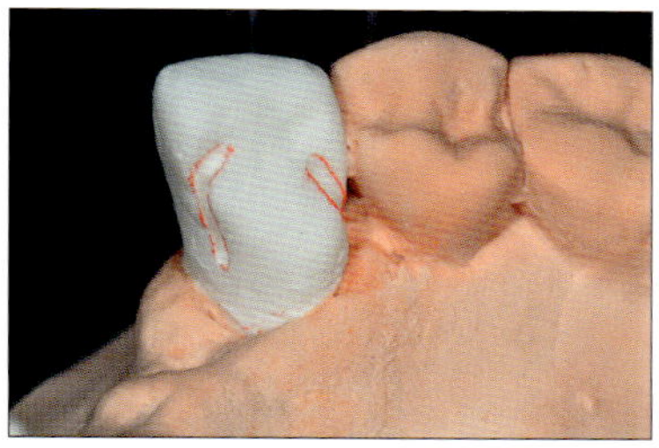

그림 7-2-3. 하악 견치

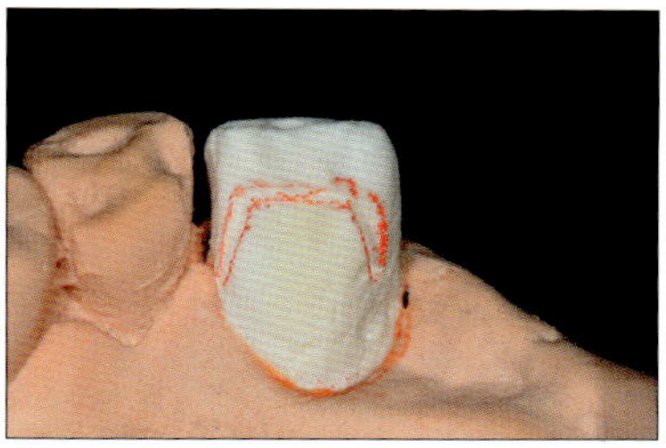

그림 7-2-4. 하악 견치

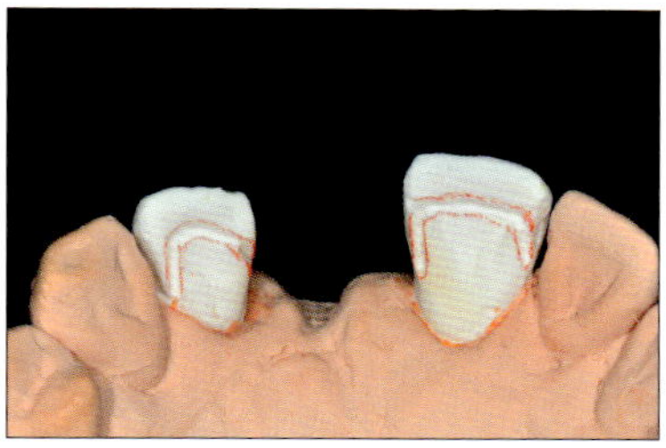

그림 7-2-5. 상악 전치

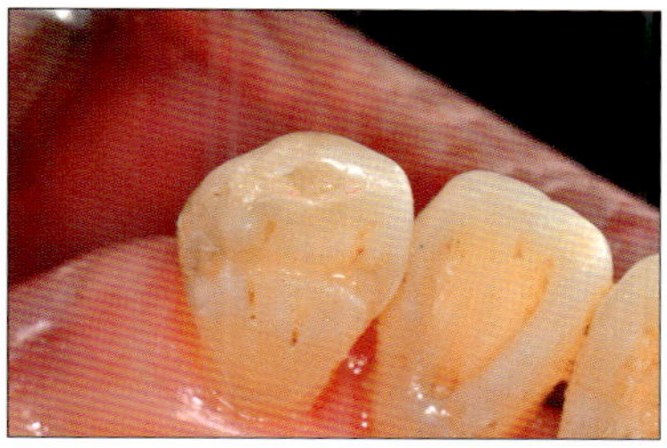

그림 7-2-6. 상악 견치

그림 7-2-7~12는 구치부 지대치 형성의 일례이다.

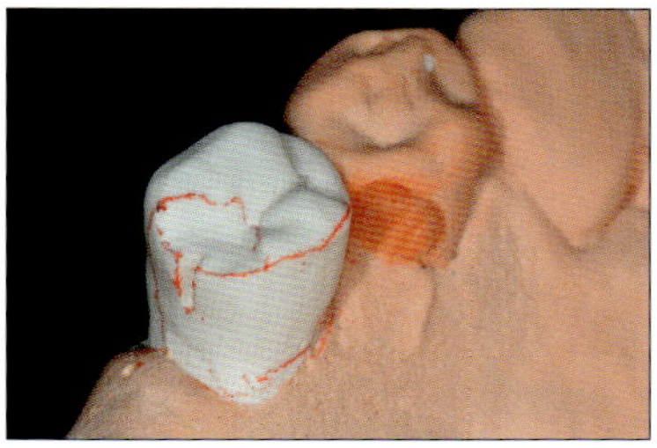

그림 7-2-7. 하악 소구치 무치악측

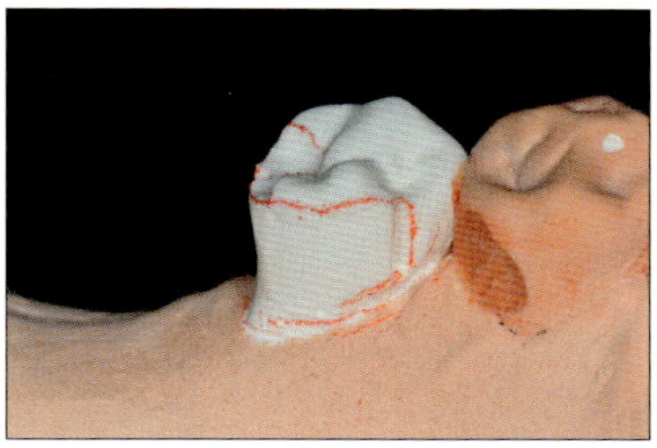

그림 7-2-8. 하악 소구치 인접치측

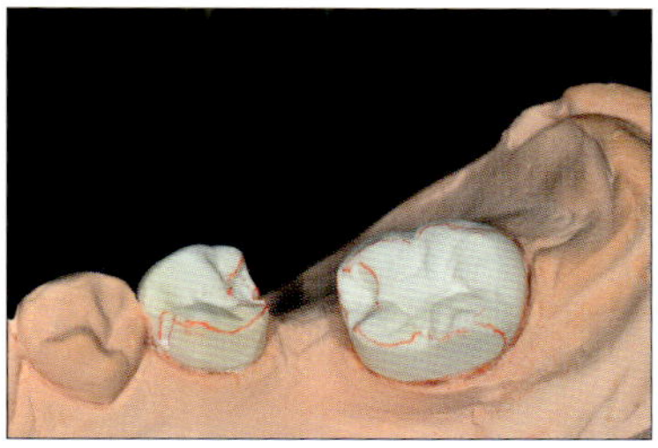

그림 7-2-9. 하악 구치부

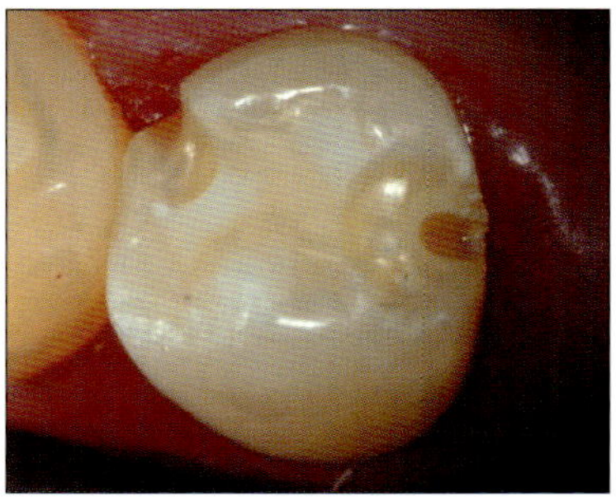

그림 7-2-10. 상악 소구치

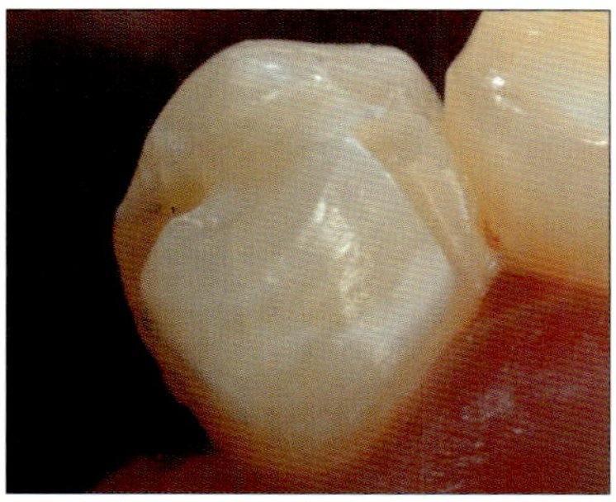

그림 7-2-11. 상악 소구치 axial wall

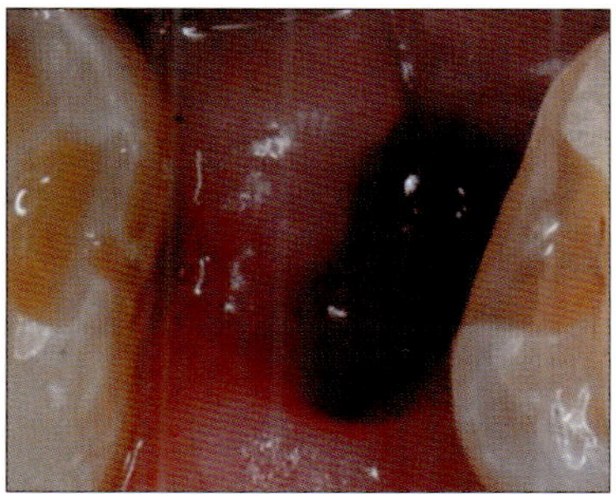

그림 7-2-12. 상악 대구치

Axis Oriented Reduction

유지부의 적절한 두께 확보 뿐 아니라 보철물의 삽입로(path of insertion)을 얻기 위해 행해지던 부가적인 치아 삭제를 최소로 하기 위해 one piece 였던 RBFPD의 유지부와 pontic을 3-pieces로 분리시켜 제작하는 것에 더하여, 각 지대치의 치아 형성도 최소로 하기 위해 모든 삭제는 치아의 장축에 평행하게 이루어 지는 것이다. 즉 지대치의 경사도(기울기)에 상관 없이 각 지대치의 고유한 해부학적 형태와 치아의 장축을 고려하여 최대한의 피개 면적(maximum coverage of metal retainer)과 최소한의 치아 삭제(minimum intervention of tooth structure)를 만족시키는 path of insertion을 설정한다. 치아의 장축에 따른 치질 삭제는 최소한의 풍융부 삭제로 margin을 치은측으로 내려갈 수 있게 한다. 이를 Axis oriented reduction이라 한다. Axis oriented라는 의미는 치아의 기울기에 맞춰 보았을 때 surface가 보이면 된다는 것이고, 그 방향에서만 undercut이 없으면 되는 것이다. Diamond bur가 margin까지 균일하게 닿아야 하는 것은 아니다(그림 7-2-13~15).

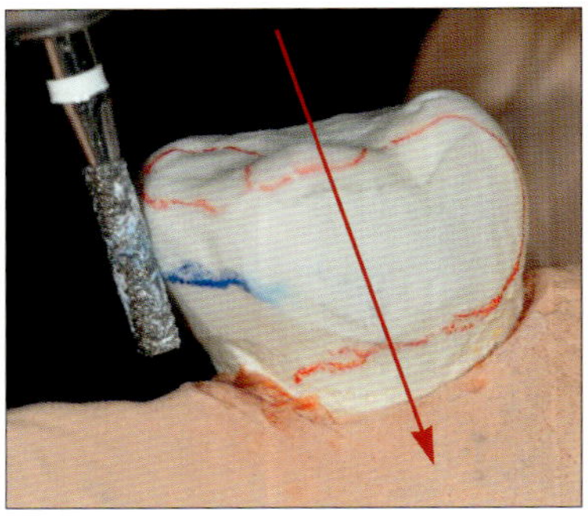

그림 7-2-13. 축벽의 최대 풍융부 삭제

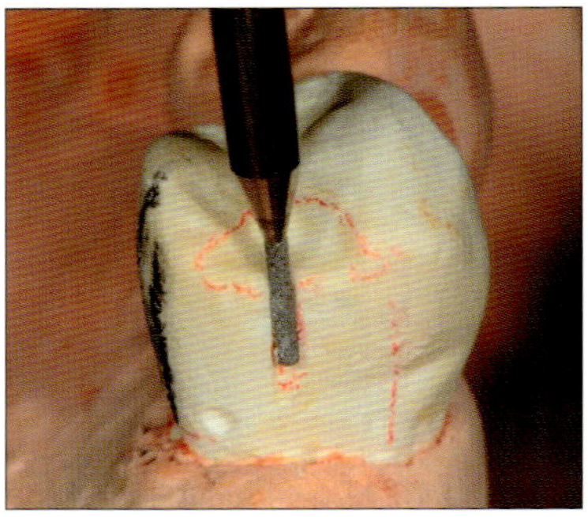

그림 7-2-14. Vertical groove 형성

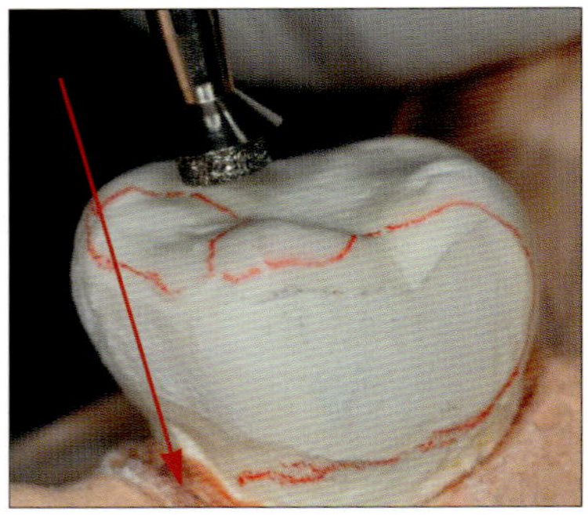

그림 7-2-15. Rest seat 형성

3. Impression taking

정확한 인상 채득은 정밀한 기공 작업의 전제 조건이다. 재현성이 높고 변형이 적은 rubber impression material이 좋다. 현재 AO bridge를 위한 인상재로는 polysiloxane impression material(그림 7-3-1)과 polyether impression material(그림 7-3-2)을 권장한다.

그림 7-3-1. Polysiloxane impression

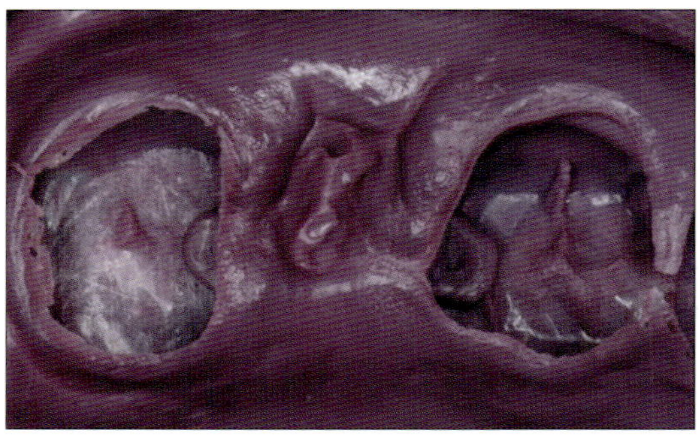

그림 7-3-2. Polyether impression

4. Cementation

접착 시 고려되어야 할 사항은 ① 치아의 표면처리, ② 금속 피착면의 처리, ③ 레진시멘트의 올바른 적용이다.

① 치아의 표면처리는 오염 방지를 위한 dry field의 확보가 중요하고, 술식의 민감성이 높은 과정이므로 step별로 주의 사항을 잘 지켜야 할 것이다. 접착면의 치면 세마는 꼭 필요하며,

- Enamel : 삭제된 표면은 15초 산부식, 삭제하지 않은 표면은 30초 산부식,
  산부식 후 타액 오염 시 10초의 추가 산부식 필요.
  산부식 후의 부산물의 철저한 수세 후 미온풍으로 15초 이상 건조하여야 한다.
- Dentin : 지대치 형성 시에 IDS(Immediate dentin sealing technique) 권장.
  접착 당일에는 enamel만 처리하는 것을 원칙으로 하는 것이 좋다.

② 금속피착면 처리는 기공소에서 50~100㎛의 aluminum oxide로 sand blasting하고 접착 직전에 30㎛의 Rocatec Soft 15초 처리 후 Silane 30초 적용을 권장한다(thermocycling의 영향을 가장 작게 받는 cold silicoating method). Co-Cr/Ni-Cr based alloy의 경우에는 50㎛ alumina blasting 후 metal primer만으로 가능하다. 실제 임상에서 탈락은 금속과 레진의 계면에서 거의 대부분 일어나므로 금속 피착면의 적절한 표면 처리는 꼭 필요한 술식이다.

그림 7-4-1. Resin-Metal-Bond without Rocatec

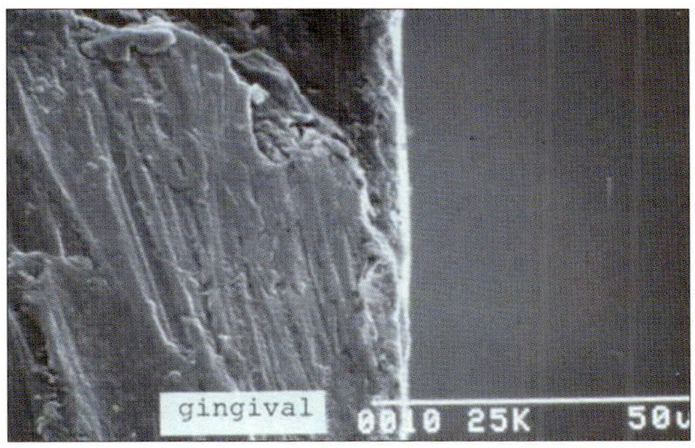

그림 7-4-2. Resin-Metal-Bond with Rocatec

900회의 thermocycling(15℃/70℃)과 36℃의 물 속에 1년간 보관시킨 후 PFG의 Margin을 5,000배로 확대한 현미경 사진(그림 7-4-1, 7-4-2)을 보면 Rocatec 처리한 시편에서 thermocycling의 영향이 적고 내수성이 강하다는 것을 알 수 있다.

③ 레진시멘트는 Panavia F20/Super-Bond C&B를 권장. 제조회사의 지시대로 사용하나, enamel층은 10~15초의 추가 산부식을 권장.

④ 접착 방법은 Retainer를 먼저 지대치에 접착하고 resin cement가 경화하기 전 working time 내에 있을 때 pontic의 female part는 retainer의 male part와 결합되어 구강 내에 있어야 한다(그림 7-4-1~2). 레진의 중합 수축 때문에 retainer의 cement가 경화하고 나면 pontic이 맞지 않게 된다. 이때 pontic의 female part와

retainer의 male part는 water soluble vaseline으로 분리시켜 놓고, retainer의 cement가 경화한 후 pontic을 조심스레 빼내고난 후 잉여 시멘트를 철저히 제거하는 것이 좋다. Rest가 부착되어 있는 pontic(그림 7-4-3)은 pontic의 rest 부위에도 water soluble petroleum jelly(수용성 바셀린)를 도포하여야 retainer의 rest 위로 흘러 나온 cement와 pontic의 rest 부위가 부분적으로 접착되는 것을 방지할 수 있다.

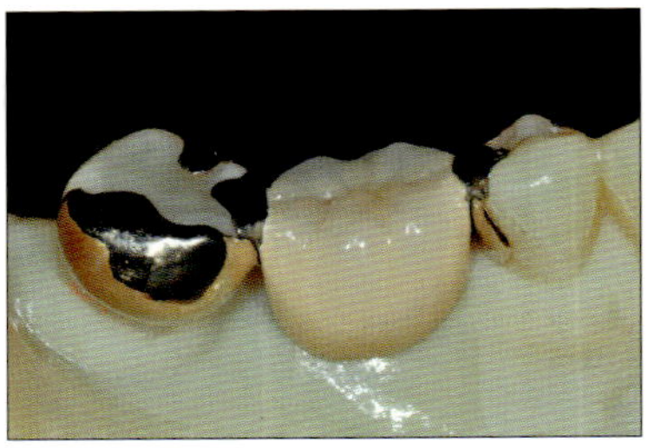
그림 7-4-1.

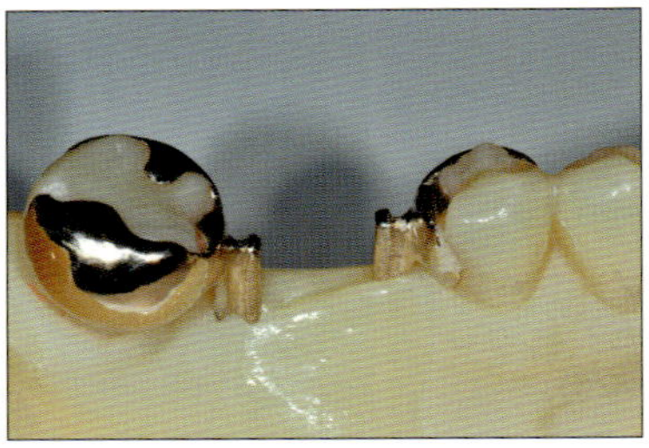
그림 7-4-2.

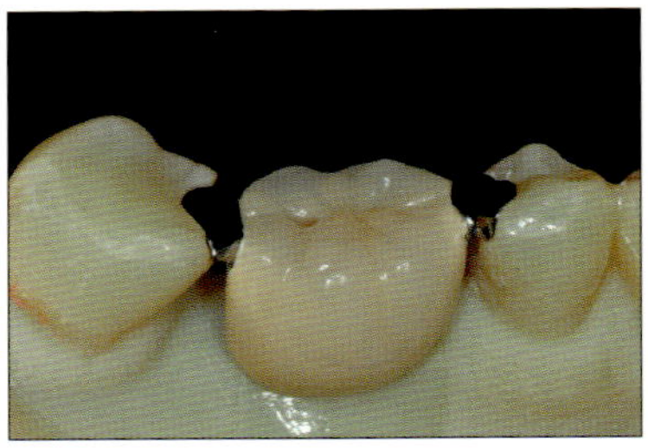
그림 7-4-3.

5. Occlusion

① MIP(Maximum Intercuspal Position)에서 유지부(retainer)의 rest 위에 오는 occlusal contact은 다른 교합 접촉점 보다 강하지 않게 주의 깊게 조정한다.

② Retainer가 장착된 상태의 교합면을 보철물의 교합면으로 생각하고, 위해한 교합접촉점들은 조정되어야 한다. 자연치의 치질도 그 대상이 되어야 한다.

③ 모든 RBFPD에 mutually protected occlusion이 유리하다는 데에는 이견이 없지만 대다수의 AO bridge가 요구되는 환자는 중장년 이상의 연령층인 것을 감안하면 Group functional occlusion 환자가 많을 것이다. Retainer는 자연치의 guidance와 함께 접촉하도록 하고, pontic은 가능하다면 MIP에서만 교합 접촉이 되게 조정하는 것이 좋다.

④ 교합 조정은 한 번으로 끝내면 안 된다. 반드시 1주일 후 recall하여 chair position 뿐 아니라 30° 고개 숙인 식사 자세에서도 check 해야 한다.

⑤ Axial wall을 over-contouring 하는 것과 교합면의 groove 위를 덮는 것은 다른 문제이다. 대합치와 닿지 않는 교합면의 일부를 metal coverage 할 경우 functional space에 장해를 주어 TFO를 야기할 수도 있으므로, 이 부위를 cover 할 경우 추가적인 삭제가 필요하다. Axial wall은 추가 삭제 없이도 cover할 수 있지만 교합면의 coverage를 위해서는 openbite 같은 특별한 경우가 아니라면 추가적인 삭제가 필요하다.

6. Periodic recall check

이론적인 배경은 있지만, AO bridge는 아직 임상적 data가 부족한 relatively new technique이다. 시술 과정에는 임상가에 따른 기술적인 민감성(cutting-edge technology)도 존재한다. Delivery 1주일 후, 1개월 후, 그리고 첫 1년 동안은 매 3개월 마다 recall하여 AO bridge의 건전성을 확인하는 것을 권한다. Stuck failure를 발견했다면 즉시 제거해야 하며, 2차 우식의 초기 단계에서 재 시술은 resin filling만 추가하면 AO bridge로 다시 할 수도 있는 것이다.

잘 조정해서 setting한 보철물의 교합이 recall check에서 달라져 오는 경우가 있으므로 보철물의 상태 뿐 아니라 교합의 변화를 check 하는 것을 간과해서는 안 된다.

AO bridge는 non-rigid connection으로 pontic이 연결되어 있어, stress 분산 효과는 있지만 pontic에 가해지는 교합력에 저항할 수 있도록 금속구조물의 rigidity가 충분해야 한다. Base metal로 제작하는 것이 권장된다. Type Ⅵ Gold alloy일 경우에는 0.8~1㎜의 금속 두께를 부여해야 한다.

금속구조물의 강도가 부족하면 pontic이 sinking되고, 그로 인해 retainer의 탈락이 일어날 수도 있다. 삽입로가 다른 retainer는 치아에서 접착 실패가 일어나더라도 탈락되지 않기 때문에 이차 우식이 급속히 진행될 수 있으므로 이런 stuck failure 여부를 세심하게 살펴보아야 한다.

▶ stuck failure

유지부의 일부가 결합 실패되어 있으나 탈락되지 않고 있는 상태. 환자는 느끼지 못할 수도 있다.

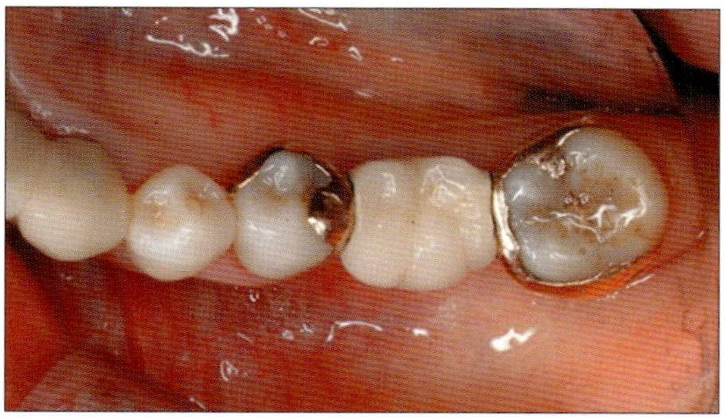

그림 7-6-1. 최소 침습적 시술 1년 9개월 후 recall check. 전체적 외관은 정상적으로 보임.환자의 자각증상은 없었다.

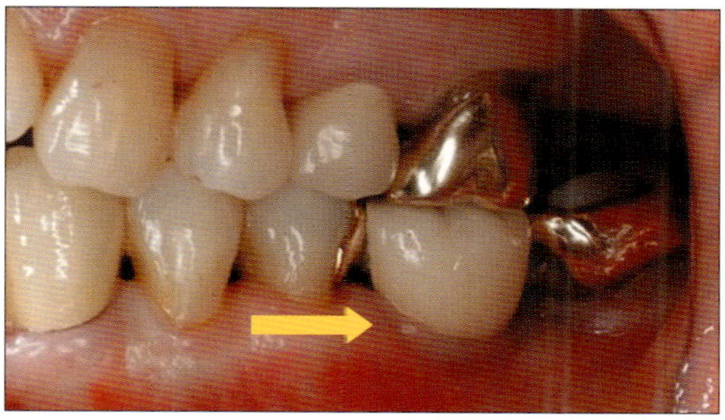

그림 7-6-2. 협면에서 보면 pontic 하방의 치은 압흔이 뚜렷하다. 치은 압흔은 "stuck failure"의 강력한 임상적 증거 중의 하나이다.

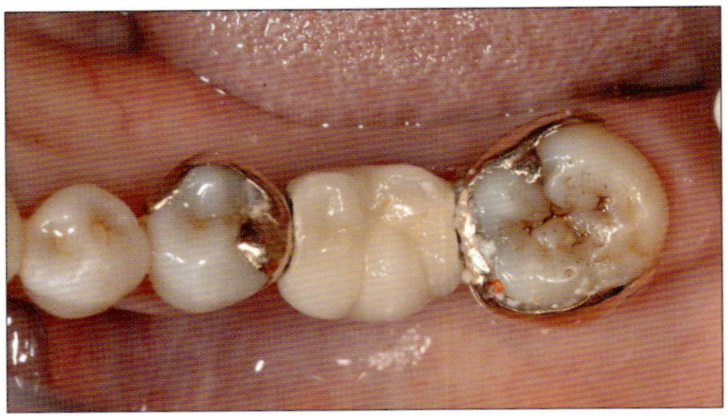

그림 7-6-3. Retainer에 dislodgment force를 가하면 retainer는 움직이게 되고 retainer와 치질 사이의 food debris가 나타난다.

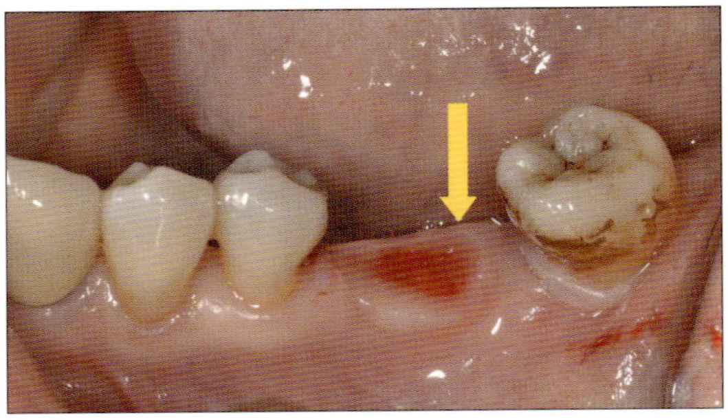

그림 7-6-4. Pontic에 의한 압흔이 뚜렸하고(화살표), 제2 대구치의 축벽에는 resin cement가 남아 있다.

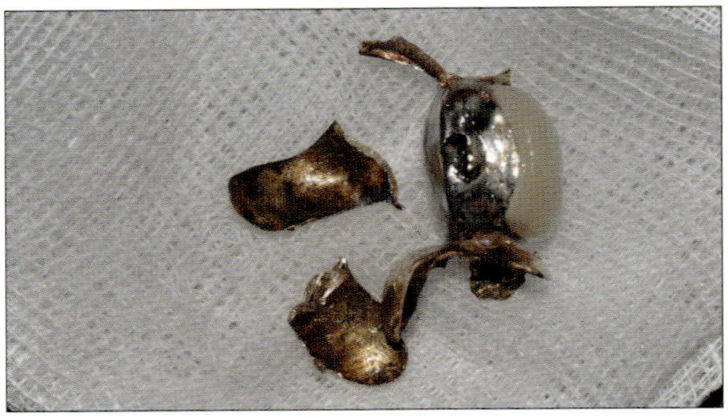

그림 7-6-5. Retainer를 cutting 해야만 보철물을 치아에서 빼낼 수 있다. 금속피착면에 레진시멘트가 없는 adhesive failure 양상이 우세하였다.

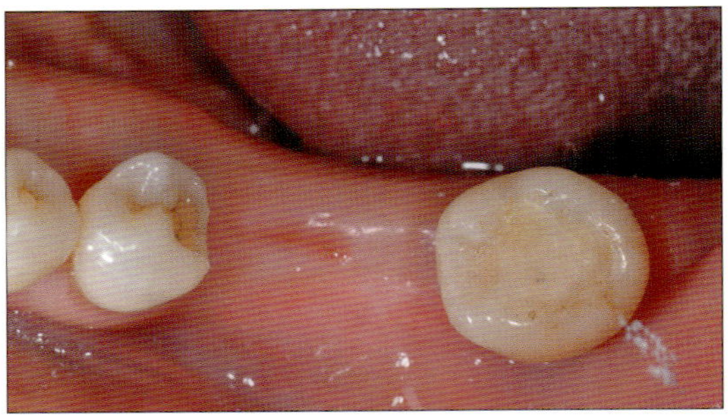

그림 7-6-6. Caries제거 후 resin filling 하고, 지대치의 axis-orinted reduction을 통해 피착면을 증가시키고, rest seat을 더 넓고, 깊게 형성하였다.

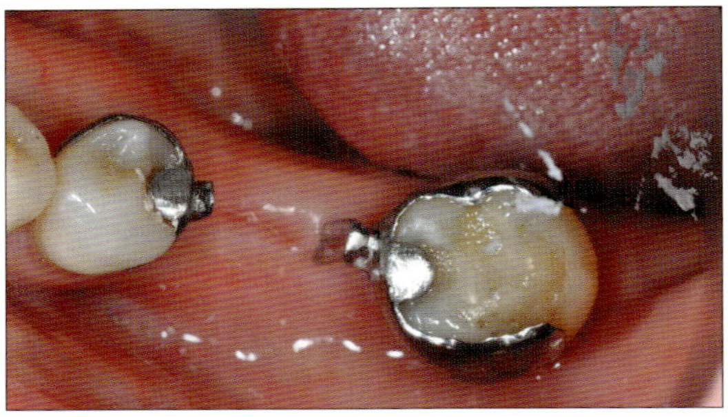

그림 7-6-7. 지대치의 occlusal rest seat의 일부를 retainer의 occlusal rest가 피개한다. Metal frame의 rigidity를 증가시키기 위해 Co-Cr Alloy를 사용했다.

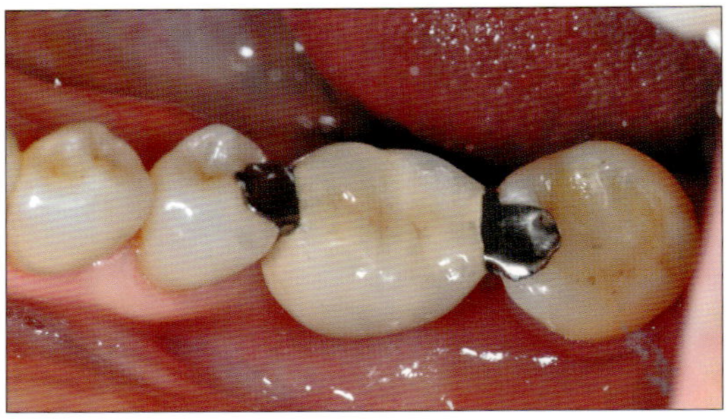

그림 7-6-8. Pontic의 rest는 치아형성된 rest seat의 변연(margin) 전체를 피개 하도록 디자인 하였다. 구치부에서는 pontic with occlusal rest를 권장한다.

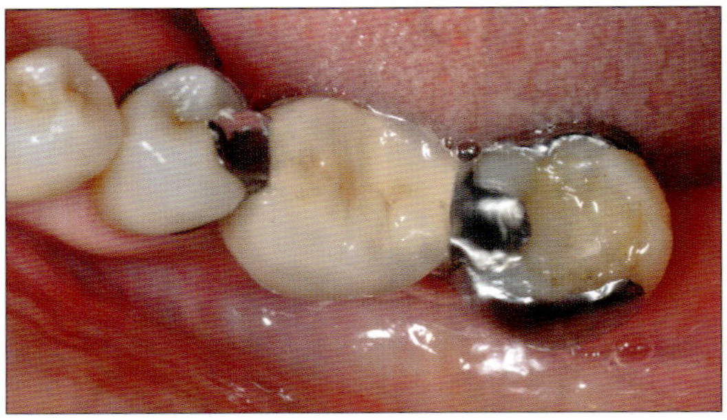

그림 7-6-9. 재시술 직후의 모습

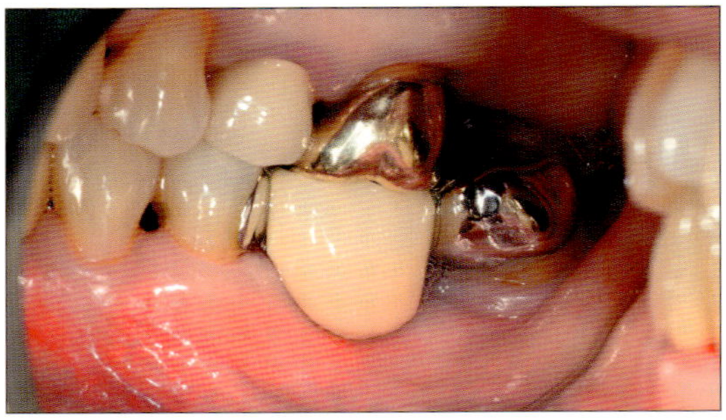

그림 7-6-10. 재시술 6개월 후의 모습. Sinking of pontic 현상은 보이지 않았다.

▶ Instruments

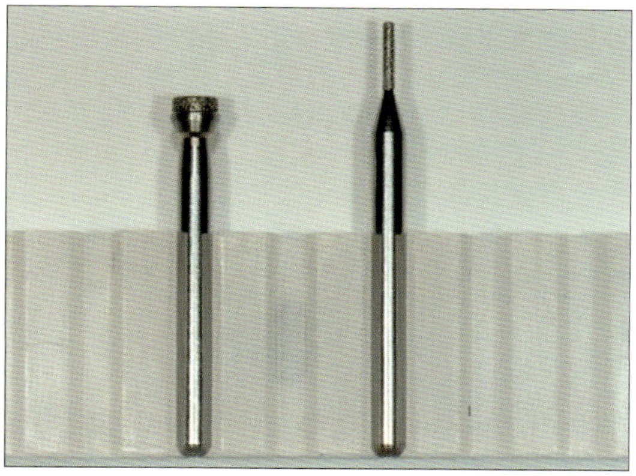

좌측 TR-121f; rest seat 형성 (0.6x2.0㎜)
우측 TR-122ff; vertical groove (0.4x4.0㎜)

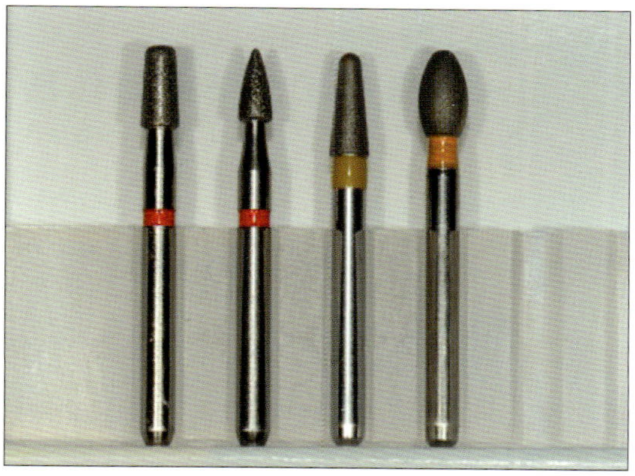

Axis-oriented reduction을 위한 Burs

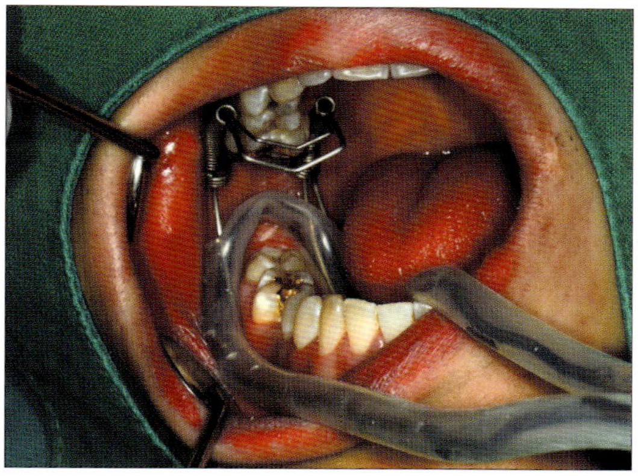

Zoo MINI set : rubber dam 방습 대체 가능

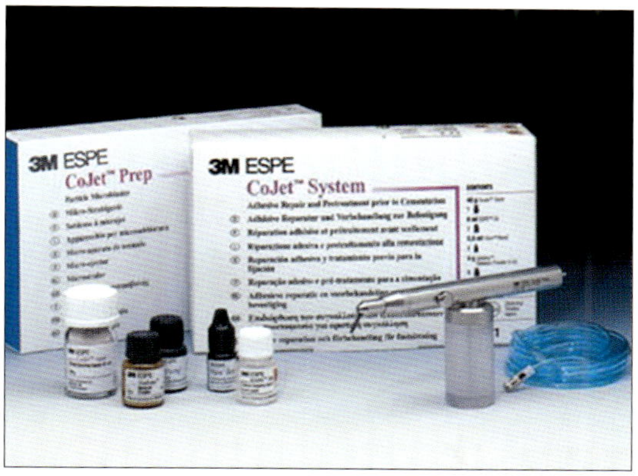

Cojet System (3M ESPE)

Index

저자약력

조 건 제 (조건제치과의원 원장)

1960년 咸安출생
1986년 연세대학교 치과대학 졸업
2002년 KBS 좋은나라운동본부 베스트친절시민
원주의료원 치과 과장
조건제치과의원 개원
가천길대학 외래교수

岩田 健男 (いわた たけお)

1950年 京都府生まれ
1976年 大阪歯科大学卒業(歯科医師 DDS)
1980年 米国州立インディアナ大学歯学部大学院補綴科卒業(臨床系歯学博士 MSD)
1984年 東京都小金井市開業
1999年 新潟大学歯学部学位(歯学博士 DDSc)
デンタルヘルス アソシエート代表

[所属学会]
AMERICAN ACADEMY OF FIXED PROSTHODONTICS(AAFP)
AMERICAN ACADEMY OF RESTORATIVE DENTISTRY(AARD)
AMERICAN COLLEGE OF PROSTHODONTISTS(ACP)
INTERNATIONAL ACADEMY OF GNATHOLOGY(IAG)
日本歯科補綴学会
特別非営利活動法人(NPO)日本顎咬合学会

[主な著書]
『前歯の審美補綴』(クインテッセンス出版 1984年)
『パメヤーの歯冠補綴学〈訳本〉』(イワタ オッセオインテグレーション研究所 1992年)
『審美歯科-臨床基本テクニック〈上·下巻〉』(クインテッセンス出版 1994年)
『シーシェの審美歯科〈訳本〉』(クインテッセンス出版 1995年)
『日常臨床のためのオクルージョン』(クインテッセンス出版 2002年)
『増補改訂版　日常臨床のためのオクルージョン』(クインテッセンス出版 2008年)

[主な役職]
医療法人社団 健歯会　理事長
特別非営利活動法人(NPO)日本顎咬合学会　元理事長
米国歯科大学院同窓会　元会長

AO Bridge -
Axis Oriented Bridge - The new horizon in minimal intervention prostheses

Myung Mun Publishing. Co.
#90, 63Gil, Dapsimni-ro, Dongdaemun-gu, Seoul, Korea
TEL. +82-2-2248-7586 FAX. +82-2-2248-0598
e-mail. mmayt@hanmail.net Website. www.teethbook.co.kr
ISBN. 978-89-87037-97-4

First Edition by CHO GEONJE
IWATA TAKEO

Printed in Korea

AO브리지 - **고정성보철물의 최소침습적 접근**

인 쇄 2012년 3월 15일
발 행 2012년 3월 20일
저 자 조건제 / IWATA TAKEO
발 행 인 안 영 택
편 집 이 혜 경
발 행 처 **명 문 출 판 사**
등 록 제 6 - 0212 호

서울시 동대문구 답십리로63길 90번지
TEL : 02)2248-7586 FAX: 02)2248-0598 http://www.teethbook.co.kr

© 2012 | AO브리지-고정성보철물의 최소침습적 접근 | 명문출판사

ISBN 978-89-87037-97-4 **정가 : 70,000원**